技能型人才培训用书
国家职业资格培训教材

砌筑工（高级）

国家职业资格培训教材编审委员会　编
周文波　主编

机械工业出版社

本书是依据《国家职业标准》高级砌筑工的知识要求和技能要求，按照岗位培训需要的原则编写的。本书的主要内容包括：砌筑工（高级）基本知识、古建筑砖料加工、古建筑瓦屋面的铺筑、古建筑墙体的砌筑、古建筑砖墁地面的铺筑、砌筑工程的施工方案、技能传授及解决疑难问题等。书末附有与之配套的试题库和答案，以便于企业培训、考核鉴定和读者自测自查。

本书主要用作企业培训部门、职业技能鉴定培训机构的教材，也可作为高级技校、技师学院、高职和各种短训班的教学用书。

图书在版编目（CIP）数据

砌筑工（高级）/周文波主编．—北京：机械工业出版社，2005.11（2024.7 重印）

国家职业资格培训教材

ISBN 978-7-111-17553-7

Ⅰ．砌．．． Ⅱ．周．．． Ⅲ．①砌筑—技术培训—教材 ②砖石工—技术培训—教材 Ⅳ．TU754.1

中国版本图书馆 CIP 数据核字（2005）第 117417 号

机械工业出版社（北京市百万庄大街 22 号 邮政编码 100037）
责任编辑：王英杰 张立荣 版式设计：霍永明
责任校对：陈延翔 封面设计：饶 薇
责任印制：李 昂
北京捷迅佳彩印刷有限公司印刷
2024 年 7 月第 1 版第 8 次印刷
148mm×210mm ·9.75 印张·285 千字
标准书号：ISBN 978-7-111-17553-7
定价：49.80 元

电话服务 网络服务
客服电话：010-88361066 机 工 官 网：www.cmpbook.com
010-88379833 机 工 官 博：weibo.com/cmp1952
010-68326294 金 书 网：www.golden-book.com
 机工教育服务网：www.cmpedu.com

国家职业资格培训教材
编审委员会

本书主编　周文波
本书参编　李　凯　夏　明　周　昕
许士斌　王　卫
本书主审　周序洋

序

为贯彻“全国职业教育工作会议”和“全国再就业会议”精神，落实国家人才发展战略目标，促进农村劳动力转移培训，全面推进技能振兴计划和高技能人才培养工程，加快培养一大批高素质的技能型人才，我们精心策划了这套与劳动和社会保障部最新颁布的《国家职业标准》配套的“国家职业资格培训教材”。

进入21世纪，我国制造业在世界上所占的比重越来越大，随着我国逐渐成为“世界制造业中心”进程的加快，制造业的主力军——技能人才，尤其是高级技能人才的严重缺乏已成为制约我国制造业快速发展的瓶颈，高级蓝领出现断层的消息屡屡见诸报端。据统计，我国技术工人中高级以上技工只占3.5%，与发达国家40%的比例相去甚远。为此，国务院先后召开了“全国职业教育工作会议”和“全国再就业会议”，提出了“三年50万新技师的培养计划”，强调各地、各行业、各企业、各职业院校等要大力开展职业技术培训，以培训促就业，全面提高技术工人的素质。那么，开展职业培训的重要基础是什么呢？

众所周知，“教材是人们终身教育和职业生涯的重要学习工具”。顾名思义，作为职业培训的重要基础，职业培训教材当之无愧！编写出版优秀的职业培训教材，就等于为技能培训提供了一把开启就业之门的金钥匙，搭建了一座高技能人才培养的阶梯。

加快发展我国制造业，作为制造业龙头的机械行业责无旁贷。技术工人密集的机械行业历来高度重视技术工人的职业技能培训工作，尤其是技术工人培训教材的基础建设工作，并在几十年的实践中积累了丰富的教材建设经验。作为机械行业的专业出版社，机械工业出版社在“七五”、“八五”、“九五”期间，先后组织编写出版了“机械工人技术理论培训教材”149种，“机械工人操作技能培训教材”85种，“机械工人职业技能培训教材”66种，“机械工业技师考评培训教材”22种，以及配套的习题集、试题库和各种辅导性教材约800种，基本满足了机械行业技术工人培训的需要。这些教材以其针对性、实用性强，覆盖面广，层次齐备，成龙配套等特点，受到全国各级培训、鉴定和考工部门和技术工人的欢迎。

2000年以来，我国相继颁布了《中华人民共和国职业分类大典》和新的《国家职业标准》，其中对我国职业技术工人的工种、等级、职业的活动范围、工作内容、技能要求和知识水平等根据实际需要进行了重新界定，将国家职业资格分为5个等级：初级（5级）、中级（4级）、高级（3级）、技师（2级）、高级技师（1级）。为与新的《国家职业标准》配套，更好地满足当前各级职业培训和技术工人考工取证的需要，我们精心策划编写了这套“国家职业资格培训教材”。

这套教材是依据劳动和社会保障部最新颁布的《国家职业标准》编写的，为满足各级培训考工部门和广大读者的需要，这次共编写了38个职业159种教材。在职业选择上，除机电行业通用职业外，还选择了建筑、汽车、家电等其他相近行业的热门职业。每个职业按《国家职业标准》规定的工作内容和技能要求编写初级、中级、高级、技师（含高级技师）四本教材，各等级合理衔接、步步提升，为高技能人才培养搭建了科学的阶梯型培训架构。为满足实际培训的需要，对多工种共同需求的基础知识我们还分别编写了《机械制图》、《机械基础》、《电工常识》、《电工基础》、《建筑装饰识图》等15种公共基础教材。

在编写原则上，依据《国家职业标准》又不拘泥于《国家职业标准》是我们这套教材的创新。为满足沿海制造业发达地区对技能人才细分市场的需要，我们对模具、制冷、电梯等社会需求量大又已单独培训和考核的职业，从相应的职业标准中剥离出来单独编写了针对性较强的培训教材。

为满足培训、鉴定、考工和读者自学的需要，在编写时我们考虑了教材的配套性。教材的章首有培训要点、章末配复习思考题，书末有与之配套的试题库和答案，以及便于自检自测的理论和技能模拟试卷，同时还根据需求为7种教材配制了VCD光盘。

本教材由周文波主编，周序洋主审。

本教材在编写过程中，得到了江苏广播电视大学建筑工程学院领导和老师们的大力支持和帮助，在此致以感谢。限于作者的水平有限，加之时间仓促，书中难免有不妥和错误之处，诚恳地欢迎行业专家和读者批评指正，不胜感谢。

编　者

目 录

MU LU

第一章

砌筑工（高级）基本知识[1]

培训学习目标　通过本章的学习，能够掌握砌筑工（高级）的基本知识，包括：施工中的安全操作技术以及防火和安全用电的知识；中国古建筑的概况和古建筑的构造、平面布局的知识；古建筑中瓦作部分的具体构造要求和相应特点。

第一节　砌筑施工安全知识

一、安全的基本要求

1. *一般要求*

学习安全生产知识，熟悉安全生产的有关规定，树立“安全为了生产、生产必须安全”的思想，做到严格执行安全操作规程，自觉遵守安全操作规定。在进行高空作业前，要经过体格检查，经医生证明合格者，方可进行作业；操作前必须检查道路是否畅通，机具是否良好，安全设施及防护用品是否齐全，符合要求后，才可进行施工；进入施工现场必须戴安全帽；脚手架未经验收不准使用，已经验收的脚手架，不应随意拆改，必须拆改时，应由架子工拆改；非机电设备操作人员不准开动机械和接拆机电设备；施工现场或楼

[1] 砌筑工（高级）还应掌握常见测量仪器的构造、性能和常见故障的排除等基本知识，该部分内容详见《砌筑工》（中级）的相关章节。

层的坑洞、楼梯间等处，应设置护身栏或防护盖板，并不得任意挪动；沟槽、洞口在夜间应设红灯示警。

2. 伤亡事故的分类标准

（1）轻伤　指造成劳动者肢体伤残，或某些器官功能性或器质轻度损伤，表现为劳动能力轻度或暂时丧失的伤害。一般受伤者歇工在一个工作日以上，但够不上重伤的，为轻伤事故。

（2）重伤　指造成劳动者肢体残缺或视觉、听觉等器官受到严重损伤，一般能引起人体长期存在功能障碍，或劳动能力有重大损失的伤害。

（3）死亡事故　指一次事故中伤亡1~2人的事故。

（4）重大死亡事故　指一次事故中死亡3人以上的事故。

（5）急性中毒事故　指生产性毒物一次或短期内通过人的呼吸道、皮肤或消化道大量进入人体内，使人体在短时间内发生病变，导致职工立即中断工作，并需要进行急救或导致死亡的事故。

3. 施工现场发生安全事故后的处理

事故调查组提出事故处理意见和防范措施建议，由发生事故的企业及其主管部门负责处理。因忽视安全生产、违章指挥、违章作业、玩忽职守或者存在事故隐患、危险情况而不采取有效措施以至造成伤亡事故的，由企业主管部门或者企业按照国家有关规定，对企业负责人和直接责任人员给予行政处分；构成犯罪的，由司法机关依法追究刑事责任。

在伤亡事故发生后隐瞒不报、谎报、故意延迟不报、故意破坏现场，或无正当理由，拒绝接受调查以及拒绝提供有关情况和资料的，由有关部门按照国家有关规定，对有关单位负责人和直接责任人员给予行政处分；构成犯罪的，由司法机关依法追究刑事责任。在调查、处理伤亡事故中玩忽职守、徇私舞弊或者打击报复的，由其所在单位按照国家有关规定给予行政处分；构成犯罪的，由司法机关依法追究刑事责任。

伤亡事故处理工作应当在90日内结案，特殊情况不得超过180日。伤亡事故处理结案后，应当公开宣布处理结果。

二、砌筑工操作安全技术措施

1. 砌筑施工中安全操作技术内容

砌筑之前必须检查操作环境是否符合安全技术要求、道路畅通与否、机具是否牢固、防护设施是否齐全等。砌筑基础时，注意基坑土质变化，防止塌陷伤人。堆放材料距坑边1m以上时，深坑要装设挡土板，人员不得攀登，运料不允许碰撞。墙体砌筑，超过地坪1.2m时，应搭设脚手架，一层以上楼层，宜采用里脚手，并支搭安全网，外脚手应设防护栏杆和挡脚板。脚手架上负荷量不准超过2700kN/m^2，堆料高度不准超过三码砖，同一块脚手板上不准同时站两人操作。楼层施工中，楼板上堆放机具、砖块等物品不准超过使用荷载。操作人员不准站在墙顶上划线、刮缝及清扫墙面或检查大角。不准用不稳固的工具或物体在脚手板上垫高操作，更不准在未经加固的情况下，在一步脚手架上随意再叠加一层操作。砌砖时要面向内，朝墙体，以防止碎砖伤人。

垂直运输的吊笼、滑车、钢丝绳、刹车装置要满足负荷要求，不得超载使用。在吊车回转半径的空间范围内不准站人，吊斗落到架子车上时，操作人员暂停操作。冬期施工，脚手架上不准有冰霜、积雪，斜道要设防滑条。在同一垂直面上作业，要设置安全隔离板，下方操作人员要戴安全帽。雨天或平时下班后，必须做好防雨措施。进入施工现场人员必须戴安全帽，女同志不准穿高跟鞋。

2. 抹灰施工中的安全技术措施

(1) 室内抹灰饰面　室内抹灰使用马凳时，必须搭设平稳牢固，马凳跳板跨度不准超过2m，并禁止人员集中站在同一跳板上操作；室内高度超过4m抹顶棚时，应搭设满堂红脚手架，如无条件满铺跳板，可在跳板上满铺安全网；室内脚手架严禁将跳板支搭在暖气片、水暖管道上，不准搭探头板；在抹顶棚时，防止砂浆溅入眼内造成工伤；在室内使用运灰车时，在过道拐弯时要注意防止车把碰墙面。

(2) 室外抹灰饰面　室外抹灰时，脚手架的跳板应铺满，最窄不得小于三块板；外部抹灰使用金属挂架时，挂架间距不得超过2.5m，每跨最多不超过两人同时操作；抹灰工自行翻跳板时，应戴好挂牢安全带，小横杆要插牢，严禁有探头板；存放砂浆和水的灰桶（槽）、小桶要放稳。八字靠尺等不要一头放在脚手架上，一头靠在墙头，要平放在脚手板上。

（3）饰面安装与镶贴　高空粘贴面砖应按抹灰的脚手架搭设；在脚手架上堆放饰面砖、饰面板应堆放平稳，不要掉下伤人；饰面板安装应按图样要求，钻孔用铜丝等基本固定，不得浮放。饰面板钻孔时，一定要设临时固定架，防止电钻头折断伤人；加工各种石板不得面对面进行，必要时安隔离板，以免石片飞出伤人。

3. 脚手架的安全防护要点

钢管脚手架应用外径48～51mm，壁厚3～3.5mm，无严重锈蚀、弯曲、压扁或裂纹的钢管，木脚手架应用小头有效直径不小于80mm，无腐枯、折裂枯节的杉篙，脚手杆件不得钢木混搭；钢管脚手架的杆件连接必须使用合格的钢扣件，不得使用铅丝和其他材料绑扎；杉篙脚手架的杆件绑扎应使用8号铅丝，搭设高度在6m以下的杉篙脚手架可使用直径不小于10mm的专用绑扎绳；竹杆脚手架应使用四年以上的毛竹、青竹，枯黄或者有裂纹、虫蛀的不得使用；立杆、大横杆小头直径不得小于75mm，小横杆小头直径不得小于90mm（对于小头直径在60mm以上不足90mm的竹杆，可以双杆合并使用）；竹脚手必须搭设双排架子；结构脚手架立杆间距不得大于1.5m；大横杆间距不得大于1.2m，小横杆间距不得大于1m；竹脚手架立杆间距不能大于1.3m，小横杆间距不能大于0.75m；装修脚手架立杆间距钢管不得大于1.5m，杉杆不大于1.8m，大横杆间距不得大于1.8m，小横杆间距不大于1.5m；脚手架必须按楼层与结构拉结牢固，拉结点垂直距离不得超过4m，水平距离不得超过6m；拉结所用的材料强度不得低于双股8号铅丝的强度；高大架子不得使用柔性材料进行拉结；在拉结点处设可靠支顶；脚手架的操作面必须满铺脚手板，离墙面不得大于200mm，不得有空隙和探头板、飞跳板；脚手板下层兜设水平网；操作面外侧应设两道护身栏杆和一道挡脚板或设一道护身栏杆，立挂安全网，下口封严，防护高度应为1m。严禁用竹芭作脚手板；脚手架必须保证整体结构不变形，凡高度在20m以上的脚手架，纵向必须设置剪刀撑，其宽度不得超过7根立杆，与水平尖角应为45°~60°；高度在20m以下的，必须设置正反斜支撑，特殊脚手架和高度在20m以上的高大脚手架，必须有设计方案：结构用的里、外承重脚手架，使用荷载不得超过2646N/m²；装修用的里、外脚手架使用荷载不得超过1960N/m²；在建工程（含脚手架具）的外侧边缘与外电架空线路的边线之间的水平和垂直距离不应小于3m，各种脚手架在投入使用前，必须由施工负责人组织支搭和使用脚手架的负责人及安全人员共同进行检查，履行交接验收手续。特殊脚手架，在支搭、拆装前，要由技术部门编制安全施工方案，并报上一级技术领导审批后，方可施工。

4. 垂直运输架的安全防护要点

井字架、龙门架的支搭必须符合规程要求。高度在10~15m的设一组缆风绳，每增高10m加设一组，每组四根，临近建筑物或脚手架一侧应采取拉结措施。缆风绳应用直径不小于12.5mm的钢丝绳，并按规定埋设地锚。严禁捆绑在树木、电线杆等物体上；严禁用别杠调节钢丝绳长度。井架、龙门架首层进料口一侧应搭设长度不小于2m的防护，另三个侧面必须采取封闭的措施，每层卸料平台应有防护门，两侧应绑两道护身栏杆，并设挡脚板。井架、龙门架的吊盘出入口均应有安全门，两侧必须有安全防范措施。吊盘定位托杠必须采用定型装置，吊盘运行中不准乘人。导向滑轮至卷扬机卷筒的钢丝绳，凡经通道处应予遮护。井架、龙门架的天轮与最高一层上料平台的垂直距离不小于6m，并须设置超高限位装置，使吊盘上升最高位置与天轮间的垂直距离不小于2m。井架、龙门架搭设完毕，应进行空载与重载试运行，运转正常，安全装置可靠，经验收检查合格后，方可投入使用。

5. 土方施工的安全防护技术

挖土方应从上而下分层进行，两人操作间距应大于2.5m，禁止采用挖空底脚的操作方法；开挖坑（槽）、沟深度超过1.5m时，一定要根据土质和挖的深度按规定进行放坡或加可靠支撑；如果既未放坡，也不加可靠支撑，不得施工；坑（槽）、沟边1m以内不得堆土、堆料和停放机具。1m以外堆土，其高度不宜超过1.5m；坑（槽）、沟与附近建筑物的距离不得小于1.5m，危险时必须采取加固措施；挖土方不得在石头的边坡下或贴近未加固的危险楼房基底下进行；操作时应随时注意上方土壤的变动情况，如发现有裂纹或部分塌落应及时放坡或加固；工人上下深坑（槽）应预先搭设稳固安全的阶梯，避免上下时发生坠落；开挖深度超过2m的坑（槽）、沟边沿处，必须设两道1.2m高牢固的栏杆和悬挂危险标志，并在夜间挂红色标志灯；任何人严禁在深坑（槽）、悬崖、陡坡下面休息；在雨期挖土方时，必须排水畅通，并应特别注意边坡稳定；下大雨时应暂停土方施工；夜间挖土方时，应尽量安排在地形平坦、施工干扰较小和运输道路畅通的地段，施工场地应有足够的照明；人工挖大孔径桩及扩底桩施工前，必须制定防坠人落物、防坍塌、防人员窒息等安全措施，并指定专人负责实施；机械开挖后边坡一般较陡，应用人工加以修整，达到设计要求后再进行其他作业；土方施工中，施工人员要经常注意边坡是否有裂缝、滑坡迹象，一旦发现，应该立即停止，待处理和加固后才能进行施工。

6. 一般建筑工程施工的安全防护技术

根据基坑、基槽、地下室挖土方的深度和土壤种类，选择土方开挖方法；同时确定边坡的坡度大小或采用固壁支撑的方法，以防止土方塌方；应做好脚手架、吊篮、吊架、桥架的强度设计及上下道路的安全技术措施；做好安全平网、立网、封闭网的架设，确定架设的层次和段落；做好外用电梯的设置及井架、门式架等垂直运输设备的拉结和防护；做好“四口、五临边”的防护和立体交叉施工作业场的隔离防护；当施工工程的外架与高压（如电压为10kV）输电线路的间距小于5m时，必须搭设绝缘隔离防护棚或防护网架；凡高于周围避雷设施的施工工程、暂设工程、井架、龙门架等金属构筑物，一定要采取避雷措施；如进行易燃、易爆、有毒作业，对施工过程及其场所要采取防火、防爆、防毒措施；碰到季节性施工要有针对性的预防措施，如雨季施工防雨、防洪，冬季施工防冻、防滑、防火等；同时认真做好施工工程与周围通行道路及民房防护隔离措施；落实好施工人员在施工过程中个人的安全防护措施，同时建立相应的定期安全检查制度。

7. 高层建筑施工的安全防护技术

高层建筑工程施工，除特殊安全防护要求外，应严格执行一般建筑工程的安全防护技术措施。

基础、管道工程，必须按规定放坡或支护。深度超过 2m 的坑（槽）四周边沿须设两道护身栏，夜间设红色标志灯。

严格按规定支设安全网。外墙四周首层必须支设固定的 6m 宽的双层水平安全网，网底距地面或其他网下物体不得小于 5m，严禁网下堆放构件或材料。首层水平安全网向上每隔四层还应固定一道 3m 宽的层面水平安全网，作业层应设随层水平安全网。支设的水平安全网直至上面无高处作业时方可拆除。

搞好“四口”防护。楼梯口防护与一般建筑工程相同。电梯井口必须设高度不低于 1.2m 的金属防护门；电梯井内首层和首层以上每隔四层设一道水平安全网，安全网应封闭严密，未经上级主管技术部门批准，电梯井内不得做垂直运输通道和垃圾通道。500mm × 500mm 以下的预留洞口，预埋钢丝网或加固定盖板；500mm × 500mm ~ 1500mm × 1500mm 的洞口应预埋通长钢筋网，无条件时，可加固定盖板；1500mm × 1500mm 以上的洞口四周必须支设两道防护栏杆，中间支挂水平安全网。采光井上面应用木板铺盖，与建筑物固定。

搞好“五临边”防护。尚未安装栏杆的阳台周边、无外架防护的屋面周边、框架结构楼层周边、斜道两侧边、卸料平台的外侧边等，必须设置 1.2m 高的两道护身栏杆或固定立网。

搞好大模板、壁板和大楼板等构件安装作业的安全防护。大模板应有操作平台、上下梯道、防护栏、自稳架。大模板堆放时，下部应垫通长方木，成对堆放，拧紧地角螺栓，使其有 70° ~ 80° 的自稳角。遇有大风时，要与结构物连接。长期存放时应用钢丝绳连接绑牢，并固定在墙体上。外墙板和内墙板应放置在型钢制作或用钢管搭设的插放架内，插放架的立杆应埋入地下 500mm，其高度应为构件高度的 2/3 以上，上面搭设 400mm 宽的走道和上下梯道，立杆中间要绑剪刀撑，上面绑水平拉杆，下面绑扫地杆，构件下端垫的长垫木应压在扫地杆上。插放架应靠放同一规格的墙板。吊装时从两边向里取出，严禁从中间抽出。吊运大模板、混凝土料斗、大灰斗、预制墙板等大体积构件时，不得使用吊钩，必须用卡环。同一现场多台起重设备交叉作业时，除执行一般脚手架有关规定外还应采取以下特殊措施：地基必须坚实平整，一般可在夯实的土层上铺100mm厚的道渣，上置混凝土预制块，在其上铺设通长的槽钢作为脚手架立杆的基础口架子，地基不得有存水，做法如图1-1所示。

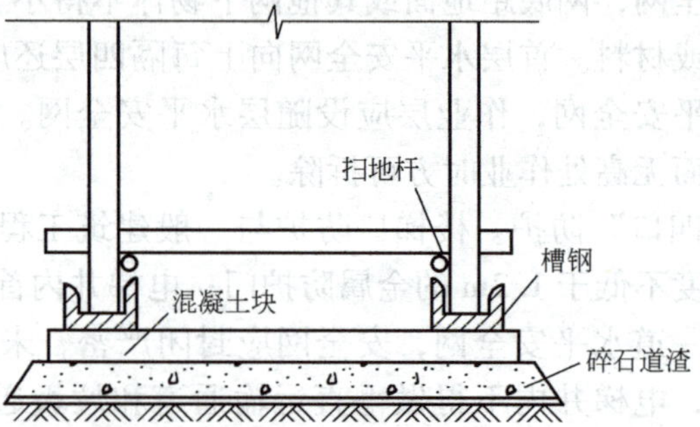

图1-1　高层钢管脚手架基础图

高层脚手架必须进行设计计算，按规定的程序审批。脚手架搭设必须经过分段验收，合格后才可使用。架子结构必须牢固，一般做法是：从地面至25m高的脚手架内外立杆可采用双钢管，往上可用单钢管。缩小立杆的纵距，高度在40m以上时，立杆的纵距以1m为宜。以15～18m为一段，采用挑、撑、吊等方法分段将外架子荷载传到建筑物上。加密脚手架与主体结构的拉结，水平方向3m左右、垂直方向3.5m左右设一个拉结点，所用拉结杆应能承受7kN的拉力和压力，可用钢管与扣件，不得使用铅丝。脚手架两端和每隔水平距离不超过9m必须设自下而上到顶的剪刀撑，并应用双杆。脚手架四角应设避雷装置。严禁在脚手架上拉缆风绳，安装起重扒杆。利用脚手架搭堆料台，应进行计算并经技术部门批准。

高层建筑施工用井架、龙门架除要符合一般建筑工程使用安全防护要求外，还应做到：基础要加固，可在夯实的上层上浇筑200mm厚C15～C20混凝土，面积比架体四周各大500mm，预埋螺栓，做好排水；除按规定在顶部设缆风绳外，每层必须与建筑物结构连接，成为附着式井架或龙门架；每层平台安全门和吊盘出料门之间的防护必须严密。必须安装音响信号装置，加强安全使用联系。

搞好框架结构和剪力墙结构的高层建筑结构作业层的防护。框架结构梁和柱作业层，四周必须保证有500mm宽、800mm高的防护栏。大模板作业平台周边必须安装防护栏，并且四周要连在一起。如安装栏杆妨碍作业，亦可不安装栏杆，但必须满铺脚手板。

吊、挑、挂、插口架和堆料架等特殊脚手架必须做到有设计计算、有搭设方案、有详细图样、有荷载试验、有文字交底、有专人维修和管理。内装饰工程脚手架，立杆间距和大横杆间距不得大于1.8m，小横杆间距不得大于1.5m，脚手板至少铺两块，操作面距地面2m以上，应绑两道护身栏。操作人员上下脚手架用梯子，必须符合《建筑安装工程安全技术规程》中有关梯子的要求。立体交叉作业，上下之间必须有隔离保护措施。严格要求进入施工作业现场的人员戴好安全帽，按规定要求使用安全带。

8. 工业建筑工程施工的安全防护技术

工业建筑工程施工应执行一般建筑工程和高层建筑工程有关的安全防护技术措施：做好结构构件吊装的安全防护；钢筋混凝土构件运输时，混凝土强度不应低于设计的规定，同时不得低于设计强度的70%；装构件的车厢不准乘人；超长、超宽装车应挂安全标志；构件堆放应按施工组织设计中规定的措施铺垫、支撑及重叠；构件捆绑必须牢固可靠；起吊钢丝绳间的夹角应在60°左右，最大不应超过90°；为了保证吊装过程中构件的稳定，凡设计上有支撑和连接构件的，应随吊装进度一并安装牢固或施焊连接，使之成为整体；吊装柱子如靠钢模不能保证柱的临时固定的稳定，应采取缆风绳或支撑等措施；屋架吊装前，应在柱头搭设宽度不小于600mm的作业台，两侧要绑护身栏；为人员上下安全，应设靠式或悬挂式梯子，上端固定牢固；吊装作业有些部位无法防护或无法挂安全带时，则应设钢丝安全绳；如在屋架上弦设置安全拉绳，在屋架上弦行走时，应将安全带挂在绳上，在吊车梁和连系梁上操作时，应在梁上1m处柱间设安全绳，做安全扶手；所有人员严禁在起重臂和吊起的重物下面停留或行走；起吊构件应使用交互捻制的钢丝绳；钢丝绳如有扭结、变形、断丝、锈蚀等异常现象，应及时降低使用标准或报废；钢丝绳编结成扣，其编结部分的长度不得小于钢丝绳直径的15倍，而且不得短于30mm；用卡子成扣时，卡子数在一个接头中不得少于3个；加强洞口防护，未预埋钢丝和钢筋网的，洞口上面要盖固定的盖板，严禁浮置小钢模板或板；1500mm×1500mm以上的洞口，必须在四周设两道护身栏杆，而且洞口下面必须支挂水平安全网；内外墙砌筑脚手架，要按结构承重架子的要求搭设，脚手架与墙必须按照水平与垂直距离均不大于4m的规定进行拉结，可在墙内预埋双股8号铅丝或ϕ6mmI级圆钢筋，与架子拉结，并在拉结点处设可靠支顶，也可将小横杆伸入墙内用双扣件与墙拉结；墙的内装饰作业必须搭设装饰脚手架，操作层至少满铺两块脚手板，并绑两道护身栏，人员上下搭设牢固梯子；顶棚装饰作业，可利用安装好的天车或使用防护完备的活动脚手架；多层工业厂房框架结构作业层施工必须搭设既能承重又能防护的脚手架，方法与高层建筑框架结构施工相同；做好操作人员自身的个人防护，无法搭设安全网、防护架的作业必须使用安全带。

9. 烟囱、水塔施工的安全防护技术

烟囱、水塔施工一般属于特级高处作业，操作人员必须身体健康，经医院检查，患有高血压、心脏病、贫血以及其他不适合高空作业的人员，不得上岗。工人上岗前，必须学习安全技术操作规程。

脚手架搭设方案必须经过设计和计算；地基必须坚实，并有良好的排水措施；架子应按结构承重架的要求进行搭设；立杆间距不得大于1m，里皮立杆距烟囱墙身40～50mm，并从10m处开始往上按烟囱斜度向内收分；大横杆间距不得大于1.2m，封顶横杆应绑双杆；剪刀撑四面均须绑到顶部，斜杆与地面夹角不得超过60°，超过30m的架子，剪刀撑必须全部使用双杆；小横杆间距不得超过1m，脚手板必须铺严，每个作业层四周必须绑1.2m高的两道护身栏和挡脚板，高度超过10m时，脚手板下方应加铺一层安全板，随作业层的上升而上升；操作台上的材料，不得堆放过多，要平均摆放；下班前应清扫一遍，将工具和剩余材料运到地面；垂直上料架的各种安全装置必须齐全有效；限位装置和防钢丝绳断裂装置必须定期检查，以防失灵；夜间施工时，操作台、内外吊梯、井架等均需设有充分的照明，灯泡应备有保护罩，高空作业应使用不大于36V的安全电压；烟囱、水塔底层四周必须支搭6m宽、离地5m高的双层水平安全网，筒内底层也必须支搭离地面5m高的双层水平安全网或保护棚，操作台下面和周围也必须支搭安全网，随工作台同时上升；烟囱、水塔施工现场周围应设置围栏，严禁非工作人员入内；上部和下部、操作台和卷扬机之间应安设电铃、指示灯或对讲机，以加强联系；烟囱、水塔脚手架、井架，高度在15m时应设一组缆风绳，每增高10m应加设一组；缆风绳与地面的角度应为45°~60°，必须单独固定在地锚上，严禁固定在树木、电杆上；缆风绳一律用直径不小于12.5mm的钢丝绳；人员上下，应搭设宽度不小于1m、坡度不大于1∶3.5的斜道，四周用立网封严；烟囱、水塔或竖井顶部应设红色信号灯和避雷针；高空作业人员必须戴安全帽，并系好安全带。

三、特殊季节安全技术

1. 夏季施工的安全技术措施

南方夏天气温高，蒸发量大，相对干燥，因此砌筑中应注意以下几点：砖与砌块砌筑前一天先浇水湿润；可适当增大砂浆细度；严格按“三一”操作法施工；砂浆随拌随用，不能拌好一堆后由运输工慢慢运；特别干燥的情况下，已砌筑完的墙体砂浆初凝后可适当洒水，使墙面保持湿润，以利于砂浆强度增长。

2. 雨期施工的安全技术措施

雨期施工主要应做好防雨、防风、防雷、防电、防汛等工作。基础工程应开设排水沟、基槽、坑沟等，雨后积水应设置防护栏或警告标志，超过1m的基槽、井坑壁应设支撑；一切机械设备应设置在地势较高、防潮避雨的地方，要搭设防雨棚；机械设备的电源线路要绝缘良好，要有完善的保护接零；脚手架要经常检查，发现问题要及时处理或更换加固；高层建筑、脚手架和构筑物要按电气专业规定设临时避雷装置。

3. 冬期施工的安全技术措施

冬期施工主要应做好防火、防寒、防毒、防滑、防爆等工作。冬期施工前各类脚手架要加固，要加设防滑设施，及时清除积雪；易燃材料必须经常注意清理，必须保证消防水源供应，保证消防道路的畅通；严寒时节，施工现场要根据实际需要和规定配设挡风设备；要防一氧化碳中毒，防止锅炉爆炸。

防火和安全用电要牢记。

四、防火和用电规定

1. 施工现场防火主要规定

现场要有明显的防火宣传标志，每月对职工进行一次防火教育，定期组织防火检查，建立防火工作档案；电工、焊工从事电气设备安装和电、气焊切割作业，要有操作证和用火证；动火前，要清除附近易燃物，配备看火人员和灭火用具；用火证当日有效；动火地点变换，要重新办理用火证手续；使用电气设备和易燃、易爆物品，必须严格防火措施，指定防火负责人，配备灭火器材，确保施工安全；因施工需要搭设的临时建筑，应符合防盗、防火要求，不得使用易燃材料；城区内的工地一般不准支搭木板房，必须支搭时，需经消防监督机关批准；施工材料的存放、保管，应符合防火安全要求，库房应用非燃材料支搭；易燃易爆物品，应专库储存，分类单独存放，保持通风，用火符合防火规定；不准在工程内、库房内调配油漆、稀料；工程内不准作为仓库使用，不准存放易燃、可燃材料，因施工需要进入工程内的可燃材料，要根据工程计划限量进入，并应采取可靠的防火措施；工程内不准住人，特殊情况需要住人的，要报经上级机关批准并与建设单位签订协议，明确管理责任；施工现场严禁吸烟，必要时，应设有防火措施的吸烟室；施工现场和生活区，未经保卫部门批准不得使用电热器具；氧气瓶、乙炔瓶（罐）工作间距不小于5m，同明火作业距离不小于10m；禁止在工程内使用液化石油气钢瓶、乙炔发生器作业；在施工时要坚持防火安全交底制度，特别在进行电气焊、油漆粉刷或从事防水等危险作业时，要有具体防火措施。

冬期施工保温材料的存放与使用，必须采取防火措施；凡经有关部门确定的重点工程和高层建筑，不得采用可燃保温材料。

2. 施工现场安全用电规定

施工现场用电人员应加强自我防护意识，特别是电动建筑机械的操作人员必须掌握安全用电的基本知识，以减少触电事故的发生；对于现场中一些固定机械在开机前，要认真检查开关箱内开关设备是否齐全有效，漏电保护装置是否可靠，发现问题及时向工长汇报，工长派电工解决处理；开机前仔细检查电器设备的接零保护线端子有无松动，严禁赤手触摸一切带电绝缘导线；严格执行安全用电规范，凡一切属于电气维修和安装的工作，必须由电工来操作，严禁非电工进行电工作业。

电气操作人员严格执行电工安全操作规程，对电气设备工具要进行定期检查和试验，凡不合格的电气设备、工具要停止使用；电工人员严禁带电操作，线路上禁止带负荷接线，正确使用电工器具；电气设备的金属外壳必须做接地或接零保护，在总箱、开关箱内必须安装漏电保护器实行两级漏电保护；电气设备所用熔体，禁止用其他金属丝代替，并且须与设备容量相匹配；施工现场内严禁使用塑料线，所用绝缘导线型号及截面必须符合临时用电安全技术规范的要求；电工必须持证上岗，操作时必须穿戴好各种绝缘防护用品，不得违章操作；当发生电气火灾时应立即切断电源，用干砂灭火，或用干粉灭火机灭火，严禁使用导电的灭火剂灭火；凡移动式照明，必须采用安全电压；施工现场临时用电施工，必须执行施工组织设计和安全操作规程。

手持电动工具依据安全防护的要求分为Ⅰ、Ⅱ、Ⅲ类。Ⅰ类手持电动工具的额定电压超过50V，属于非安全电压，所以必须做接地或接零保护，同时还必须接漏电保护器以保安全。Ⅱ类手持电动工具的额定电压超过50V，但它采用了双重绝缘或加强绝缘的附加安全措施，双重绝缘是指除了工作绝缘以外，还有一层独立的保护绝缘，当工作绝缘损坏时，操作人员仍与带电体隔离，所以不会触电，可以不必做接地或接零保护，Ⅱ类手持电动工具的铭牌上有一个“回”字。Ⅲ类手持电动工具是采用安全电压的工具，它需要一个隔离良好的双绕组变压器供电，变压器二次额定电压不超过50V，所以Ⅲ类手持电动工具也是不需要保护接地或接零的，但一定要安装漏电保护器。

手持电动工具注意以下安全技术措施：手持电动工具的开关箱内必须安装隔离开关、短路保护、过负荷保护和漏电保护器；手持电动工具的负荷线，必须选择无接头的多股铜芯橡皮护套软电缆，其性能应符合《手持式电动工具的安全　第一部分：通用要求》（GB 3883.1—2000）的要求，其中绿/黄双色线在任何情况下只能用作保护线；施工现场优先选用Ⅱ类手持电动工具，并应装设额定动作电流不大于15mA、额定漏电动作时间小于0.1s的漏电保护器；在露天或潮湿环境的场所必须使用Ⅱ类手持电动工具；特殊潮湿环境场所电气设备开关箱内的漏电保护器应选用防溅型的，其额定漏电动作电流应小于15mA，额定漏电动作时间不大于0.1s；在狭窄场所施工，优先使用带隔离变压器的Ⅲ类手持电动工具，如果选用Ⅱ类手持电动工具，必须装设防溅型漏电保护器，把隔离变压器或漏电保护器装在狭窄场所外边并设专人看护；手持电动工具的负荷线应采用耐气候型的橡皮护套铜芯软电缆，并不得有接头；手持式电动工具的外壳、手柄、负荷线、插头、开关等必须完好无损，使用前要做空载检查，运转正常方可使用。

五、安全事故的预防

建筑施工所涉及的安全技术问题量大面广，根据不完全统计，主要涉及土方塌陷、倒塌、高处坠落、物体打击和触电等方面。

1. 挖土塌方

挖土前，应做好必要的地质、水文和地下管道的调查和勘探工作。在旧建筑物边挖土时，应视挖土深度事先考虑新、老基础的高差，做好必要的安全措施。开挖基槽或基坑时应视土质性质、湿度和深度设置安全坡度或者护壁支架，必要时应经设计计算。挖出的泥土堆放处和所在坑边或桩边处堆放的材料，至少要距离挖土边缘8m，堆放高度不得超过1.5m，若材料较重时，应经验算确定。拆除固壁支架时，应按照回填顺序，从下而上逐步拆除。更换支架时应先装新的再拆下旧的，拆除及更换支架时，必须有工程技术人员在现场指导。挖土顺序应严格按照交底规定，严禁用掏挖方法盲目加快进度。槽宽小于 1m 时，应在砌筑站人一侧留有不小于 400mm 的操作面，在深基础砌筑时应设工作梯或坡道，必要时应搭设脚手架，不得任意攀登基桩，更不准踏踩砌体或加固土壁的支撑上下。

2. 倒塌伤人

上高砌墙应先检查脚手架搭设、安全网搭设及其铺助设施是否符合规定。遇六级以上强风不准进行高处作业。不准任意拆除、剪断脚手架与建筑物连接的铁丝。不准在不铺设脚手板处及脚手架不牢固的情况下操作。无证不得操作卷扬机，脚手架负重不得超过 $270kg/m^2$。操作平台的使用，应严格按照设计规定的负重要求，严禁超载。施工中，墙体强度未达到规定等级时不准进行下一道工序的施工。起重设备的运行作业，应严格遵守操作规范，严禁超载。

3. 高处坠落

雨雪天上高操作应切实做好防滑措施，否则不得进行施工操作。穿硬底、高跟及易滑的鞋不准上岗操作。上高操作前应先检查竹排栅、脚手板及安全网的搭设是否符合安全技术规程的要求，特别要检查悬吊式脚手架和挑梁式脚手架的吊件、挑梁，检查合格后方能上岗操作。建筑物预留孔洞边、操作平台边、上人梯道要装设防护栏杆。不准站在墙顶上进行刮缝及清扫墙面或检查垂直度，并禁止掏井砌砖（即不准站在脚手架高度超过砌体高度处砌砖），也不准在正在砌砖的墙顶上行走。上、下脚手架必须使用爬梯，不准攀登脚手管上下。屋顶四周应装设安全防护栏杆。

4. 物体打击事故

在建筑安装过程中，如果进行立体式施工，必须设有专用的防护棚或其他有效的隔离设施，否则不准许职工在同一垂直线上操作。不准从高处向下抛扔物体，也不准由下向上抛扔物体。禁止任何人在吊运物品下停留和行走，严禁在其下面作业。

5. 触电事故

无电工操作证者不得拆接电源。电气操作工人，应按规定穿戴绝缘靴、绝缘手套和工作服等保护用品。工地内用电线路的架设，应按照当地供电部门（或电业部门）的规定办理。施工现场一般不允许架设高压线，必要时，应按照当地供电部门（或电业部门）的规定，使高压线路和其周围的建筑物或施工区域保持安全距离。在高压线路（或设备）附近进行施工操作时，必须做好各项安全措施，如装设遮栏、悬挂标示牌，以防止误碰带电设备。对于无法装设遮栏的，操作时必须设专人监护。电气设备和装置的金属部分，可能由于绝缘损坏而带电，必须根据技术条件采取保护接地或者接零措施。导线和电源相连接的时候，应该装设开关，不准随便搭接，开关应装设在特别的箱子内。引灯的电压不能超过36V，在金属容器内或潮湿环境内工作时，引灯电压不能超过12V。

第二节　古建筑的基本知识

一、中国的古代建筑

建筑特征总是在一定的自然环境和社会条件的影响和支配下形成的，中国的古代建筑在世界建筑中自成体系，其中封建社会的古典建筑是主要代表形式，尤其是明清时代的建筑已走向成熟，是光辉灿烂的中华文化的组成部分。中国是一个地域辽阔的多民族国家，形成许多具有特色的建筑风格，总结起来大致有以下几个方面：

1. 结构上以木构架为主体

全国大部分地区使用木构架承重的建筑，它在当时条件下具有了以下的一些优点：

（1）取材方便　在古代我国广袤的土地上到处是森林，特别是随着金属工具斧、锯、凿、刨的出现，给木材的加工带来方便，使木结构的技术水平得到迅速提高，并由此形成我国独特的、成熟的建筑技术和风格。

（2）受力与围护分工明确，适应性强　木架建筑是由柱、梁、檩、枋等构件承担荷载，墙只起围蔽、分隔和稳定柱子的作用，所以房屋内部可较自由地分隔空间，使用的灵活性大，适应性强，无论是水乡、寒带、热带，都能满足要求。

（3）有较强的抗震性　木构架的组成采用卯榫连接，木材本身的柔韧性加上卯榫节点的可活动性，使整个木结构在消减地震力的破坏方面具备很大的潜力，许多木构架建筑均经受大地震的考验而完好地保存至今，像天津蓟县独乐寺观音阁、山西应县佛宫寺塔均为辽代建筑，有力地证明了木构架建筑较强的抗震性。

（4）施工速度快　木料加工比石料快，加上唐、宋、明、清以来使用了类似今天的建筑模数，各种木结构的式样已经定型化，因此可以对各种木构件同时加工，制成后再组合拼装，所以欧洲古代的教堂（石料的）往往要花百余年才能建成，而明代的北京宫殿和王府等大规模建筑群只用十多年就竣工，到清代重建紫禁城三大殿也就只用了三年，史料记载的西苑永寿宫被焚后仅“十旬”（百日）就重建完成。

（5）便于修缮和搬迁　木结构的卯榫节点有可拆卸性，替换某种构件或整个房屋拆卸搬迁，都比较容易做到。

2. 在建筑的平面布置上和组群格局上有一定的规律性

（1）中国古代单体建筑简明、真实、有机　“简明”是指平面上以间为单位，间是由相邻两榀房架构成的，因此只要观察柱网就大体知道建筑室内空间及其上部结构的基本情况；“真实”是指对结构真实性的显示，除最高级别的宫殿有天花板遮盖外，一般建筑都无保留地暴露梁架、斗拱、柱子等全部木构架部件；“有机”是指室内空间可以灵活分隔，并与室外环境融为一体，室内外可相互流通渗透，典型代表就是南方建筑中的园林花木和室内的情景处理。

（2）单体建筑的平面、结构、造型的不可分割性　中国的古建筑没有单独的立面设计，它的屋顶、立面、平面、结构是同时考虑的。

（3）建筑群的组合　中国古建筑以群体组合见长，特别擅长用院落的组合手法达到各类建筑的不同使用要求和精神目标。建筑群一般沿着纵横轴线方向做对称布置。

3. 艺术形象突出

中国古代的劳苦大众经过长期的努力和经验的积累，创造了丰富多彩的建筑艺术形象。从单体建筑的整体到各个部分的构件，利用木构间的组合，进行艺术加工，达到建筑功能与结构艺术的统一。建筑群的艺术处理随组群性质和规模的大小而方式不同，所以可以将古建筑群的组群形象比喻成一幅中国的传统画卷，只有从外向里，从逐渐展开的空间变化中，方能了解它的全貌和重心所在。内部装饰随时代的发展而逐步地演变，内部的色彩也随时代的进展而不断发展，并有了一套完整的装饰手法。

4. 随着行业的发展，形成了一套成熟的建筑经验

如统一各种做法使建筑业“标准化”，像宋代总结出来的《营造法式》、清代的《工程做法则例》等。

二、古建筑的构造

中国古建筑的构造，主要以木结构为主，其中以木构架应用最为广泛。民间有“墙倒屋不塌”的谚语，正是这种木构架的特征，就像现在建筑中的钢筋混凝土框架结构和全钢框架结构一样，墙体只承受自身的重量。

现以明清建筑为例来看一下古代房屋建筑的构造组成，一般建筑由台基、木构架、屋盖、装修、色彩等几部分组成。

1. 台基

要认真搞懂古建筑的构造名称。

台基是房屋建筑的基础部分，露出自然地坪的部分叫“台明”，地坪以下部分称为“埋头”或“埋深”；台明侧面叫“台帮”，上面叫“台面”；台帮和台面交接处（即棱角处）叫“台帮石”或“压面石”，通称“阶条石”；台帮用石砌筑的叫“陡板石”，俗称“陡板”；台帮用砖砌筑的叫“砖砌台帮”或“砖砌台明”；较高大的砖砌台帮俗称为“泊岸”。台基和台明分别如图 1-2、图 1-3 所示。

（1）台基的式样　台基的式样有普通台基、须弥座形式的台基、带勾栏的台基、复合型台基。普通台基为长方体或正方体，是普通房屋建筑的通用形式。须弥座台基是宫殿、庙宇建筑常见的形式，有带雕刻和素面（不带雕刻）的，带角柱或不带角柱的。带勾栏的台基是在普通台基或须弥座台基上做石刻的栏板，也有用砖砌的矮墙做栏板，尤以花砖墙为多，带勾栏的台基多用于宫殿和坛庙建筑。

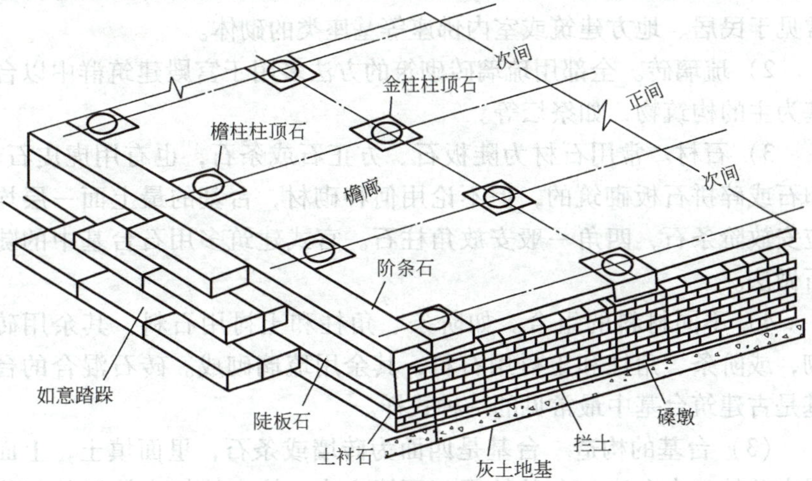

图 1-2　台基示意图

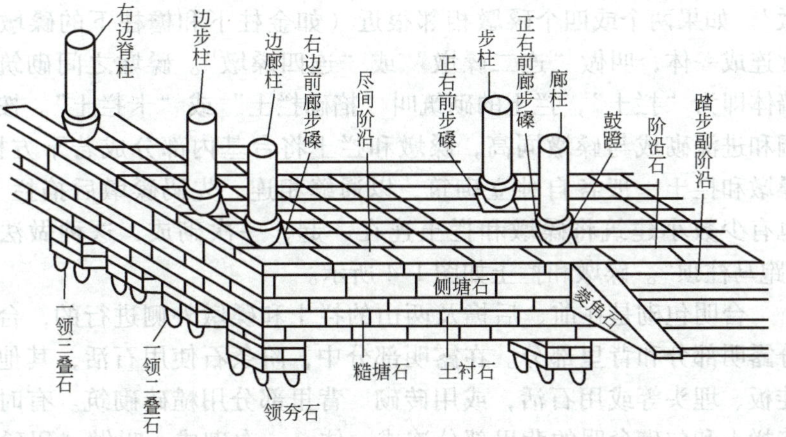

图 1-3　台明示意图

复合型台基是上述两种或三种的重叠复合，也用在较重要的宫殿和坛庙建筑中。

（2）台基的使用材料

1）砖。砖料可用城砖或条砖，做法可分为干摆、丝缝、糙砖墙等，砖缝的排列形式多为十字缝或三顺一丁。全部用砖砌成的台基常见于民居、地方建筑或室内佛座等基座类的砌体。

2）琉璃砖。全部用琉璃砖砌筑的方法多用于宫殿建筑群中以台基为主的构筑物，如祭坛等。

3）石材。常用石材为陡板石、方正石或条石，也有用虎皮石、卵石或碎拼石板砌筑的，但不论用何种砌材，台基的最上面一层均应安放阶条石，四角一般安放角柱石。官式建筑多用石台基中的陡石做法。

4）不同材料的组合。如阶条、角柱和土衬用石料，其余用砖砌，或阶条、角柱和土衬用石料，其余用琉璃砌成。砖石混合的台基是古建筑台基中最常见的一种式样。

（3）台基的构造　台基是四面为砖墙或条石，里面填土，上面墁方砖的一个台座。台基外部四面墙之内，按木构架中柱子的部位用砖砌磉墩和拦土，磉墩是支撑柱顶石的独立基础砌体，柱子安放在磉墩上头的柱顶石上。金柱下的叫“金磉墩”，檐柱下的叫“檐磉墩”。如果两个或四个磉墩相邻很近（如金柱下和檐柱下的磉墩），常连成一体，叫做“连二磉墩”或“连四磉墩”。磉墩之间砌筑的墙体即为“拦土”，拦土的砌筑叫“掐砌拦土”或“卡拦土”。按面阔和进深砌成与磉墩同高，磉墩和拦土将台基内部分成若干方格，磉墩和拦土一般各自独立砌筑，以通缝相连。先码磉墩后掐拦土，也有少数小建筑将磉墩和拦土连在一起，一次砌成，这种做法叫“跑马柱顶”。磉墩和拦土如图1-4所示。

台明包砌是在前、后檐及两山的拦土和磉墩外侧进行的，台明分露明部分和背里部分。在露明部分中，阶条石使用石活，其他如陡板、埋头等或用石活，或用砖砌。背里部分用糙砖砌筑。有时也将拦土和包砌台明的背里部分连成一体，一次砌成，叫做“码磉”，码磉时应注意：

1）砌体外观不是很重要，但强度一定要保证。

2）灰浆务求饱满，灰缝宁小勿大。

3）标高要准，必要时可以打砖，叫做“剥核子”；或垫瓦片、薄砖等，但决不允许用增加灰缝厚度的办法进行调整。

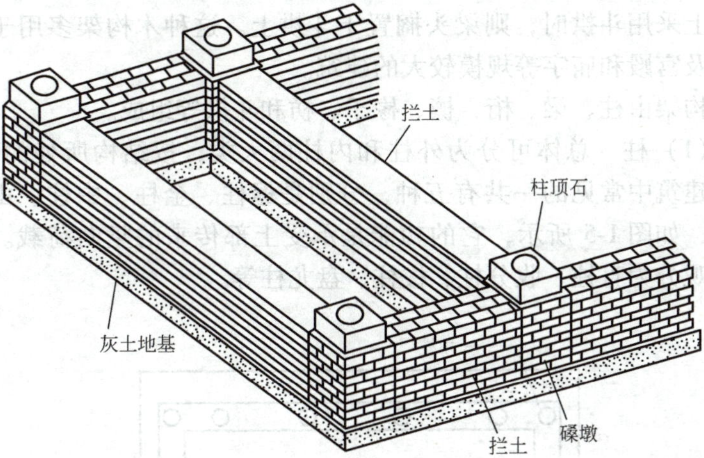

图 1-4　磉墩、拦土示意图

台明一般与埋头的施工进度相同，但如果阶条上没有墙体，可局部或全部延至屋顶竣工后再砌台明，这样可以保证台明石活不致因为施工而损伤和弄脏。

台明是高出室外地坪的，因此从院内地坪走上台基必须有台阶，这些安装上的台阶石叫踏跺，踏跺中最下一级、稍稍高出地面与衬土平的一块叫燕窝石踏跺，两边的斜坡石称为垂带石，宏伟考究的大型重要建筑，台基做成须弥座，使建筑显得壮观华丽，须弥座常用石材建成。

2. 古建筑的构架

构架在古建筑中都用木材制作，我国的木构架体系主要有穿斗式和抬梁式两种，除此以外还有变体和局部利用斜杆组成三角形稳定构架的做法。

穿斗式，或叫“串逗”式木构架的特点是：用穿枋把柱子串联起来，形成一榀榀的房架；檩条直接搁置在柱头上，沿檩条方向，再用斗枋把柱子串联起来，由此形成一个整体框架。这种构架广泛用于江西、湖南、四川等南方地区。

抬梁式木构架的特点是：柱上搁置梁头，梁头上搁置檩条，梁上再用矮柱支起较短的梁，如此层叠而上，梁的总数可达 3～5 根；当柱上采用斗拱时，则梁头搁置于斗拱上。这种木构架多用于北方地区及宫殿和庙宇等规模较大的建筑。

构架由柱、梁、桁、檩、椽子、枋和斗拱等组成。

（1）柱　总体可分为外柱和内柱两大类，按结构所处的部位，一般建筑中常见的一共有五种，分别是檐柱、金柱、中柱、山柱、童柱，如图 1-5 所示，它的功能是承受上部传来的竖向荷载。此外按外观分为直柱、收分柱、梭柱、盘龙柱等。

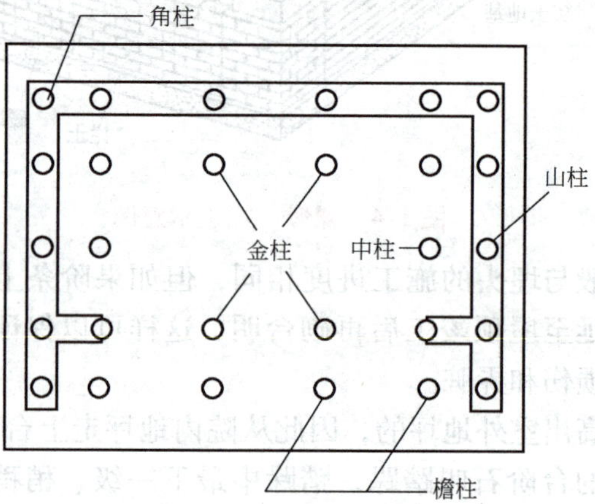

图 1-5　古建筑中柱的平面位置

檐柱：凡是屋檐下最外面的一列柱子都称为檐柱。为了使建筑有较好的稳定性，宋代建筑规定外檐柱在前、后檐均向内倾斜，两山向内倾斜，角柱则两个方向上均有收分，到明、清时则大多不用，柱的上端和下端都做凸榫，以插入柱基础与栌斗中。

金柱：除在房屋纵向中轴线上的柱子，在檐柱以内的柱都称为金柱，断面大多为圆形，柱体平直，又叫老檐柱。

中柱：位于房屋纵向轴线上，顶着屋脊，而又不在山墙里的柱子。

山柱：位于山墙正中的柱子。

童柱：放在横梁之上，而下端又不在地面的柱子，它上端的功用和位置同檐柱和金柱一样。在南方建筑梁架上的童柱，则常做成断面不等的梭柱，形状如长形的瓜，所以又有人叫它瓜柱。

（2）梁　梁的功能是承担由上面桁檩传下来的屋面荷载，再由它传到柱子上去。按它所在的部位，可分为单步梁（又叫抱头梁）、双步梁、三架梁、五架梁、七架梁、顺梁、扒梁、角梁等，宋代的梁名称是按它所承受的椽数来定的，而清代则是按其上所承的桁或檩来命名的。梁的外观可分为直梁和月梁，后者在有的朝代又叫虹梁，我国南方建筑中至今仍有使用，其特征是梁肩呈弧形，梁底略微向上凹，梁侧常做成琴面并有雕刻装饰，外观轻灵秀巧。宋、元建筑对梁头常用蚂蚱头式样，而到明、清则多用卷云和桃尖形。承重受力的梁一般称为柁梁（大梁、大柁），它两端支承在金柱上，其次还有设在金柱和檐柱之间的短梁，它一般不承受荷载，而是起到拉结作用。梁的断面大多为矩形，明、清则近似于方形，南方的住宅和园林中也有用圆木为梁，叫做圆作。

（3）枋　除了梁之外还有连贯于两柱之间的横木，多数为方木，称之为枋。枋的设置可以使构架的整体性得到加强，它包括额枋、平板枋和绰幕枋（又叫雀替）。

额枋在南北朝以前大多在柱顶，隋、唐以后才移到柱间，宋代称之为阑额，当两根叠用时，清代叫做大额枋和小额枋，二者之间填以垫板。唐代的额枋断面高宽比约为2∶1，侧面呈曲线，谓之琴面；额枋在角柱处不出头。明、清的额枋断面近于1∶1，出头大多用霸王拳，大大改善了柱上部的结构与构造状况，是木架结构的发展和进步表现。

平板枋是平置于额枋之上，用以衬托斗拱的构件，开始的断面形状和额枋一样，后来逐渐变高变窄，至明、清时代，其宽度已经窄于额枋，早期在角柱处不出头，后来出头的形式有垂直割断或做海棠纹等。

绰幕枋（雀替）是置于梁枋下与柱相交的短木，可缩短梁枋间的净跨距离，端部与底部做成折线，后又发展为蝉肚及出锋，有的还有插拱，也可在柱间挂落（楣子）下，此种变化已完全转变成纯装饰性构件，所以又叫“花牙子”。

(4) 桁、檩　桁、檩都是两端支承于梁上、承受上部椽子传来的荷载的构件。它们的称呼不同是因为在古建筑中有大式大木作和小式大木作之分，一般说来在大式大木作中叫桁，在小式大木作中叫檩，依部位可分为脊桁、上金桁、中金桁、下金桁、正心桁、挑檐桁等，一般桁的木料直径等于檐柱的直径，桁头伸出山墙以外的部分叫做“出际”或“屋废”，其长度依屋面的椽数而定。

(5) 椽子　椽子是垂直搁置于檩上，直接承受屋面荷载的构件。按部位可分为飞檐椽（宋叫飞子）、檐椽、花架椽、顶椽（用在卷棚屋架）、脑椽等，断面有矩形、圆形和荷包形等。常见的是用圆形或矩形的木方，密密地排列在桁檩之上，平面上与桁和檩垂直，交错接头钉牢固于其上。它承受的荷载包括望板、望砖和上面的瓦的重量，由于古建筑的飞檐、戗角呈曲线形状，椽子也有斜曲、弯翘等不同形式，在屋角近角梁处的排列有平行和放射两种，椽直径的大小是随建筑的大小而定的。

(6) 斗拱　斗拱是我国木构架特有的结构构件，它是大的建筑中柱与屋顶间的过渡部分，其功能是承托挑出去的屋檐，将挑出部分的重量直接传到柱子上，或间接通过额枋再传到柱子上。凡是比较重要的建筑和构筑物柱顶大多有斗拱，在起到传递荷载的同时又有装饰作用，同时它还作为封建社会中森严等级制度的象征和重要建筑尺度衡量标准。

斗拱的组成包括水平放置的方形斗、升和矩形的拱以及斜置的昂（图1-6）。

斗中有坐斗（又叫大斗），它是一组头拱中最下面的构件，有时也单独使用。位于挑出的翘上的叫十八斗，位于坐斗正上方横拱两端上的叫槽生子，也叫散斗，其他还有三才斗等。所有斗的外观都差不多，只是形体上有大有小、开的槽口有四面和两面的区别。宋代以后基本用方斗，斗各部分的比例在宋代以后基本定型，一直沿用。

拱是置于坐斗口内的短横木，有矩形、曲线形、折线形及曲线和折线的混合形，宋代以后对拱的长度等有了详细的规定，拱的名称依部位不同而不同，凡是向外跳的叫翘，跳头上第一层横拱叫瓜

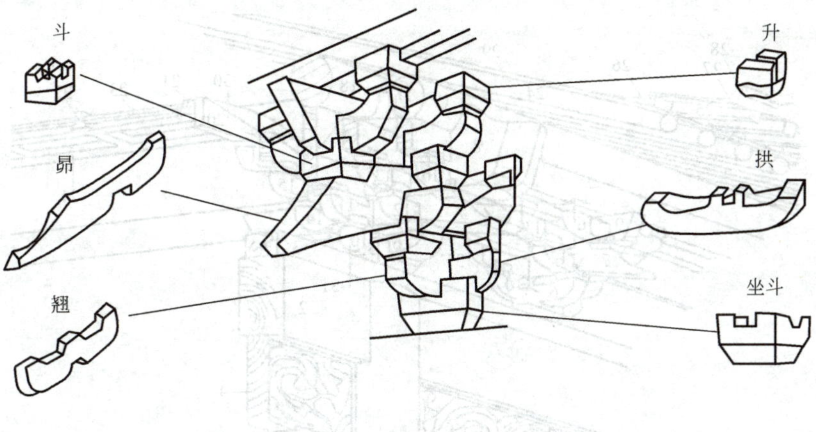

图 1-6　斗拱形状示意图

拱，第二层叫万拱，只有一层的叫单拱，两层的叫重拱。

昂是东拱中斜置的构件，起到杠杆作用，有上昂和下昂之分，其中以下昂使用最多，上昂仅用于室内部分斗拱里跳之上。

以上各部位构件如图 1-7 所示。

3. 屋顶（屋盖）

古建筑的屋顶往往由于木结构的造型不同而有所区别，具体种类有：

（1）庑殿（宋叫四阿顶，图 1-8a）　它是一种屋顶前后左右四面都有斜坡落水的屋面，出现较早。单檐的有正中的正脊和四角的垂脊，共五条脊，所以又叫五脊殿，重檐的另有下檐围绕殿身的四条博脊和位于角部的四条角脊（图 1-9a）。后来庑殿成为古代建筑中最高级的屋顶形式，用于皇宫、庙宇中最主要的大殿，一般可用单檐，特别隆重的用重檐。

（2）悬山式屋顶（图 1-8b）　有前后坡，在木架中的檩条伸出山墙，形成悬挑的出檐，所以叫悬山屋顶。悬山也是我国建筑中最常见的一种屋盖，一般有正脊和垂脊，较简单的仅有正脊，也有用无正脊的卷棚，山墙处露出木构架的柱、梁、枋，如围以土、砖墙，其上尖部分做成五花山墙，在规格上次于庑殿和歇山，在古代画中可以看到常用在一般酒肆和居民家中，凡是重要的建筑没有一个用

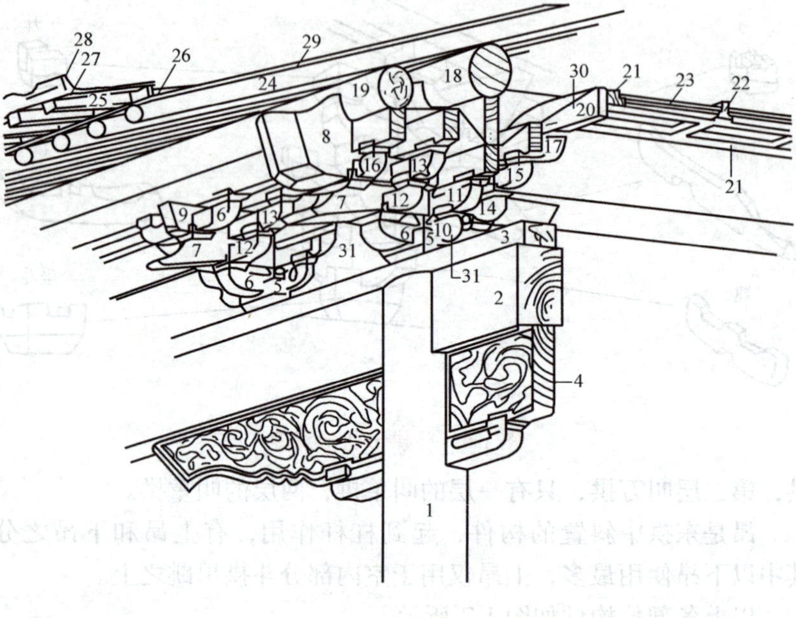

图 1-7　柱顶部以上构件示意图

1—檐柱　2—额枋　3—平板枋　4—雀替　5—坐斗　6—翘　7—昂　8—挑尖梁头　9—蚂蚱头　10—正心瓜拱　11—正心万拱　12—外拽瓜拱　13—外拽万拱　14—里拽瓜拱　15—里拽万拱　16—外拽厢拱　17—里拽厢拱　18—正心桁　19—挑檐桁　20—井口桁　21—贴梁　22—支条　23—天花板　24—檐椽　25—飞椽　26—里口木　27—连檐　28—瓦口　29—望板　30—盖斗板　31—拱垫板

悬山的。

（3）歇山式屋顶（图 1-8c）　歇山式屋顶又叫九脊殿，这种屋顶是庑殿和悬山相结合的形式，它的等级仅次于庑殿，它由正脊、四条垂脊、四条戗脊组成，故称为九脊殿，如果在加上山墙的两条博脊，应有 11 条脊。它也有单檐和重檐的形式。由两个歇山作丁字相交的，其插入部分叫抱厦，也有十字相交的，叫十字脊，清代北京故宫角楼就是十字脊。歇山的山面有博风板、悬鱼等，是装饰的重点所在，山花面与博风板间有一定距离，可形成阴影。山花面上通常钉以有护缝条的垂直木板，或开窗或装饰雕刻、彩画，变化多端。

（4）硬山（图 1-8d） 这种屋顶只有前后两坡，两端头用山墙封头，屋面是不悬出山墙之外的，其山墙大多用砖石墙，并高出屋面，墙头做出各种直线、曲线和折线形式，或另在山面做出博风板、持头等。硬山墙在宋代已经出现，它的出现可能与砖的大量生产有关。明、清以来，在我国南北的居住建筑中应用很广。

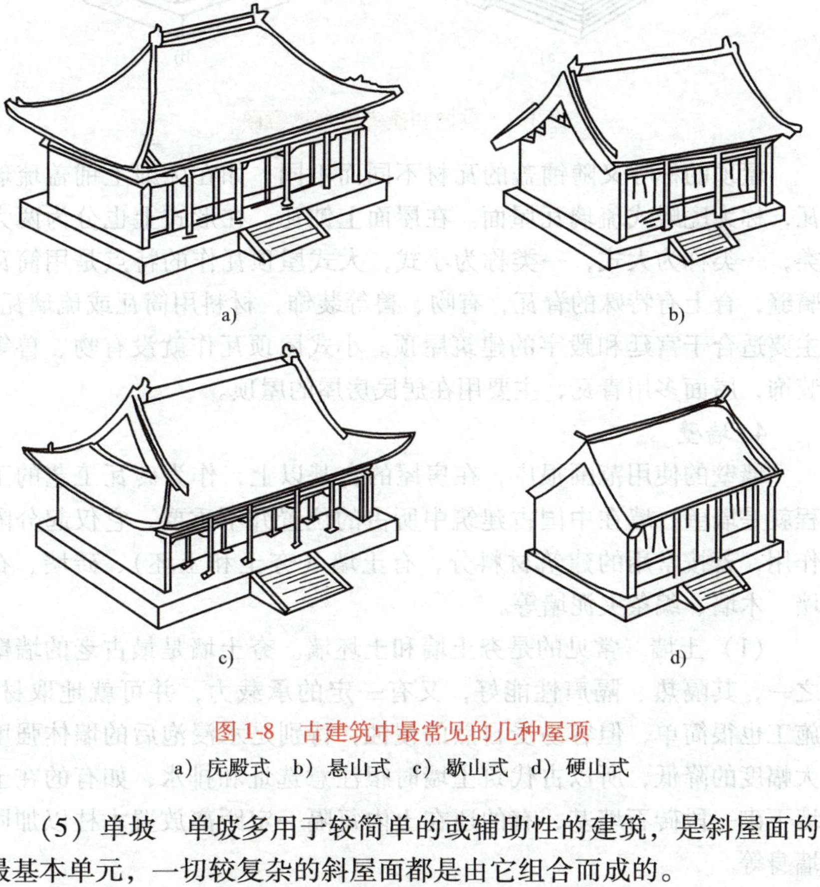

图 1-8 古建筑中最常见的几种屋顶

a）庑殿式 b）悬山式 c）歇山式 d）硬山式

（5）单坡 单坡多用于较简单的或辅助性的建筑，是斜屋面的最基本单元，一切较复杂的斜屋面都是由它组合而成的。

（6）攒尖 攒尖多用于面积不大的建筑屋顶，如塔、亭、阁等，特点是屋面较陡，无正脊，而以数条垂脊交合于顶部，再在其上覆以宝顶。平面有方、圆、三角、五角、八角等，一般以单檐为多，如图 1-9b 所示。

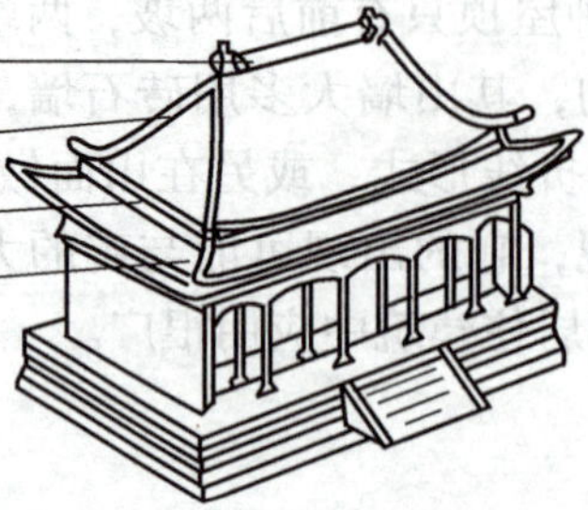

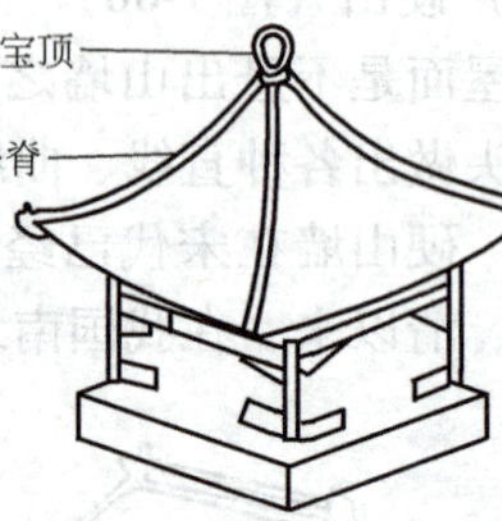

图1-9　重檐和攒尖屋顶示意图

屋顶的称呼又随铺盖的瓦材不同而不同，如在庑殿上铺盖琉璃瓦，称为庑殿式琉璃瓦屋面。在屋面上铺瓦，在形式上也分为两大类，一类称为大式，一类称为小式，大式屋顶瓦作的特点是用筒瓦骑缝，脊上有特殊的脊瓦，有吻、兽等装饰，材料用筒瓦或琉璃瓦，主要适合于宫廷和殿宇的建筑屋顶。小式屋顶瓦作就没有吻、兽等装饰，屋面多用青瓦，主要用在居民房屋的屋顶。

4. 墙壁

墙壁的使用范围很广，在房屋的台基以上，作为砖瓦工艺的工程就是墙壁，墙在中国古建筑中所占的位置并不重要，它仅起分隔作用，若按常用的建筑材料分，有土墙（夯土和土坯）、砖墙、石墙、木墙、编条夹泥墙等。

（1）土墙　常见的是夯土墙和土坯墙。夯土墙是最古老的墙壁之一，其隔热、隔声性能好，又有一定的承载力，并可就地取材，施工也很简单，但容易受自然的侵蚀，特别是水浸泡后的墙体强度大幅度的降低，所以古代筑土墙时很注意选址和排水，如有的在土墙下砌一段砖石墙基，有的还在土内每隔一定距离放置木柱以加固墙身等。

（2）砖墙　我国古建筑中全用青灰色大砖，在墙体内有空心砖、条砖、楔体砖和饰面砖等。其中条形砖广泛用在房屋建筑和城墙中，特别是宋代以后，对制砖和砌砖有了专门的阐述，达到了很高的技术水平。宋代以前的砖缝用黄泥浆，宋代以后石灰浆才逐渐普及，明、清时代的建筑墙体多用三顺一丁、两顺一丁或一顺一丁，考究的建筑在砂浆中还掺入糯米汁。此外，还有在山墙的裙肩或转角处砌砖，其他部分用夯土或土坯的。空斗墙在南方民居及祠庙建筑中常见使用，空斗清墙的厚度大多为一砖或一砖半。

（3）木墙 木墙是由井干式结构形成的，在南方的木架建筑中，常使用木板外墙和内墙。

在一座建筑物中，各部分墙壁的名称多依照柱子的位置而定，它们是：

檐墙：在前后檐的檐柱之间的墙。

山墙：房屋两端伸至屋顶的墙。

廊墙：前后廊下檐柱至金柱之间的墙。

扇面墙：较大的建筑中，在左右金柱之间砌筑的与檐墙平行的墙。

槛墙：有窗的地方，由地面砌到窗槛之下的矮墙。

下碱：墙身下部1/3高的一段墙体叫下碱，相当于现在的墙裙。

裙肩：古建筑的清体，上部一般比下部要薄些，而下部比上部厚出的部分就叫做裙肩，裙肩一般的高度约为檐柱高的1/2。

5. 装修

装修可分为外檐装修和内檐装修。前者在室外，如走廊的栏杆、檐下的挂落和对外的窗等。后者装在室内，如各种隔断、罩、天花、藻井等。

（1）门，门有版门、槅扇门和罩。

版门在周代铜器方鬲、汉徐州画像石和北魏宁懋石室中都可见到，唐、宋以后的资料更多。它用作城门或宫殿、衙署、庙宇、住宅的大门，一般都是两扇。《营造法式》规定：版门的宽与高之比为1:2，最小不得少于2:5。版门包括棋盘版门和镜面版门。棋盘版门是先以边挺与上、下抹头组成边框，框内置横幅（清叫穿带）若干条，后在框的一面钉板，四面平齐不起线脚，高级的再加门钉和铺首。镜面版门是门扇不用木框，完全用厚木板拼合，背面再用横木联系。

槅扇门（宋代称格子门），唐代已有，宋、辽、金均广泛使用，明、清更为普遍。一般作建筑物的外门或内部隔断，每间可用4、6、

8扇，每扇宽与高之比在1:4～1:3之间。槅扇门也由边挺、抹头等构件组成，早期的抹头很少，如山西运城寿圣寺唐八角形单层塔之砖雕槅扇门仅3抹头，宋、金一般用4抹头，明、清则以5、6抹头为常见。槅扇大致可划分为花心与裙版两部分。唐代花心常用直损或方格，宋代又增加了柳条框、毬纹等，明、清的纹式更多，已不胜枚举。框格间可糊纸或薄纱，或嵌以磨平的贝壳。裙版在唐代时为素平，宋、金起多施花卉或人物雕刻，是槅扇的装饰重点所在。边挺和抹头表面可做成各种凸凹线脚，有的在合角处包以铜角叶，兼收加固及装饰效果。

罩，大多用于室内，是用硬木浮雕或透雕成几何图案或缠交的动植物、神话故事等，在室内起着隔断空间和装饰作用。

（2）窗　汉代明器中窗格已有多种式样，如直板、卧棋、斜格、套环等。唐代以前仍以直棋窗为多，固定不能开启，因此使窗的功能和造型都受到一定限制。虽然汉代陶楼明器中出现过支窗形式，但为数很少。宋代起开关窗渐多，改变了上述情况，在类型和外观上都有很多发展。

第一种是直棂窗，在汉墓（如徐州汉墓、四川内江崖墓等）和陶屋明器中都有，北朝的石建筑和石刻，唐、宋、辽、金的砖、木建筑和壁画亦有大量表现。从明代起，它在重要建筑中已逐渐被槛窗所取代，但在民间建筑中仍有使用。唐、宋的直棂窗有多种做法，最常见的有两种，一种是在柱间施窗额、地袱、腰串、立颊和心柱，然后以棱木（断面为方形或三角形，后者称为“破子板”）竖于窗孔间，棱木间相距约一寸（1寸=0.033m），其余之空档施障水板，或砌砖或编竹涂泥粉刷；另一种是建在殿堂门侧的槛墙上，其例甚多。

第二种是槛窗，宋代槛窗已施于殿堂门两侧各间的槛墙上，它是由格子门（槅扇门）演变来的，所以形式也相仿，但只有格眼（清叫花心）、腰华板（清叫绦环板）和无障水板（清叫裙板）。宋画中的槛窗格眼多用柳条框或方格。北方的槛墙用土坯或陶砖砌，南方除此以外尚有用木板或石板的。

第三种是支摘窗，支窗是可以支撑的窗，摘窗是可取下的窗，后来合在一起使用，所以叫支摘窗。支窗最早见于广州出土的汉陶楼明器。宋画《雪雾江行图》中在阑槛钩窗外亦用支窗，窗下用有木隔板的露空勾阑，也有摘窗之意。清代北方的支摘窗也用于槛墙上，可分为两部分，上部为支窗，下部为摘窗，二者面积大小相等。南方建筑因夏季需要较多的通风，支窗面积较摘窗大一倍左右，窗格的纹样也很丰富。

第四种是横披，当建筑比较高大时，可在门、窗上另设中槛，槛上再设横披。它既可通风、采光，又避免了因门窗过于高大而开启不便的缺陷。唐代及以前还没有见到这种做法。南京栖霞寺五代舍利塔石门上方的龟背纹雕刻，可能是彩画的表现，也可能就是横披。宋《营造法式》卷三十二对这种窗已有图示，而殿堂门上障日版的牙头护缝造（可能由直棂窗演化而来），应当说也具有横披的特点。金皇统三年（公元1143年）山西朔县崇福寺弥陀殿门楣上，已用了有四槐、棱花等两种精美图案的横披窗。元代以后，横披的使用就更见广泛了。

第五种是漏窗，漏窗应用于住宅、园林中的亭、廊、围墙等处。窗孔形状有方、圆、六角、八角、扇面等多种形式，再以瓦、薄砖、木竹片和泥灰等构成几何图形或动植物形象的窗棂。汉代陶屋明器已有在围墙上端开一列狭高小窗的例子。金、元砖塔有扁形窗内刻几何纹梗格的。明嘉靖时，仇英与文征明合作的《西厢记》图，以及崇祯时计成《园冶》中所录的16种漏窗式样，表明当时在这方面已达到很高水平。清代用铁片、铁丝与竹条等，创造出许多复杂而美观的图案，仅苏州一地就有千种以上，常见的有鱼鳞、钱纹、键胜、波纹等，很多今天还值得借鉴。

（3）天花、藻井、卷棚　天花是为了不露出建筑的梁架，常在梁下用天花枋（宋称平棋枋）组成木框，框内放置密且小的木方格，实例可见唐佛光寺大殿和辽独乐寺观音阁，这种做法，在宋《营造法式》中称为平暗。另一种是在木框间放较大的木格和木板，板下施彩绘或贴以有彩色图案的纸，这种形式在宋代称为平棋，后代沿用较多。一般民居则用竹、高粱杆等轻材料作框架，然后糊纸。藻井是高级的天花，一般用在殿堂明间的正中，如帝王御座、神佛像座之上，形式有方形、矩形、八角形、圆形、斗四和斗八形等。汉墓中已有覆斗、斗四等式样，井内之石上或平素，或刻神灵、植物图形，如山东沂南汉画像石墓所示。北魏云冈石窟的藻井中，以莲花及飞天等装饰较多。从天花支条的划分来看，基本仍是平棋式样。敦煌千佛洞则以覆斗形为多，四个斜面多绘佛教故事或莲瓣为主的图案，顶部则做成套方或斗四。宋《营造法式》和辽代建筑遗物中的斗八藻井已很复杂，下面承以斗拱，有的还在藻井周围置“天宫楼阁”（为小木雕刻之殿、堂、楼、阁、廊等建筑模型形象，象征仙佛所居者）。在砖石建筑中，也常用叠涩和仿木斗拱的手法来建造藻井，不过规模不大，如苏州虎丘的云岩寺塔。

其他还有金属用于建筑装修也多，特别是铜，由于色泽美观，不易锈蚀，且易于加工，所以自古以来即被大量使用。秦都雍城宫殿遗址出土的铜钉，就是套在木构件上的饰物，门窗上的铰页、铺首、门钉等也很多。汉代除了这些以外，还有在屋上置铜雀为饰的记载。到了明代，个别建筑全部用铜建造，称为金殿。铁件一般只用于建筑构件之内，作为骨架或加固件，前者施于假山、漏窗中，后者如组合梁柱中的箍、鼓卯、钉等。金银等贵重金属用于绘贴彩画，或用于错镶构件。此外，还有在房屋构件上嵌宝贵的点缀珠、玉等，大概在宋代以后才逐渐被彩色所替代。

6. 色彩与装饰

早期建筑的色彩基本来源于建材的原始本色，没有多少人为的加工，记载中的“茅茨土阶”就属这一类。今天农村中的某些房舍，还可以部分反映出这样的情景。随着人们在制陶、冶炼和纺织等社会生产中，认识并使用了若干来自矿物和植物的颜料，并将其中某些施于建筑作为装饰或防护涂料，这样就产生了后天的建筑色彩。但建筑色彩的使用和演绎，除了上述生产条件外，还为统治阶级的意识形态所左右。就柱上所涂的油漆来说，原来是为了保护木材不受潮湿，后来由于添加了各种颜色，就成为建筑装饰的重要因素，但统治阶级却在其中加入了阶级内容，周天子的宫殿中，柱、墙、台基和某些用具都要涂成红色，汉代宫殿和官署中也大体这样，虽然后来红色在等级上退居黄色之后，但仍然是最高贵的色彩之一，历代宫垣庙墙刷土朱色和达官权贵使用朱门，都可以说明这个传统。

周代规定青、赤、黄、白、黑五色为正色，汉代除使用上述单色外，还在建筑中使用几种色彩相互对比或穿插的形式。前者如“彤轩紫柱”、“丹墀缥壁”等，后者除使用外，并对构成的图案予以明确的定义。北魏时在壁画中使用了“晕”，就是在同一种颜色中用由深到浅（称为退晕）或由浅到深（称为对晕）的手法，使颜色形成更多的变化。宋代在其基础上继续发展，规定晕依深浅划分为三层，到明、清又简化为两层。原始社会建筑已用红土、白土与蚌壳灰作涂料，后来又发现了石绿、朱砂、精石等矿物颜料，它们的优点是性能稳定，经久不变。

装饰包括粉刷、油漆、彩画、壁画、雕刻、泥塑以及利用建筑材料和构件本身色彩和状态的变化等。它们不都是人们美感的单纯反映，许多是从建筑功能和技术的实践中逐渐发展起来的，例如粉刷、油漆和彩画就是如此。

粉刷：最初用来堵塞墙体或地面的缝隙并作为护面层，使壁、地面光洁平整，以消除或减少毛细现象，并改进了室内采光。在仰韶文化早期的半穴居中，已有在穴底和穴壁抹细泥面层的例子。西安半坡早期遗址也发现用于建筑屋盖的草筋泥表面抹有白细泥土光面。由此可见，表面抹泥是我国最古老的粉饰手法。至少在商代已在泥墙面上涂“蜃灰”（即蚌壳灰），这使建筑外观大大改变，周代已有专门用于涂饰的工具，而且有墙面涂白和地面涂黑的做法。根据发掘资料：秦威阳宫室地面已经涂红，汉还有壁面涂胡粉，周边框以青紫的记载；内蒙和林格尔东汉墓壁画所显示的宁城乌垣校尉官署，外围墙涂土红，内部建筑用白墙红柱。这种在宫殿、官署、庙宇的外墙面涂土朱的方式，直到清代仍被沿袭。在砖墙大量使用后，除清水墙外，多数壁体表面仍用粉刷。其目的于室外主要是为了美观，室内是为了清洁和改善采光，至于原来对墙体的保护功能，则显然退居次要了。

油漆、彩画：晚商和西周已发现使用了木胎漆器，但为数甚少。在战国与西汉多有涂漆。西汉崖墓中又有于墓室天花及墙面施漆的例子，也有用以涂瓦的。官式木构建筑的柱、枋，自汉起都以红色为基调，如前述东汉和林格尔墓壁画中的官署，唐长安路德太子基壁画中的宫阙以及北京清故宫等。梁架上至少在战国时就已饰以彩画，汉代彩画的题材常采用云气、仙灵、植物、动物等，六朝时多用莲瓣，唐、宋及以后，几何图形和植物花纹渐多，色调也由红转向青、绿，并大量使用了晕。汉代在木构上缠裹锦绣的做法到北宋时已渐少，在柱、枋上使用金红和在椽头、梁身上饰珠玉的方式也都被彩画所代替，彩画中的箍头式样就是昔日金红的摹写。宋代彩画可分为五彩遍装、碾玉装、青绿叠晕棱间装、三晕带红棱间装、解绿装、解绿结华装、丹粉刷饰、黄土刷饰、杂间装九种。总的可分三类：一是五彩遍装法，就是以青绿叠晕为外缘，内底用红土绘五彩花纹；或用朱色叠晕轮廓，内底用青。这种华丽彩画大抵是唐代以来的形式，多用于宫殿、庙宇的主要建筑，如辽宁义县奉国寺大殿、江苏江宁南唐二陵及河南白沙宋基等都属此类。二是碾玉装以及青绿叠晕棱间装等用青绿为主的彩画，前者以青绿叠晕为外框，框内施深青底描淡绿花，后者用青绿相同的对晕而不用花纹。这种彩画多用于住宅、园林及宫殿等的次要建筑，可能是宋代创始的手法，对明、清彩画影响很大。三是解绿装、解绿结华装和丹粉刷饰等，这是以刷土朱暖色为主的彩画，依古代赤白彩画的旧制，通刷土朱，而以青绿叠晕为外框的是解绿装；若在土朱底上绘花纹，即是解绿结华装；遍刷土朱，以白色为边框的是丹粉刷饰；以土黄代土朱的是黄土刷饰。《营造法式》中的“七朱八白”就是丹粉刷饰的一种。刷饰都用于次要房舍，是彩画中最低等的。此外还有将两种彩画交错配置的，称为杂间装，如五彩间碾玉、青绿三晕间碾玉等。宋代彩画在梁、阑额端部使用了由各种如意头组成的藻头，称为角叶，改变了过去用同样花纹作通长构图的格局，而代以箍头、藻头加枋心的新形式。但这时的箍头与藻头较短，少于构件长度的1/4。此外，彩画中大量用晕，极少用金，风格走向淡雅。明代彩画以旋子为主，其外形呈椭圆，花瓣层次较少，造型简洁，仅主要线条用金，枋心长度已较宋代为短。清代彩画有和玺、旋子、苏式、箍头等几种，但以旋子彩画使用较广，此时旋子已完全成为圆形，花瓣层次较多，枋心已占全长的1/3。宋代彩画用胶水先在木构件上打底，再涂铅粉或白土，衬底很薄。元代起用衬地的做法（明代称为地杖），它可能和构件拼装有关。在小料拼成大料时，先用油灰嵌缝，然后用一层麻布包裹，再用桐油面粉作面层。清中叶以后，采用披麻捉灰，即用油灰与麻丝与麻布层层包裹，由最少的一麻三灰到三麻二布七灰，共10余种，它在构件外形成一个厚壳，由于内外材料收缩率不一致，日久将产生表里脱离的现象。南方住宅和园林建筑大多用栗壳色或黑色漆涂柱、梁等木构件，其上不施彩画，整个色调素淡和谐，与官式建筑色彩鲜艳夺目、对比强烈完全不同。至于一般民居如穿斗式建筑，其柱、枋常保留原来木材本色，仅在墙面涂以白漆，也收到简洁明快的效果。

雕刻依形式有浮雕和实体雕，依材料有石、砖、木等。现遗留的古代建筑石刻以汉代为最早，如石室、石阙、石基中各种仿木建的雕刻，无论是屋脊、瓦、椽、柱、斗拱或天花、藻井，都能相当准确地表现其原来风貌。南北朝石窟的柱廊、壁面的浮雕、内部的塔柱以及陵墓前的石兽、纪念柱等，也都忠实地反映了当时建筑的特点。唐、宋以后遗留的石塔、经幢、桥亭、牌坊都很多，无论从整个建筑的外形还是各个局部的详尽手法，都给我们提供了大量可贵的资料，弥补了木构建筑中未知的许多不足。宋代对石料的加工已总结为6道工序，即打剥（凿去石料凸出部分）、粗搏（使石料表面大致平坦）、细漉（使石面基本平整）、褊棱（边缘轮廓凿齐）、斫砟（使表面平整）、磨砻（以砂石和水打磨光滑）。对雕刻则按其起伏高低，分为剔地起突（高浮雕）、压地隐起（浅浮雕）、减地平（线刻）和素平4种。而建筑中的石刻花纹又有海石榴华、宝相华、牡丹华、惠草、云纹、水浪、宝山、宝阶等8种。用于柱础的有铺地莲华、仰覆莲华、宝装莲华3种。此外，在上述花纹内还可配置龙、凤、狮、兽、人物等。清代石作有做糙、做细、占斧、扁光4道工序，一般是石料的看面做细，非看面做糙。砖刻常置于牌坊、门楼、照壁、墙头、门头、栏杆、须弥座或台基中，内容有生活起居、人物故事、仙灵鸟兽、山水花木、几何图案、吉祥文字等，一般采用浮雕。最早的实例是汉代墓中的画像砖，表现了当时的社会生活（劳动、射猎、饮宴、出行等）、殿堂、楼阁、住宅庭院、坊里、市场、门阙、桥梁等，内容十分丰富。在宋、金墓中，常用砖隐刻出桶扇、家具及主人宴乐生活，可能是受到汉画像砖石的影响。地面建筑的砖、石、木刻，则以明代以后的江南一带的民居、祠庙为多。

三、古建筑的平面布局及造型

古建筑的平面基本上是长方形格局。在建筑单体的布置和群体的布置上大部分采用左右对称的方式。现在用总平面图和庑殿式单体建筑平面图来说明中国古建筑布局的特色。

1. 院落的总体平面图

在古建筑中有“深院大宅”的大建筑群，也有“小家碧玉”的民居住宅。但它们都是采用对称布置，建筑中的中轴线是很明确的。在建筑群中中轴线是主要房屋的座中位置所在。图 1-10a、b 所示分

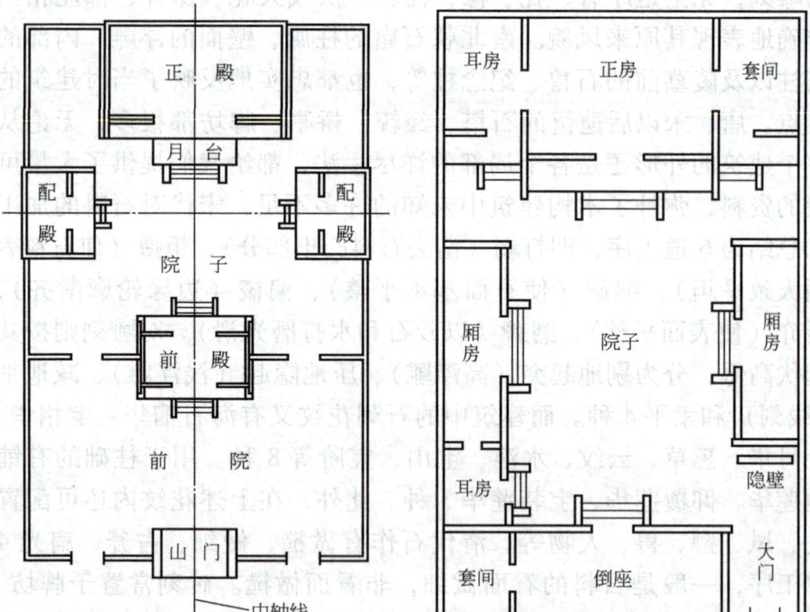

图 1-10　古建筑中院落的布局

a）四合寺观建筑　b）四合小院建筑

别是深院大宅的四合寺观建筑和居民住宅的四合小院建筑，从图上可以看出中国古建筑的布局特色。

2. 单体建筑的平面布置

我们用一座庑殿式建筑，作为了解古建筑平面内部分隔的构造，如图 1-11 所示。从图中可以看到有两种度量即宽与深，在古建筑中较长者叫宽，较短者叫深。宽的计量单元称为面阔（即现代建筑中称为开间的意思），深的单元以每间房间的进深为度量。在平面布置中，柱的分布成了平面配置上最重要的一个因素。凡四根柱子之间的面积，通称为间，每间的宽称为面阔，全部建筑的各间宽度合起来称为通面阔。面阔的尺寸是以古时的丈、尺、寸计量的。每间的深（即建筑物短面之长度）称为进深，若干间合起来的长度称为通进深。面阔和进深都是以柱中至中的距离计算的。

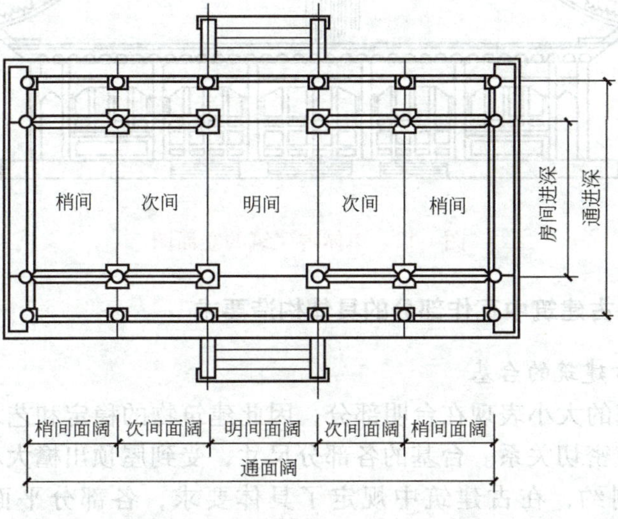

图 1-11　庑殿式单体建筑平面布局

古代建筑一座房屋时，不像现代先定尺寸后进行施工，而是以木材的长短、大小来确定面阔和进深。而高大建筑就有斗拱的大式大木做法，面阔和进深则按斗拱的攒数确定（攒是斗拱结合成一组之总称）。在平面上正中的一间称为明间，两边的称为次间和稍间。

在建造上明间比次间宽，次间比梢间宽，其度量大致是明间面阔为7～9个斗拱空档，次间面阔为6～8个斗拱空档，梢间面阔为4～7个斗拱空档。

3. 单体建筑的立面

图1-12所示为单体建筑的立面图，从图中可以看出古建筑造型的气势，真可谓高屋建瓴。屋顶部分在立面上占的投影比例大于前檐廊柱的高度，屋顶有脊、吻头，屋角有戗式垂脊，垂脊上有走兽。前檐有斗拱、额枋，额枋下在柱头边上是如现代建筑中牛腿的额垫板，作为装饰用。廊内是木制的门、窗。

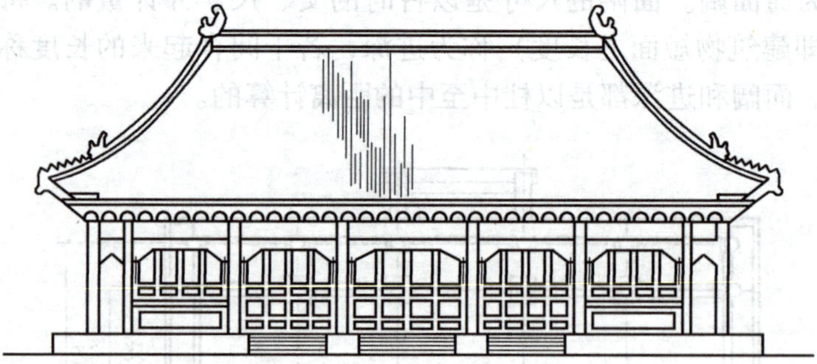

图1-12　单体古建筑的立面图

四、古建筑中瓦作部分的具体构造要求

1. 古建筑的台基

台基的大小表现在台明部分，因此建筑物的稳定和艺术造型都与台基有密切关系。台基的各部分尺寸，受到屋顶出檐大小和檐柱直径的制约，在古建筑中规定了具体要求，各部分平面详见图1-13。

（1）台明露出地坪的高度　大式瓦作为地面至耍头下皮的高度的1/4，小式瓦作为檐柱的高度的1/5，或檐柱直径的2倍。

（2）台明出檐柱的宽度　大式瓦作为上部屋顶出檐尺寸的3/4，小式瓦作为上部出檐的4/5或檐柱直径的2.4倍。

（3）磉墩　平面为方形，其尺寸大小为檐柱直径的2倍再四边

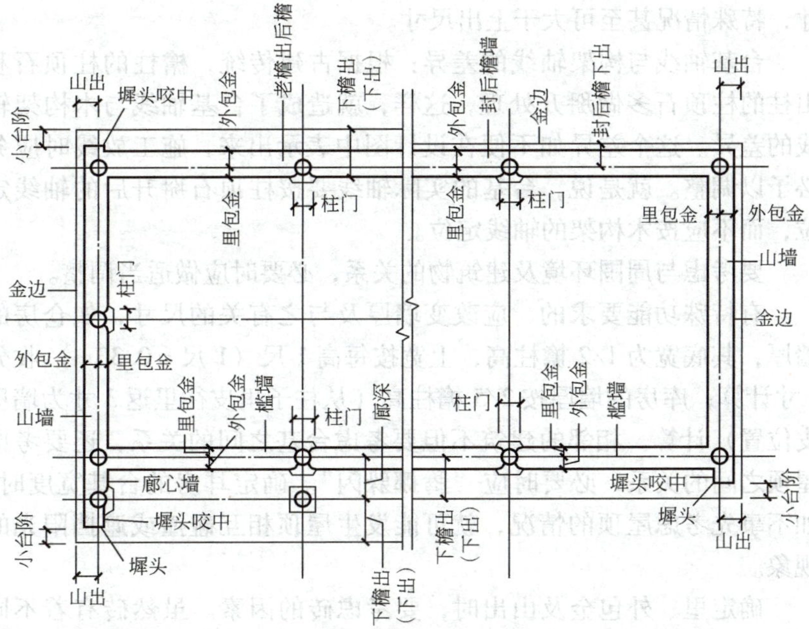

图 1-13　台基平面详图

各加四寸见方，砌筑高度到柱顶石之下，低于台明面。

（4）拦土　砌筑高度同磉墩，其宽度为檐柱直径的 2 倍，以柱中心分中，各边宽一个直径。

要恰当地确定一个台基的尺寸，还应综合考虑以下因素：

台明高度：可因地势、功能或群体空间组合的需要有所增减。

下檐出与上檐出的关系：如果上出的尺寸超过了步架，应做适当调整，即应遵守“檐不过步”的原则，这时下出可做相应的调整。如因木材长度的局限而不能与理论上的上出尺寸相符时，下出也可做适当调整，但调整后的尺寸一般不小于450mm（台明外皮至槛墙外皮不小于300mm）。

如果下出或两山位置的阶条石经常作为交通路线，其宽度可适当调整，如园林中的游廊、亭子的下出等；又如台明高超过600mm的悬山、歇山、庑殿建筑的两山阶条，其露明宽度（不包括墙厚）

小于500mm时，均应适当加大，必要时可加大至与上出相同的尺寸，特殊情况甚至可大于上出尺寸。

台基轴线与构架轴线的差异：根据古建传统，檐柱的柱顶石和山柱的柱顶石多做掰升处理，这样，就造成了台基轴线与木构架轴线的差异。这个差异如不便在设计图中表示出来，施工放线时应务必予以调整。就是说，台基的实际轴线要按柱顶石掰升后的轴线定位，而不应按木构架的轴线定位。

要考虑与周围环境及建筑物的关系，必要时应做适当调整。

有特殊功能要求的，应改变墙厚及与之有关的尺寸，如仓房的墙厚，其底宽为1/2檐柱高，上宽按每高1尺（1尺=0.3$\dot{3}$m）收分2寸计算；库房的墙厚按2/5檐柱高（从柱子里皮往里返3寸为墙里皮位置）计算。相邻的建筑不但要考虑台基之间的关系，还要考虑屋顶之间的关系，必要时应“腾挪躲闪”。确定耳房的台基宽度时，如不事先考虑屋顶的情况，就可能发生屋顶相互碰撞或遮挡阳光的现象。

确定里、外包金及山出时，要考虑砖的因素。虽然砖有着不同的规格，同样的规格又有不同的组砌方式，砖的砍净尺寸也可适当变化，但上述这些条件终究有局限性。所以在确定里、外包金（即墙厚）和与之相关的山出、檐进尺寸时，可先按表1-1中所列数据求出一个预定尺寸，然后根据这个尺寸及建筑的等级选择砖的规格和组砌方式。选择砖的规格和组砌方式时，还要同时考虑到上身与下碱宽度、做法的不同。尺寸不能相符时，砌砖者还可在砍净尺寸上再行调整，仍不能与预定尺寸相符，又不能改变砖的规格与组砌方式时，应改变原预定尺寸。那种认为“规矩”不可变，只能在施工中用打砖或加大灰缝的方法迁就“规矩”的观点是不足取的。当各方面的因素都已考虑周到以后，具体的尺寸可按下述步骤确定：首先从柱中开始按表1-1规定算出外包金的初步尺寸；第二步是加金边，得出山出的初步尺寸；第三步是根据外包金的初步尺寸算出墀头宽的初步尺寸；第四步是根据墀头宽的初步尺寸选择并确定砖料和墀头分缝形式；第五步是根据确定的墀头形式，调整、确定墀头宽；第六步是确定外包金和山出；最后根据确定的外包金及砖的规格，调整、确定里包金。以上是山墙的台基尺寸的确定步骤，后檐墙等其他墙体的台基尺寸也可参照这个方法进行。

表 1-1　台基台明部分尺寸权衡表（仅供参考）

		大式	小式	说明
出山	硬山	外包金加金边	外包金加金边	
	悬山	2～2.5 倍柱径	2～2.5 倍柱径	
山墙厚	里包金	1/2 柱径加 2 寸	1/2 山柱径加 1.5 寸或 1/2 山柱径加花肩尺寸	上身厚度按下碱厚减花碱尺寸算
	包金	1.5～1.8 倍山柱径	1.5 倍山柱径	
后檐墙厚	里包金	1/2 山柱径加 1.5 寸	1/2 檐柱径加 2 寸或 1/2 檐柱径加花肩尺寸	
	外包金	1/2 山柱径加 1.5 寸或 7/6～3/2 檐柱径	1/2 檐柱径加 1/2～2/3 檐柱径	
槛墙厚	里包金	1/2 柱径加 1.5 寸	1/2 柱径加 1.5 寸或 1/2 柱径	
	外包金	1/2 柱径加 1.5 寸	1/2 柱径加 1.5 寸或 1/2 柱径	
金边		1/10～3/10 山柱径	1/10 山柱径	大式以 1/2 小台阶尺寸为宜

总之，确定台基各部分尺寸时，要将构成这些尺寸的因素扩展到空间形态去考虑。古建行业流传的“房子要从上往下盖”，是很有哲理性的。另一方面，确定尺寸还要考虑到材料做法，必要时应做适当调整。

2. 古建筑的墙体

（1）檐墙　宽度（即一墙的厚度）为檐柱直径的1.5倍，高度砌到檐柱枋下面。在清代详细部位尺寸中，里包金大式为0.5倍檐柱直径加2寸，里包金小式为0.5倍檐柱直径加1.5寸；外包金大式为7/6～3/2倍檐柱直径，外包金小式为1～7/6倍檐柱直径。

（2）山墙　小式瓦作形式为多，墙宽（即厚度）为檐柱直径的2.4倍，高度中间砌到屋脊下，前后两端砌至檐头下。在清代详细部位尺寸中，里包金大式为0.5倍山柱直径加2寸，里包金小式为0.5倍山柱直径加1.5寸；外包金大式为1.5～1.8倍山柱直径，外包金小式为1.5倍山柱直径。其准确尺寸还应根据砖的规格，经过核算（排好砖活）后确定。

（3）裙肩　砌筑高度为檐柱高的1/3或檐柱直径的2～3倍，墙厚为檐柱直径的2.4倍。清式具体要求为：在山墙、檐墙处，约为檐柱高的1/3，要按砖厚及灰缝厚核层数，要单数；院墙的裙肩约为1/3墙身高，核层数定，要单数，一般不超过1.5m。

（4）窗槛墙　其砌筑高度为檐柱直径的3～4倍，墙厚为檐柱直径的1.5倍。按清式要求具体为：里包金大式为0.5倍檐柱直径加1.5寸，里包金小式为0.5倍檐柱直径加1寸；外包金同里包金。

3. 古建筑的屋面

主要以琉璃瓦屋面为代表，介绍古建筑屋面面层的瓦作。琉璃瓦作中各个零件的名称和配合的尺寸要求如下所述，其计量尺寸是以过去的营造尺（1营造尺＝0.32m，1营造寸＝0.032m）为单位的。

（1）吻（也称吻头）　正脊两端的龙头形翘起的雕饰，其尺寸根据房屋是高大还是矮小确定。它的高矮是以房屋的柱为依据，在古建筑上规定凡柱高10尺则吻高为4尺，即10∶4的比例。由于琉璃瓦作零件需事先加工烧制，因此在建筑上根据房屋的大小把琉璃瓦作分为两样至九样八个档次，以两样这个档次琉璃零件尺寸最大，其他依次减小。吻的成品尺寸也是按“样”的不同而不同，比如两样吻的高度为10.5尺，长为9.1尺，宽为1.6尺。由于尺寸很大，所以它由十三块烧制的小块拼成，也有的是由十一块拼成的。各样吻的比例和画法如图1-14所示。

总之吻的高度式样八个档次，一般情况下，同正脊数，如六样脊用六样吻，重檐建筑允许用大一些，如六样正脊可用五样吻。如前所述，一样的吻规格大小也有变化，如七样吻高从2尺6寸到3尺2寸不等。吻的式样按下列原则选择：房高坡大和重檐建筑宜选择高的，可为正通脊高的4倍；影壁、小型门楼、院墙宜选择低的，可为正通脊高的2～3倍；同一院内瓦样相同者，吻高宜有所区别，正房宜选择高的。在此原则之下，几样适合就用几样，如八样脊七样瓦的牌楼可用九样的吻。同一样中，哪种规格的合适就选择哪种，一般来说宜小不宜大。

正吻的宽高比一般为7∶10。

（2）通脊　用于房屋正脊上的空心块体，由一块块通脊接起来成为正脊，两端与吻相连接。每块通脊的尺寸，按两样的要求高为1.95尺，长为2.4尺，宽为1.6尺。

按清式样的详细要求，正脊全高（从当沟下皮算起）与板瓦宽的比值，正脊五～七样时为2.5∶1，二～四样时为3.5∶1，八～九样时为1∶1。

正通脊高与板瓦宽的比值，正通脊五～七样时为1.15∶1，二～四样时为1.75∶1。一般情况下脊样与瓦样相同，如六样瓦用六样脊。正房或较重要的建筑，可比瓦样及垂脊大一些，如六样瓦用六样垂脊，但用五样正脊。重檐建筑应大一些，如六样瓦用五样脊。其他部位像影壁、小门楼、牌楼等高度应降低，降低方法有三种：第一种是用小1～2样的脊件，如六样瓦面用七或八样的正脊；第二种是不用群色条；第三种是用承奉连砖或三连砖代替正通脊。

（3）垂脊　用在屋顶上垂脊部位的空心块体，由一块块垂脊块接起来形成屋面琉璃垂脊，上端与吻相接，下端为至屋角的兽形雕饰。它的每块尺寸，按两样的要求高为1.65尺（弯势大的脊则为1.35尺），长为2.4尺（弯势大的脊为2尺），宽为1.2尺。正常情况下，垂脊斜高与正脊高相同或略低于正脊。降低的方法有三种：第一种是用小1～2样的垂通脊；第二种是兽后用大连砖（承奉连砖）或三连砖，兽前用小连砖；第三种是兽后用三连砖，兽前用平

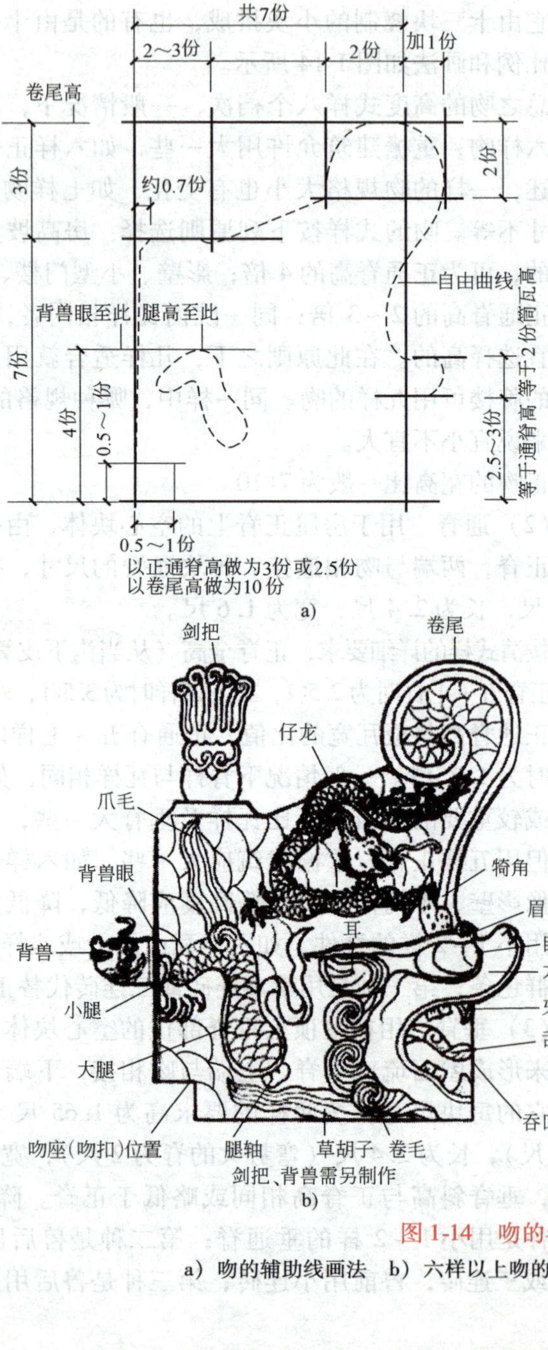

图1-14 吻的各部

a）吻的辅助线画法 b）六样以上吻的画法

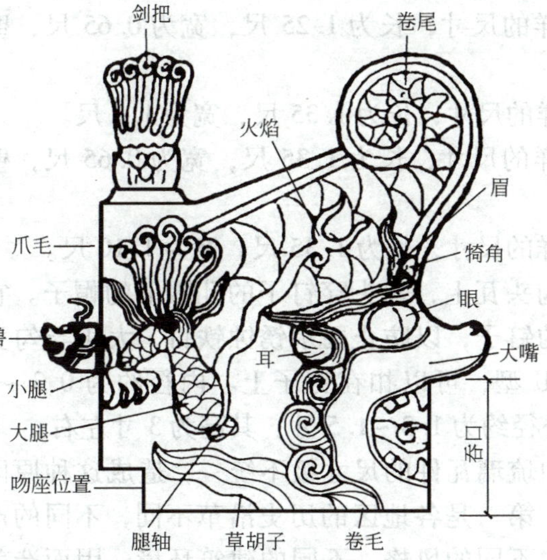

c)

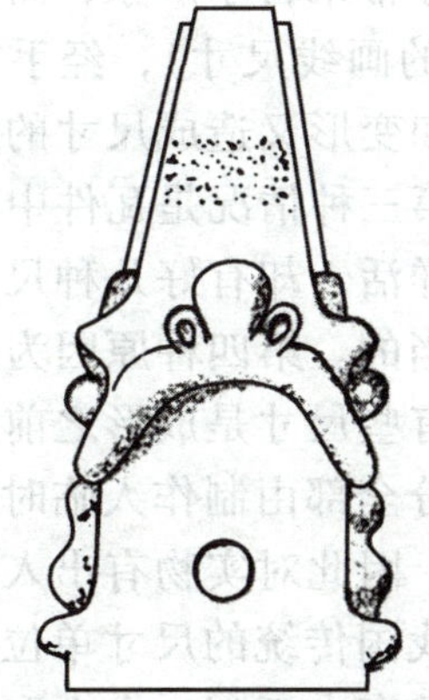

d)

比例及细部画法

c）七到九样吻的画法　d）吻的立面和吻座

口条。垂脊的高厚比一般为1∶1.2。

（4）筒瓦　按两样的尺寸，长为1.25尺，宽为0.65尺，壁厚约0.05～0.1尺。

（5）板瓦　按两样的尺寸，长为1.35尺，宽为1.1尺。

（6）勾头　按两样的尺寸，长为1.35尺，宽为0.65尺，壁厚为0.1尺。

（7）滴水　按两样的尺寸，长为1.35尺，宽为1.10尺。

（8）钉帽　放在勾头瓦上，勾头穿钉子的孔眼上的帽子。它的作用是罩住挂勾头瓦的钉子，以防止雨水锈蚀铁钉，大小与勾头的大小相配，形状为倒U型，可以扣在钉子上。内径约为0.3～0.5寸，壁厚为0.5寸，外径约为1.3～1.5寸，其高为3寸左右。

长期以来古建筑中琉璃瓦件的尺寸极不统一，造成这种原因可归纳为以下几种情况：第一是各地区的历史沿革不同，不同的产地和厂家，不同的师承，不同的风格，不同的建筑环境，因而造就了不同的尺寸。第二是琉璃瓦的尺寸常来自于厂家，而厂家所指的尺寸，多为“开模”尺寸（成形时的画线尺寸），经手工成形后可能使尺寸改变，烧成后，由于收缩和变形又造成尺寸的改变，如以成品测定尺寸，必然会存在误差。第三种情况是瓦件中有些尺寸本来就是可变的，如吻高，同样为七样活，却有好几种尺寸，但测定时往往只测一种，这显然又是不恰当的。第四种原因为来自于厂家的尺寸往往是服务于制作工艺的，有些尺寸是成形之前为便于画图而定的辅助尺寸线，基线以外的部分全部由制作人临时掌握，而这一过程，建筑人员一般是不知道的，因此对实物有出入感到不解。第五种原因是度量单位的不统一，我国传统的尺寸单位是尺和寸，现在是厘米和毫米，中间的换算必然存在近似，个人取舍会不同，比如七样筒瓦宽是4寸，按1寸=3.2cm算，应为12.8cm，但有的是12.6cm，所以设计人和施工者不能死扣尺寸，重要的是掌握瓦件的变化规律和相互间的权衡关系。只要掌握这些规律，就能正确进行选择，甚至在没有详细尺寸和参照物的情况下自行确定出适合的尺寸来。

以上仅介绍了琉璃瓦作的很小一部分零件，其他还有剑靶、背兽、吻座、仙人、走兽、黄道、群色、博脊、当沟、博风砖等，可参看图 1-15。总之了解这些零件的构造和尺寸，主要是在施工操作中便于检查及配套。

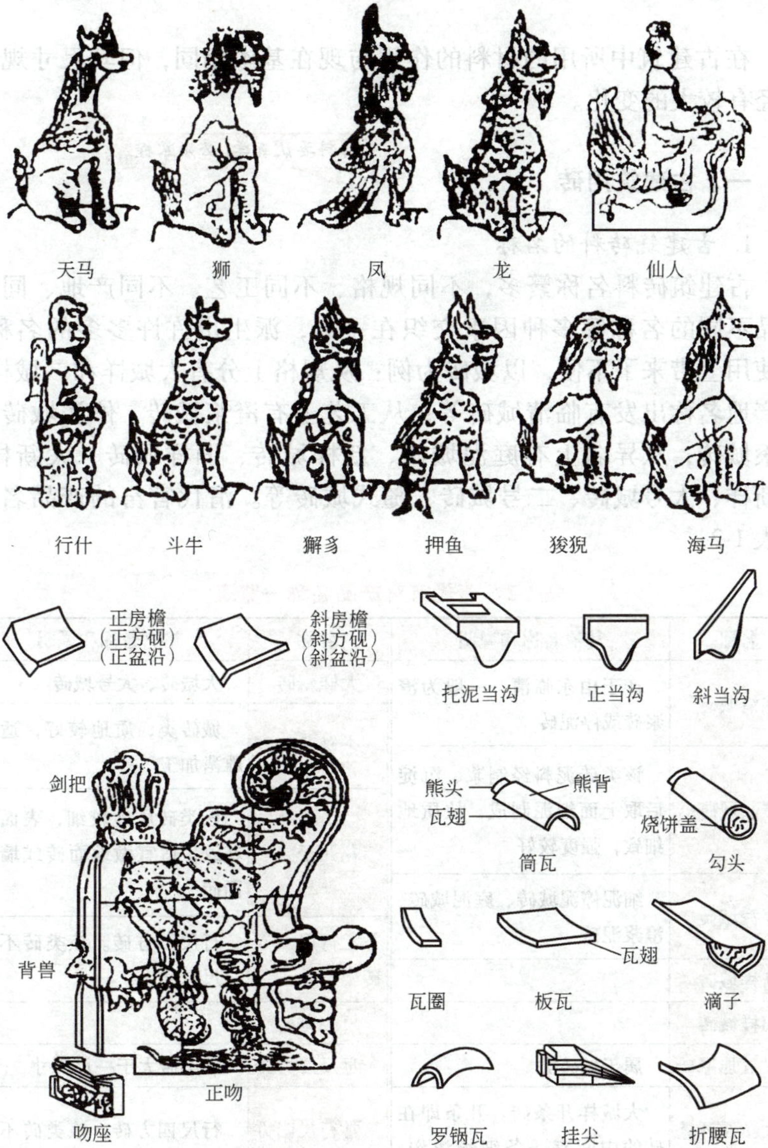

图 1-15　琉璃瓦件（只示意出一部分）

第三节　古建筑用材料的基本知识

在古建筑中所用的材料的作用与现在基本相同，但其尺寸规格已经有较大的变化。

砖料要认真学，必须掌握。

一、古建筑用砖

1. 古建筑砖料的名称

古建筑砖料名称繁多，不同规格、不同工艺、不同产地、同种产品不同的名称等多种因素交织在一起，派生出许许多多的名称，给使用上带来了不便，以城砖为例：从规格上分有大城样和二城样；从产地名称出发有临清城砖等；从工艺上有澄浆城砖、停泥城砖和沙滚城砖；从异名上有庭泥城砖、新样城砖、旧样城砖、大新样、二新样、大号城砖、二号城砖、随式城砖等。清代官窑的产品名称见表 1-2。

表 1-2　清代官窑产品名称一览表

名称	其他名称和说明	名称	其他名称和说明
临清城砖	产于山东临清，一般为澄浆砖或停泥砖	大样新砖	大城砖、大号城砖
澄浆城砖	该类砖泥料经制浆、沉淀后取上面细泥制成，故质地细致，强度较好	金墩砖	城砖类，质地较好，适于雕凿加工
停泥城砖	细泥停泥城砖、庭泥城砖、澄浆泥砖	花儿子砖	该类砖质地较细，表面有花纹，适宜做地面砖或墙壁面砖
新样城砖		常行尺二方砖	行尺二方砖。该类砖不足一尺二寸
旧样城砖		尺二方砖	
尺五加厚砖	属于城砖类	足尺二方砖	该类砖大于一尺二寸
大新样开条砖	大城样开条砖。开条即在砖的中间有一条细长浅沟，便于改制条头	常行尺四方砖	行尺四方砖。该类砖不足一尺四寸

（续）

名称	其他名称和说明
尺四方砖	
足尺四方砖	该类砖大于一尺四寸
常行尺七方砖	行尺七方砖。该类砖小于一尺七寸
尺七方	
二新样砖沙城	二城样、二号城砖、沙滚子城砖、随式城砖。该类砖质地较粗
停泥砖	庭泥砖、停泥滚子砖。该类砖质地较细
斧刃砖	停泥斧刃砖、庭泥斧刃砖
大沙滚子	该类砖质地较粗
小沙滚子	该类砖质地较粗
望板砖	望砖。用于椽望，即望砖板做法
大开条	开条砖中部有一道细长浅沟，便于开做条头，该类砖质地介于停泥砖与沙滚子砖之间
足尺七方	该类砖大于一尺七寸
二尺方砖	
二尺二方砖	
二尺四方砖	
细泥方砖	规格多为尺四和尺七，该类砖质地较细
澄浆方砖	规格从尺二至尺四，该类砖为澄浆方法制成的方砖，故质地细致，强度好，适于雕刻
金砖	规格从尺七至二尺四。产于苏州及上海市松江区一带，该类砖质地极细，强度很好

2. 古建筑砖料的规格

古建筑砖料的规格一直比较混乱，各地砖窑生产的砖料规格只能做到大致统一，从未达到标准化。清工部《工程做法》所列尺寸，只是为了便于算料的一种取定，而不是规定。现行的古建砖料的规格见表1-3，为了便于使用，对于同种产品同种规格但不同名称的砖料或现在已经不生产的砖料就不再列入，另外增补了清末出现、现在仍然在使用的砖料。如要详细地了解古建筑砖样规格尺寸，请参考其他古建筑的书籍，如《中国古建筑瓦石营法》、《清式营造则例》等。

表 1-3 现行古建砖料的规格

名称	规格尺寸		使用部位
	古制尺寸/尺	现代尺寸/mm	
停城	1.6×0.8×0.4	470×240×120	院墙、城墙、下碱
大城样	1.4×0.7×0.35	454×224×104	基础、浑水墙、下碱
二城样	1.4×0.65×0.32	454×221×101	基础、浑水墙、下碱
大停泥	1.3×0.65×0.25	410×210×80	墙体上部用砖
大开条	0.9×0.5×0.26	288×160×83	下碱（配用材料）
小开条	0.7×0.35×0.12	243×112×38	檐墙、墁地（配用材料）
方砖	2×2×0.4	640×640×128	墁地
方砖	1.7×1.7×0.25	540×540×80	墁地
金砖	规格同方砖		宫殿墁地
望砖	0.65×0.33×0.06	210×105×17	铺屋面椽子之上用

古建筑用瓦也必须掌握和熟悉。

二、古建筑用瓦

古建筑中用的瓦大致分为三类。第一种是小青瓦，又叫合瓦、阴阳瓦等。它的特点是，盖瓦也使用板瓦，底盖瓦一正一反，即“一阴一阳”排列。在北方的北京、河北等地的一般民居采用小青瓦，大式建筑一般不用，所以在这些地区，只要看屋面是小青瓦还是筒瓦，就知道是民房还是庙宇或王府。江南地区无论是民宅还是庙宇，均以此瓦屋面为主，其中包括铺灰和不铺灰两种做法，不铺灰者，是将底瓦直接摆在木椽上，然后再把盖瓦直接摆放在底瓦的瓦垄间，其间不放任何灰泥，故北方的工匠们多称此为南方干槎瓦；第二种瓦是筒瓦，它是用弧形片状的板瓦做底瓦，半圆形的筒瓦做盖瓦，比较高大的建筑，如宫殿、庙宇、王府等都采用筒瓦，园林中的亭子、游廊等也采用筒瓦。小式建筑中，如用筒瓦，不得使用3

号以上的筒瓦；第三种是琉璃瓦，表面施了釉，规格从二样到九样共有八种。在古代，宫殿建筑才能用琉璃瓦，如清代就有严格的规定，亲王、世子、郡王只能用绿色的琉璃瓦或绿剪边，只有皇宫和庙宇才能用黄色琉璃瓦或黄剪边，离宫别馆和皇家园林建筑可以使用黑、蓝、紫、翡翠等颜色，以及由各色琉璃瓦组成的“琉璃集锦”屋面。

1. 小青瓦

用粘土制成形状后在窑中烘烧而成，瓦面没有挂釉，故称青瓦，又称合瓦、水清瓦、蝴蝶瓦和布纹瓦等。总的来说南方地区叫蝴蝶瓦，北方地区叫阴阳瓦。它的规格过去以重量来分，按老的16两（等于现今的500g）秤计分为18两、20两、22两、24两等几种，尺寸按现在尺度单位量取，长度为170～200mm，宽度的水平尺寸（不考虑弯曲部分的影响，水平投影）为130～180mm。

小青瓦选择的依据或尺寸关系大致遵循以下几个方面的规定：

1）有椽子的，按椽子的直径确定。如椽子的直径为60mm以下时，可用3号瓦；椽子直径为60～80mm时，可用2号或3号瓦；椽子直径为80～100mm时，可用2号瓦；椽子直径为100mm以上时，可用1号瓦。

2）无椽子的，按檐口的高度确定。2.8m以下者可用3号瓦；2.8～3m者可用2号瓦或3号瓦；3～3.5m者可用2号瓦；3.5m以上者可用1号瓦。

2. 筒瓦

筒瓦也是由粘土烧制而成的无釉青黑色瓦块，有底瓦、盖瓦、滴水、勾头四种。

（1）底瓦 铺筑时凹面向上，长度为270～320mm，小头宽70～112mm，大头宽112～160mm。

（2）盖瓦 横断面为半圆形，铺盖在板瓦上。尺寸有四种：1号尺寸为300mm长，175mm宽；2号尺寸为300mm长，150mm宽；3号尺寸为250mm长，125mm宽；4号尺寸为250mm长，100mm宽。

（3）滴水 底瓦头上带向下垂的云纹瓦块，以便瓦垄中水顺着该处下滴。它铺筑在底瓦最下面的檐头之上，长度为285~345mm，宽度同底瓦。

（4）勾头　檐口第一块盖瓦，只是头上有一块圆形的图案，以勾住瓦头，尺寸和其他盖瓦相同。

筒瓦的尺寸历代都在变化，总的趋势是越变越小。至清代，瓦的尺寸基本定型。清代以后至今，筒瓦的宽度变化较小，但筒瓦的长度则变化较大，北京地区常见的筒瓦与清代官窑的尺寸比较见表1-4。

表1-4　筒瓦尺寸比较表　（单位：mm）

名称		现行常见尺寸		清代官窑尺寸	
		长	宽	长	宽
筒瓦	头号筒瓦	305	160		
	1号筒瓦	210	130	352	144
	2号筒瓦	190	110	304	121.6
	3号筒瓦	170	90	240	102.4
	10号筒瓦	90	70	144	80

筒瓦选择的依据或尺寸关系大致遵循以下几个方面的规定：

1）选择与椽径相近的筒瓦宽度，宜大不宜小。如椽子的直径为60mm时，可用10号瓦（宽约70mm）；椽子直径宽度为100mm时，可用2号瓦（宽约110mm）；不能肯定时，可结合建筑的用途定，如用于庙宇可偏大，用于园林的可偏小。

2）影壁、院墙、砖石结构的小型门楼，按檐口高确定。3.2m以下的，可用10号瓦（大式可用3号）；3.2~3.8m的，可用2号或3号瓦；3.8m以上的，可用2号瓦。

3）牌楼一般用2号或3号瓦。

4）无椽子的仿古建筑按檐口的高度确定。3m以下者可用10号瓦；3~4m者可用3号瓦；4~5m者可用2号瓦；6~8m者可用1号瓦；8m以上者可用特号瓦。

3. 琉璃瓦

琉璃瓦是我国陶瓷宝库中的古老珍品之一，色彩绚丽，质地坚硬，耐久使用，造型多样。琉璃瓦由于上了釉彩，因此有黄色、绿色、蓝色、青色、紫色、黑色、翡翠等颜色。它的种类繁多，前面一节已经做了介绍，琉璃瓦的尺寸分为“两样”、“三样”直至“九样”，不同的“样”的高、长、宽的尺寸是不相同的。

在有关的文献资料以及现代有关琉璃专著或文章中，都有琉璃瓦件的尺寸表，它为修建古建筑提供了详细的依据。但在使用这些表的时候，常存在下列问题：1）尺寸过于固定，实际中难以适应，一旦不能适用时，由于不知道其变化规律，比较难以定尺寸；2）难以找出瓦件之间的内在规律，因此很难记忆；3）当特殊情况时，比较难以确定瓦件之间的比例关系。列表说明旨在加深对琉璃瓦件尺寸的规律的认识，准确地把握瓦件的尺度，在特殊时能自如进行选择和做相应的变化。

重点是熟悉和砌墙铺瓦有关的灰料。

三、古建筑用砂浆

古建筑工程中有“九浆十八灰”之说，可见灰浆的种类之多。近年古建筑修缮工程中，常使用现代建筑材料，如石灰砂浆、混合砂浆、水泥砂浆等。一般来说，只要不破坏原有的建筑风格，采用成功的新材料、新做法是必要的，但在选材时应注意古建筑施工的特点，否则就可能得不偿失。如仿古建筑施工中常使用水泥，水泥的强度很高，用水泥砂浆代替传统抹灰做法，只要外观效果能接近传统做法，其优越性是不言而喻的。但如以水泥砂浆作为干摆、丝缝墙的灌浆材料，其效果就不如白灰浆等传统材料。传统的石灰浆在凝固过程中，由于浆内石灰粉的膨胀作用，使砌体内的空隙完全充满了灰浆，而水泥砂浆在凝固过程中，由于干燥收缩，会造成砌体内的空虚；此外，由于水泥砂浆的流动性比白灰砂浆差，在灌浆过程中会形成砂浆淤堵现象，使砌体内部空虚，因此会降低干摆墙的强度；再者，水泥砂浆的价格比石灰浆高，可见用水泥砂浆代替干摆、丝缝墙的传统灌浆材料是得不偿失的，因此在使用新材料的时候，一定要选择那些确实比传统材料具有优越性的建材。

下面就详细介绍古建筑工程常用的各种灰浆及其配合比、制作要点。

1. 按灰的泡制方法分

（1）泼灰　制作各种灰浆的原材料，配制时将生石灰用水反复均匀地泼洒成为粉状后过筛。当用于灰土时，存放时间不宜超过3～4d;用于室外抹灰时，存放时间不宜超过3～6个月。

（2）泼浆灰　制作各种灰浆的原材料，配制时，将泼灰过细筛后分层用青浆泼洒，闷至15d以后即可使用。白灰:青灰＝100:13。注意超过半年后不宜用于室外抹灰。

（3）煮浆灰（灰膏）　也是制作各种灰浆的原材料，是用生石灰加水搅拌成浆，过细筛后发涨而成。一般不宜用于室外露明处，也不宜用于苫背。

（4）老浆灰　砌筑丝缝墙时使用，是用青浆、生石灰浆过细筛后发涨而成的，青灰:生灰块＝7:3或5:5或10:2.5，视颜色需要定。之所以叫做老浆灰是由于煮浆灰的颜色呈深灰色。

2. 按有无麻刀分

（1）素灰　是淌白墙、带刀缝墙和砌筑琉璃瓦时候使用的材料，它是泼灰、泼浆灰或煮浆灰，如用于黄琉璃瓦砌筑时用泼灰加红土浆调制而成。素灰主要是在灰浆中没有麻刀，其颜色可为白色、月白色、红色和黄色等。

（2）麻刀灰　共有三种，第一种是大麻刀灰，主要用于苫背、小式石活勾缝，是用泼浆灰或青浆调匀后掺麻刀搅拌均匀而成，灰:麻刀＝100:5；第二种是中麻刀灰，主要用于调脊、铺瓦、砌筑墙体抹饰、抹饰墙面和堆抹清帽等处，是用灰浆调匀后掺麻刀搅拌均匀而成，灰:麻刀＝100:4，用于抹面层灰时，灰:麻刀＝100:3；第三种是小麻刀灰（又叫短麻刀灰），是勾缝打点时使用，调制方法同大麻刀灰，灰:麻刀＝100:3；麻刀经加工后长度不得超过15mm。

3. 按颜色分

（1）纯白灰　主要用于金砖墁地、砌筑糙砖墙和室内抹灰等，它是用泼灰加水搅拌均匀，或者用灰膏加水搅拌均匀而成的，如果需要可在灰浆中加入麻刀。

（2）月白灰 分两种，一种是浅月白灰，主要用于调脊、铺瓦、砌筑糙砖墙和室外抹灰，是用泼浆灰加水搅拌均匀而成的，如果需要可以加麻刀；第二种是深月白灰，主要用于调脊、铺瓦、砌淌白墙和室外抹灰，是用泼浆灰加青浆搅拌均匀而成的，如果需要可以加麻刀。

（3）葡萄灰 主要用于抹饰红灰，是泼灰加水后加霞土（又叫二红土）再加麻刀制成，白灰∶霞土＝1∶1，灰∶麻刀＝100∶3，如用氧化铁红时，白灰∶氧化铁红＝1∶0.03

（4）黄灰 主要是抹饰黄灰，是泼灰加水后加金土色（土黄色）再加麻刀而成，白灰∶包金土∶麻刀＝100∶5∶4，如无土黄色，可改用地板黄，用量减半。

4. 按专项用途分

（1）驮背灰 铺瓦时，放在筒瓦之下，铺瓦灰之上，常用月白灰中加麻刀配制而成。

（2）扎缝灰 铺瓦时扎缝使用，材料是月白大麻刀灰或中麻刀灰。

（3）抱头灰 挑脊抱头处使用，材料是月白大麻刀灰或中麻刀灰。

（4）熊头灰 在铺筒瓦是挂抹熊头处使用，材料常是小麻刀灰或素灰，如果铺的是黄琉璃瓦要掺红粉土，铺其他琉璃瓦和布瓦掺青灰。

（5）花灰 主要用在布瓦屋顶挑脊时的衬瓦条、砌筑胎子砖和堆抹当沟等处，是用泼灰加少量水或少量的青灰，不需要调匀即可。

（6）爆炒灰 主要是在苫纯白灰背和宫殿墁地时使用，配制时将泼灰过筛，筛子的网眼宽度在5mm以上，使用前一天调制，灰应较硬，灰中不掺麻刀，作为苫背用料时主要用于宫殿式屋顶的找坡和增加垫层的厚度。

（7）护板灰 用在苫背垫层中的第一层，是月白麻刀灰，但灰较稀，灰∶麻刀＝100∶2。

（8）夹垄灰 用在筒瓦夹垄处和合瓦夹腮处，材料就是泼浆灰、煮浆灰加适量水或青浆，调制均匀后掺入麻刀再搅拌均匀，泼浆灰：煮浆灰＝3：7或5：5，灰：麻＝100：3，当用在黄色琉璃瓦面时应将泼浆灰改为泼灰，青浆改为红土浆，白灰：二红土＝1：0.6（如果用的是氧化铁红则用量只有0.065）。

（9）裹垄灰　按裹垄的位置分打底用和抹面用，打布瓦筒瓦裹垄底时，用泼浆灰加水或青浆调制均匀后掺入麻刀，灰：麻刀＝100：(3～4)；抹布瓦筒瓦裹垄面时，用煮浆灰掺青灰及麻刀配制，灰：麻刀＝100：(3～4)。

5. 按添加其他材料成分来分

（1）江米灰　用在琉璃花饰砌筑、重要的宫殿琉璃瓦夹垄中，用泼灰加青浆调制均匀，再掺入麻刀后，掺入江米汁和白矾水，灰：麻刀：江米：白矾＝100：4：0.75：0.5，当用在黄色琉璃瓦时应将青浆改为红土浆，白灰：二红土＝1：0.6（如果用的是氧化铁红则用量只有0.065）。

（2）油灰　油灰共有三种，第一种是在细墁地面砖棱角挂灰处使用，由细白过筛、面粉、烟子（用胶水搅拌成膏状），加桐油拌和而成，白灰：面粉：烟子：桐油＝1：2：(0.5～1)：(2～3)，灰中可兑入少量的白矾水；第二种用在安装铺垫宫殿柱顶、勾栏等石活的勾缝中，是由泼灰加面粉再加桐油调制均匀而成，白灰：面粉：桐油＝1：1：1，注意用在铺垫处时应较硬，用在勾缝处时较稀；第三种是用在宫殿防水工程的艌缝处，是由油灰加桐油拌成的，油灰：桐油＝0.7：1，如需要艌麻，麻量是0.13。

（3）麻刀油灰　用在石活勾缝和石活防水勾缝处，是在油灰中掺入麻刀，用木棒砸均匀。油灰：麻＝100：(3～5)。

（4）纸筋灰（草纸灰）　用于室内的抹灰和堆塑花活的面层，是将草纸用水闷成浆，放入煮浆灰内搅拌均匀而成的，灰：纸筋＝100：6，厚度不宜超过2mm。

（5）蒲棒灰　用在壁画抹灰的面层中，是由煮浆灰内掺入蒲绒调匀而成的，灰：蒲绒＝100：3，厚度不宜超过2mm。

（6）砖面灰　用在干摆、丝缝墙面和细墁地面打点处，是将砖面经过研磨后加灰膏制成，砖面：灰膏＝3：7或7：3（具体要根据砖的颜色而定），有时可酌情掺入胶粘剂。

（7）血料灰 砌筑重要的桥梁和驳岸等水工建筑时使用，是由血料稀释后掺入灰浆中制成，灰：血料＝100：7。

（8）锯末灰 经常用在淌白墙打点勾缝和有些地方做法中的墙面抹灰中，泼灰、煮浆灰、泼浆或老浆灰加水，锯末过筛洗干净，锯末：白灰＝1：1.5（体积比），调制均匀后放置几天，待锯末烧软后即可使用。

（9）砂子灰 多用在墙面的打底层灰中，有时也用在墙面的面层抹灰中，是将砂子过筛干净，白灰膏用少量的水稀释后，和砂搅拌均匀即可，砂：灰＝1：3。

（10）焦渣灰 可用于抹墙、抹焦渣地面和苫焦渣背处，是用焦渣与泼灰掺和后加水调均匀，或生石灰加水，取其浆与焦渣拌匀，白灰：焦渣＝1：3（体积比），用于抹墙和地面的面层时，焦渣应细，同时注意应放置2～3d后使用，以免生灰起鼓。

（11）煤球灰 地方做法的墙面抹灰中使用，用白灰膏：细炉灰＝1：3（体积比）加水拌成。

（12）三合灰（也叫混蛋灰） 在打底抹灰有必要时才用，由月白灰加适量的水泥制成，还可掺入麻刀，特点是强度好，干得快，但颜色不正。

（13）掺灰泥（插灰泥） 当铺瓦、墁地和砌筑碎砖墙时用，是由泼灰与黄土拌匀后加水，或生石灰加水，取浆与黄土拌和，闷8d后即可使用。灰：黄土＝3：7或4：6或5：5（体积比），黄土以亚粘性土较好。

（14）滑秸泥 主要用于苫泥背和抹饰墙面中，是由掺入滑秸（即麦秸杆）的掺泥灰制成的，但滑秸应经过石灰水浸泡软化后再与泥拌制均匀，泥：滑秸＝100：20（体积比），在纯粹用于抹墙时也可用稻草代替滑秸。

（15）麻刀灰 麻刀灰有两种配比，当用在宫殿苫泥背时，配制与掺灰泥的方法相同，但应掺入麻刀，灰：麻刀＝100：6；当用于墙壁面抹灰装饰时，沙黄土：白灰＝6：4，白灰：麻刀＝100：6。

（16）白灰浆 白灰浆有两种，第一种是生石灰浆，用于铺瓦沾浆、石活灌浆、砖砌体灌浆和内墙粉刷，是由生石灰块加水搅拌成浆状，经过细筛过淋后即可使用，但应注意用于刷浆时应过筛，并掺入胶类物质，用于石活时可不过筛；第二种是熟石灰浆，用在砌筑灌浆、墁地坐浆、铺干槎瓦坐浆和内墙壁的粉刷中，配制时泼灰加水搅拌成稠糊状，同样用在刷浆时，要过筛，并加入胶类物质。

（17）月白浆　有两种，第一种是浅色月白浆，主要用在墙面粉刷，是由白灰浆加少量青浆而成，白灰: 青灰 =100: 10，注意应过筛并掺入胶类物质；第二种是深色月白浆，用于墙面粉刷和布瓦屋面顶的刷浆，也是由白灰浆加青浆制成的，白灰: 青灰 =100: 25，注意点同第一种。

（18）桃花浆　用在砖、石砌体中，是由白灰浆加好的粘土浆制成的，白灰: 粘土 =3: 7 或 4: 6（体积比）。

（19）青浆　青浆用在青灰背、青灰墙面干轧刷浆、筒瓦屋面的檐头绞脖、黑活屋顶眉子和当沟刷浆中，是由青灰加水搅拌成浆状后过细筛（网眼的宽度不超过 2mm）而成的，在配制时如兑水 2 次以上，应补充青灰，以保证质量。

（20）烟子浆　烟子浆用在筒瓦屋面的檐头绞脖、黑活屋顶眉子和当沟刷浆中，由黑烟子用胶水搅拌成膏状，再加水搅拌成浆状而成的，必要时可适量地加入一点青浆。

（21）砖面水　用于旧摆砖、丝缝墙面打点刷浆、捉节夹垄做法的布筒瓦屋面新做刷浆中，是用细砖经过研磨后加浆调制而成的。

（22）黑矾水　用在金砖墁地钻生泼墨中，配制时将黑烟子用酒或胶水化开后，与黑矾混合，黑烟子: 黑矾 =10: 1，将红木刨花与水一起煮，待水变色后将刨花滤除干净，然后把黑烟子和黑矾混合液倒入红木水中，煮熬至深黑色，趁热时使用。

（23）油浆　油浆用在宫殿青灰背刷浆和宫殿布瓦屋顶刷浆中，是由青浆或月白浆兑入生桐油配制而成的，青浆或月白浆: 生桐油 =100:（1 ~3）（体积比）。

（24）生桐油　生桐油既可以作配制原料，也可以直接用在新做细墁地钻生和旧地面的加固养护中。

（25）红土浆　当抹饰红灰赶轧时刷浆使用，配制方法是将头红土兑水搅拌成泥浆状之后，兑入江米汁和白矾水。头红土∶江米水∶白矾 =100∶7.5∶5，有时在现场常常用氧化铁红兑水再加胶类物质制成使用。

（26）包金土浆　在抹饰黄灰赶轧时刷灰用，是由土黄兑水搅拌成浆状后兑入江米汁和白矾水而成，配比是土黄∶江米水∶白矾 = 100∶7.5∶5，有时在现场常常用地板黄兑生石灰水（或大白溶液）再加胶类物质制成使用。

（27）盐卤浆　盐卤浆有两种，第一种是用在宫殿青灰背的赶轧刷浆中，是由盐卤兑水再加青浆和铁面配制而成的，盐卤∶水∶铁面 =1∶（5 ~6）∶2，铁面粒的直径为 1.5 ~2mm，拌制时宜在陶制的器物中进行；第二种是用在大式石活安装铁件的固定中，它是由盐卤兑水再加铁面配制而成的，盐卤∶水∶铁面 =1∶（5 ~6）∶2，铁面粒的直径为 1.5 ~2mm，拌制时宜在陶制的器物中进行。

（28）江米浆（糯米浆）　用在不同的地方配制有所不同，当用在重要宫殿小夯灰土落水活时，每平方米用江米 22g 左右，白矾 1.8g 左右；当用在重要建筑的砖、石砌体灌浆时，用生石灰水兑入江米浆和白矾水，灰∶江米∶白矾 =100∶0.3∶0.33，如灌石砌体生石灰可不过淋；当用于宫殿青灰背提押溜浆时，由青浆掺江米浆和白矾水配制而成，青灰∶江米∶白矾 =10∶1∶0.25；当用于纯白灰提押溜浆时，用泼灰加水搅拌成浆状后兑入江米浆和白矾水，原料比例是灰∶江米∶白矾 =100∶1.6∶1.07。

以上对古建筑中常用的灰浆进行了比较详细的讲述，但在现场仍要注意以下几点：第一是由于白灰和青灰的质量很不稳定，所以上述的用量供参考，具体由现场配样而定；第二是上述的生石灰和青灰的块末比均以 5∶5 为准；第三是所介绍的各种灰类除掺灰泥类和砖面灰以外，每立方米所需的生石灰均以 654kg 为准；第四是配合比除注明外，均为重量比；第五是关于正常的密度，灰类每立方米重约 1500kg，泥类每立方米重约 1600kg。

复习思考题

1. 安全事故的分类标准是什么？
2. 砌筑施工中安全操作技术包括哪些内容？
3. 脚手架的安全防护要点是什么？
4. 土方施工的安全技术有哪些？
5. 高层建筑施工的安全技术有哪几方面？
6. 烟囱和水塔的安全防护技术有何要求？
7. 在施工现场防火和用电有哪些规定？
8. 哪些工种作业安全事故要重点预防？
9. 中国古建筑有哪些特点？
10. 古建筑房屋由哪些部分组成？哪几部分与瓦作有关？
11. 台基的构造是什么？施工程序如何进行？
12. 台明磉墩拦土的构造尺寸如何？
13. 古建筑墙壁有几种？在什么位置？
14. 古建筑屋顶的形式有哪几种？各有何特点？
15. 构架的组成部件有哪些？有什么作用？
16. 简述古建筑用瓦的品种和规格。
17. 琉璃瓦的构件大致有哪些？
18. 古建筑砌筑砂浆是如何分类的？

第二章

古建筑瓦屋面的铺筑

培训学习目标　通过本章的学习，能够熟悉古建筑屋面的构造知识，掌握筒瓦屋面、屋脊、垂脊的铺砌工艺、操作要点及质量要求；通过技能训练，能正确选用筒瓦和拌制灰浆，并能铺筑复杂的筒瓦屋面、屋脊和垂脊。

第一节　古建筑瓦屋面铺筑的相关知识

一、古建筑中砌筑工的铺筑工具

古建筑施工中常见的工具见图2-1。

瓦刀：用薄铁板制成，呈刀形，是砌墙的主要工具，也用于铺瓦和修屋面时的瓦面夹垄和裹垄后的赶轧。

抹子：用于墙面抹灰、屋顶苫背、筒瓦裹垄（但不用于夹垄）。古代的抹子比现代抹灰用的抹子小，前端更加窄尖，由于比现代的抹子多一个连接点，所以又叫“双爪抹子”。

鸭嘴：抹灰工具之一，一种小型的尖嘴抹子，多用来勾抹普通抹子不便操作的窄小处，也用于堆抹花饰。

平尺：用薄木板制成，小而要求平直。短平尺用于砍砖时画直线，检查砖棱的平直等。长平尺叫平尺板，用于砌墙、墁地时检查砖的平整度，以及抹灰时的找平、抹角。

方尺：木制的直角拐尺，用于砖加工时直角的画线和检查，也

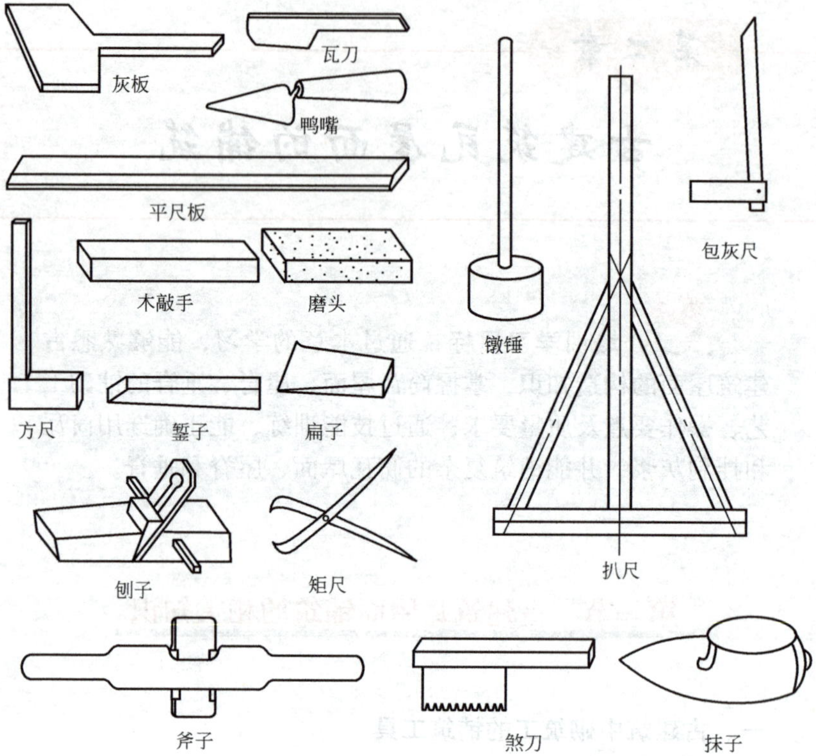

图 2-1　古建筑瓦作工具示意图

用于抹灰及其他需用方尺找方的工作。

活尺：又叫活弯尺，是角度可以任意变化的木制拐尺，可用于“六方”或“八方”角度的画线和施工放线等。

扒尺：木制的丁字尺，丁字尺上附有斜向的“拉杆”，拉杆既可以固定丁字尺的直角，本身又可形成一定的角度。扒尺主要用于小型建筑施工放线时的角度定位。

灰板：木制的抹灰工具之一。前端用于盛放灰浆，后尾带柄，便于手执，是抹灰操作时的托灰工具。

蹾锤：砖墁地的工具，用于将砖蹾平、蹾实。多用城砖加工成圆台体，中间的孔眼穿入一根木棍，使用时以木棍在砖面上的连续戳动将砖找平找实。现在多用皮锤代替。

木宝剑：又叫木剑，短而薄的木板或竹片制成，用于墁地时砖棱的挂灰。一端修成便于手执的剑把状，故称木宝剑。

刨子：砖加工的工具之一，与木工刨子相仿，用于砖表面的刨平。瓦工的刨子是20世纪三四十年代由北京的工匠受木工刨子的启示发明的。由于它比斧子铲面更顺手，所以很受工匠们的欢迎。

斧子：砖加工的主要工具，用于砖表面的铲平和砍去侧面多余的部分。斧子由斧棍和刃子组成。斧棍中间开有“关口”，可楔刃子。刃子用铁夹钢锻造而成，呈长方形，两头为刃锋，两旁用铁卡子卡住后放入斧棍的关口内，两边再加垫料（旧时多用布鞋底）塞紧即可使用。

扁子：砖加工的工具，用短而宽的扁铁制成，前端磨出锋刃。使用时以木敲手敲击扁子，用来打掉砖上多余的部分。

木敲手：砖加工的工具，指便于手执的短枋木。作用与锤子相同，但比铁锤轻便，敲击的力量轻柔。材料多用硬杂木，以枣木的较好，使用时以木敲手敲击扁子，剔凿砖料。

煞刀：砖加工工具，用铁皮做成，铁皮的一侧剪出一排小口，用于切割砖料。

磨头：砖加工的工具之一，用于砍砖或砌干摆墙时的磨砖。糙砖、砂轮或油石都可作为磨头。

包灰尺：砖加工的工具之一，形同方尺，但角度略小于90°，砍砖时用于度量砖的包灰口是否符合要求。

錾子：砖加工的工具，用薄型扁铁制成，前端磨出锋刃。

矩尺：砖加工的画线工具，把两根前端磨尖的铁条铰接成剪刀叉状。矩尺除可画出圆弧，还可运用两根铁条平行移动形状相同的原理，把任意图形平移到砖上。

制子：度量工具，多用小木片制成，制子往往比尺子要简便，也不容易出错。

二、古建筑瓦屋面的基本知识

1. 古建筑屋顶的种类

古建筑屋顶的种类非常丰富，但常见的基本形式只有以下几种：

硬山顶、悬山顶、歇山顶、庑殿顶、攒尖顶以及平顶。

硬山和悬山都是两坡顶。硬山的山墙上不露出木檩，即所谓的“封山下檐”；悬山又叫“挑山”或“厦两头”，其特点是木檩露出山墙外，即所谓的“出梢”，悬山的屋顶一直延伸到山墙外。

庑殿是坡顶，前后两侧的坡面叫“撒头”，庑殿顶又叫“四阿顶”，俗称“五脊殿”。

歇山顶俗称“九脊殿”。假如有一个硬山或悬山建筑，取其山尖以上的部分（包括山尖），再向四周伸出屋檐，就是歇山的形式。歇山的两侧坡面也叫“撒头”，歇山的山尖部分称为小红山。

上述的几种屋面的坡面相交都可以看成一条线，而攒尖的特点是，无论是几个坡面，最后都攒在一起，在顶部交汇于一点。

平顶又叫平台屋，由于这些屋顶不是用瓦覆盖的，所以又叫“灰平台”，灰平台虽然不起脊，但为便于排水，屋面也有些坡度，向一个方向排水的叫“一出水”，向前檐方向“一出水”的俗称“浸头拍子”，向两个方向排水的叫“两出水”。

两重或两重以上的屋面称为重檐顶，根据屋檐的层数可直接叫“两滴水”（两重檐）或“三滴水”（三重檐），如果从这个角度分类的话，只有一层屋面的叫单檐屋顶。

上述这些基本类型的组合或变化，可产生多种屋顶式样，如两个或三个硬、悬山屋顶前后连在一起，可组成“勾连搭”，两个屋顶勾连搭者又叫“一殿一卷”；把庑殿顶和平顶组合在一起，就形成“盝顶”；将攒尖屋顶的屋面曲线向上拱起，就形成“盔顶”；把两个矩形屋顶横穿在一起，就组成“十字顶”等。古建筑行业有“正式建筑”和“杂式建筑”之说，事实上，“正式”与“杂式”很难绝对划分。在习惯上，古代工匠把平面投影为长方形，屋顶为硬山、悬山、庑殿回歇山做法的建筑叫“正式建筑”，而把其他形式的都叫做“杂式”建筑。“正式”和“杂式”含有常见和不常见的意思。建筑群中的主要建筑一般都是“正式”建筑，园林建筑或景点建筑为“杂式”建筑。在“正式”建筑中，屋顶形式有一定的等级概念，在前面的第一章内容中提到过，重檐庑殿为最尊，重檐歇山次之，以后的顺序为单檐庑殿、单檐歇山、悬山和硬山。

2. 古建筑瓦屋面的分层做法

古建筑瓦屋面的分层做法必须要重点掌握。

瓦屋面随着建筑等级的不同、瓦面材料不同，构造分层也不同，下面将各种屋面的分层做法介绍如下：

(1) 民宅和铺面房屋顶构造常见做法

1) 瓦顶屋面：通常有两种构造做法。

① 从下至上依次为：木椽，铺席箔、苇箔、荆芭、瓦芭或薄石板，滑秸泥背 1~2 层，铺瓦泥，瓦面。

② 从下至上依次为：木椽，铺席箔、苇箔，滑秸泥背 1~2 层，灰背 1 层，铺瓦泥，瓦面。

2) 灰背顶屋面：通常有三种做法。

① 从下至上依次为：木椽，铺席箔、苇箔，滑秸泥背 1~2 层，月白灰背 1~2 层，青灰背。

② 从下至上依次为：木椽，铺席箔、苇箔和木望板，滑秸泥背 1 层，焦渣背，青灰背。

③ 从下至上依次为：木椽，铺席箔、苇箔和木望板，滑秸泥背，焦渣背。

(2) 其他大式和小式宫殿建筑屋顶构造通常有五种做法。

① 从下至上依次为：木椽，上铺木望板，护灰板，滑秸泥背 1~2层，青灰背，铺瓦泥，瓦面。常见于小式建筑屋面。

② 从下至上依次为：木椽、上铺木望板，护灰板，滑秸泥背 1~2层，月白灰背，青灰背，铺瓦泥，瓦面。常见于大式或小式瓦顶屋面。

③ 从下至上依次为：木椽，铺席箔、苇箔和木望板，滑秸泥背 2~3 层，月白灰背 2~3 层，青灰背。常见于大式或小式瓦顶屋面。

④ 从下至上依次为：木椽、上铺木望板，护灰板，麻刀泥背 3 层以上，月白灰背或纯白灰背 3 层以上，青灰背，铺瓦泥或灰，瓦面。常见于宫殿建筑屋面。

⑤ 从下至上依次为：木椽、上铺木望板，护灰板，麻刀泥背 3 层以上，锡背，月白灰背或纯白灰背 3 层以上，青灰背。常见于宫殿建筑屋面。

3. 屋脊部位的名称

要施工古建筑瓦屋面，首先必须要了解屋面上各种不同部位的名称。

（1）脊　沿着屋面的转折处或屋面与墙面、梁架的相交处，用瓦、砖、灰等材料做成的砌筑物。脊兼有防水和装饰两种作用。

（2）正脊　特指屋脊位置时的称谓，指沿着前后坡屋面相交线做成的脊。正脊往往是沿桁檩方向，且在屋面最高处。不同做法的正脊各自有着不同的名称，平时多直呼其名，如过垄脊、清水脊等。

（3）垂脊　特指屋脊位置的称谓，凡与正脊或宝顶相交的脊都可统称为垂脊。庑殿垂脊常称为庑殿脊，歇山及硬、悬山垂脊常称为排山脊。

（4）戗脊　又叫金刚戗脊，俗称“岔脊”，是歇山屋面上与垂脊相交的脊。由于戗脊是沿角梁方向的脊，所以有人把庑殿垂脊也叫做戗脊，进而把凡是沿角梁方向的脊，如攒尖建筑的垂脊、重檐建筑的角脊等都说成戗脊。在这其中，又习惯把较短的叫做岔脊，如重檐建筑的角脊就被叫做岔脊。事实上，这样的叫法有些含混，用于黑活屋顶时尚可，但用于琉璃屋顶时就容易出错。例如：庑殿垂脊如被叫做戗脊的话，那么脊的瓦件就应按戗脊配套，由于琉璃戗脊的脊件与垂脊的脊件外形相同而规格较小，这样，实际做成的脊高就降低了。因此，垂脊与戗脊宜严格区分，戗脊应视为歇山屋面的专有名称。

（5）博脊　歇山屋顶的小红山与撒头相交处的脊。当某坡屋面与墙面交接时，往往要沿接缝处做脊，如果具有明显的正脊特征可叫做正脊，如果特征不突出，一般也都统称为博脊。

（6）围脊　沿着下层檐屋面与木构架（如承椽坊、围脊板等）相交处的脊。围脊多能头尾相接呈围合状，故俗称“缠腰脊”。有人把围脊叫做下檐博脊或重檐博脊，甚至干脆叫做博脊，叫它下檐博脊或重檐博脊已嫌含糊，如也叫博脊就会与真正的博脊相混淆。所以，围脊既然已有了区别于其他脊的名称，还是明确一些较好。

关于盝顶正脊：盝顶正脊之所以被叫做正脊，是因为它处在屋顶的最高处，但也有人把它叫做围脊，这是因为它呈围合状，又使用合角吻，所以可说是一脊二名，由于同一样的围脊比正脊规格小，因此，如称之为围脊，应使用大一样的脊件，如将五样围脊改为四样围脊。如称之为正脊，则要使用大一样的合角吻，这样才能保证与垂脊的高度相配。只要注意了这个问题，无论叫正脊还是围脊都是可以的。

(7) 角脊　重檐屋面、下檐瓦面的坡面转折处，沿角梁方向所做的脊。也有人把角脊叫做下檐戗脊（岔脊）或重檐戗脊（岔脊），甚至干脆叫戗脊或岔脊，这些名称都不如“角脊”清楚、易记。

(8) 宝顶　俗称“绝脊”，是在攒尖建筑瓦面的最高汇合点所做的脊。

(9) 大脊　正脊有多种做法，每种做法都有各自的名称。当正脊两端做吻兽，脊件层次较多，以示区别于其他做法稍简单的正脊时，可特称做大脊。

(10) 过垄脊　又叫元宝脊，是筒瓦屋面正脊的一种做法。其主要特点有两个：

1) 脊的做法与瓦垄相同，但瓦件都是罗锅状，形如元宝，这就是元宝脊名称的来历。

2) 前后坡瓦面的底瓦垄是相通的，这就是过垄脊名称的来历。

过垄脊很特殊，它既可以用在大式屋面上，也可以用在小式屋面上。当垂脊放置垂兽时，过垄脊可随之叫大式做法。当垂脊为小式做法（不做兽）时，过垄脊又是小式做法。

(11) 鞍子脊　小式合瓦屋面正脊的常见做法，也是合瓦房所独有的屋脊，因形似马鞍而得名。

(12) 合瓦过垄脊　小式合瓦屋面正脊之一，实际上是鞍子脊的简单做法。因前后坡的底瓦垄是相通的（鞍子脊不通），具备了“过垄”的特征，所以叫合瓦过垄脊。

(13) 墙帽正脊　来源于琉璃瓦顶的墙帽，指一种固定的正脊做法。由于墙帽的坡长较短，正脊不宜太高，脊件需简化，这样就形成了一种独特的正脊形式，这种做法被称做墙帽正脊。当其他部位，如牌楼的夹楼正脊，也采用这种做法时，往往仍然习惯称它为墙帽正脊。

（14）清水脊　小式黑活屋面正脊做法之一，两端有砖雕的“草盘子”和翘起的“蝎子尾”。清水脊是北方建筑借鉴南方做法的范例，“清水”二字即源于南方方言，有清洁、美观、细致之意。

（15）皮条脊　黑活屋脊的一种。与大脊的区别是，比大脊做法简单，与大脊陡板以下（不含陡板）的部分做法相同。与清水脊的区别是，两端不做“草盘子”和“蝎子尾”。皮条脊两端放吻兽可视为大式做法，不放吻兽可视为小式做法。皮条脊的叫法在习惯上限于正脊部位，用于其他部位时，一般应直接称为垂脊、戗脊或博脊等。

（16）扁担脊　一种简易的正脊，属民间做法，因形似扁担而得名。

（17）排山脊　歇山、硬山或悬山屋面垂脊的专用称谓。排山是顺山尖而上之意，故歇山、硬山或悬山屋面的垂脊有排山脊之称。

（18）排山勾滴　勾滴是勾头瓦和滴水瓦的统称。歇山、硬山或悬山山尖博风板上的一排勾滴就是排山勾滴。

（19）铃铛排山脊　排山脊的一种。勾头、滴水瓦可叫做“铃铛瓦”，故使用排山勾滴的排山脊即为铃铛排山脊。

（20）披水排山脊　排山脊的一种。排山脊中，将排山勾滴改作披水砖者就是披水排山脊。

（21）披水梢垄　屋面瓦垄中，靠近山墙博风的一垄叫梢垄。梢垄必须是筒瓦垄，即使是合瓦或干槎瓦屋面等，梢垄也必须是筒瓦垄。披水梢垄的做法特点是：

1）不做垂脊而仅做梢垄。

2）博风上不做排山勾滴而做披水砖檐。这种做法多用于不太讲究的小式硬、悬山黑活屋面上。

（22）边梢　即边垄与梢垄的统称。自山面博风数起，第一垄盖瓦（筒瓦垄）叫梢垄，第二垄盖瓦叫边垄，合称“边梢”。对于合瓦、干槎瓦或棋盘心屋面的边梢来说，梢垄为筒瓦垄，边垄则须用板瓦铺成。

（23）罗锅脊　形容垂脊顶部做法的名词。当正脊为过垄脊或鞍子脊时，前后坡排山脊相交处为一圆弧形，为此，脊件也要随之加工成“罗锅”状，罗锅脊的说法即由此而来。

（24）卷棚　也写作“捲棚”，形容屋顶外形的名词。正脊为过垄脊或鞍子脊时，屋面顶部呈圆弧状，卷棚即形容其形似曲卷之棚。

（25）卷棚脊：也写作“捲棚脊”，形容排山脊外形的名词。卷棚脊是罗锅脊的同义词，形容排山脊顶部的圆弧曲卷状，所以有人叫它“罗锅卷棚脊”或“卷棚罗锅脊”。

（26）箍头脊　就是罗锅脊或卷棚脊，是因形容的侧重点有所不同而派生出的新词。当正脊做成大脊时，前后坡两条排山脊被正脊吻兽隔开，而当正脊做过垄脊或鞍子脊时，前后坡两条排山脊在屋顶上相连，因而被形象地形容为“箍头”，箍头脊即由此而来。罗锅或卷棚是形容排山脊的顶部为圆弧状，箍头是形容屋面被排山脊箍住了。小式排山脊肯定是箍头脊做法，大式排山脊要看正脊的做法。做大脊的，排山脊肯定不是箍头脊做法。

4. 屋脊几种做法的名称

（1）挑脊　亦作“调脊”，指屋脊的砌筑过程。

（2）压肩做法　先做好瓦面以后再挑正脊称为压肩做法。琉璃屋脊多采用压肩做法。

（3）撞肩做法　先挑完正脊以后再做瓦面称为撞肩做法。黑活屋脊多采用撞肩做法。

（4）官式做法　包括大式和小式做法，泛指京城地区定型化、规范化、程式化了的做法。

（5）大式屋面　官式做法的一种类型，用于王府、庙宇和宫殿建筑，其基本特征是，瓦面用筒瓦，屋脊上有吻兽、小兽等脊饰。琉璃屋脊无论有无吻兽都属于大式做法。

（6）小式屋面　官式做法的一种类型，用于普通建筑，多见于民宅，也见于大式建筑群中的某些次要建筑。小式屋面的基本特征是，瓦面不用筒瓦（不包括10号筒瓦），屋脊上没有吻兽、小兽。

（7）大式小做：具有大式屋脊的基本特征，但屋脊的脊件做了必要的简化。

（8）小式大做：具有小式屋脊的基本特征，但脊件做法借鉴了大式屋脊的脊件特点。

三、古建筑瓦屋面铺筑用材料

（1）琉璃瓦：琉璃瓦是屋面施釉的瓦，其用处前面已经介绍过的部分，不再重复，这里补充几点：①削割瓦做法。一般指琉璃瓦的坯子素烧成形后“闷青”成活，而不再施釉的瓦件。削割瓦的外观虽然接近黑活瓦面，但其做法却应遵循琉璃瓦的规矩，就是说，削割瓦虽无釉面，但从等级和做法角度上讲，属于琉璃瓦屋面，尤其是屋脊、仙人走兽的做法与琉璃完全相同。②琉璃剪边做法：用琉璃瓦做檐头或布瓦做成屋面，或者以一种颜色的琉璃做檐头和屋脊，以另外一种颜色的琉璃瓦做屋面，如行心绿剪边。③琉璃聚锦做法：以两色琉璃或多色琉璃拼成图案的屋面做法，常见的图案如方胜（菱形）、叠落方胜（双菱形）、双喜图案。

（2）布瓦　颜色呈深灰色的粘土瓦叫布瓦，当区别于琉璃屋面时，常被称为黑活屋面或墨瓦屋面。布瓦（或黑活）屋面有多种做法，所以人们根据做法直呼其名，如筒瓦屋面、合瓦屋面、干槎瓦屋面等，只有在特指不是琉璃瓦屋面时才说“布瓦”或“黑活”屋面，布瓦的规格从头号到十号共五种，详细见布瓦尺寸表（表2-1）。

表 2-1　布瓦尺寸表　（单位：mm）

名称		常见尺寸	
		长	宽
筒瓦	头号筒瓦	305	160
	1 号筒瓦	210	130
	2 号筒瓦	190	110
	3 号筒瓦	170	90
	10 号筒瓦	90	70
板瓦	头号板瓦	225	225
	1 号板瓦	200	200
	2 号板瓦	180	180
	3 号板瓦	160	160
	10 号板瓦	110	110

注：此表数值以北京地区瓦样为标准。

（3）筒瓦　筒瓦前面的章节也作了较多的介绍，不再重复。

（4）合瓦　又叫阴阳瓦或蝴蝶瓦，前面也有较细的说明，这里不再重复。

（5）石板瓦　石板瓦俗称“石板房”，就是将小块规格的薄石片排列有序地铺在屋面上。石板瓦做法属于地方做法，具有强烈的田园风格。

（6）焦渣　在山西、河北、陕西等地，在平台屋顶上，其苫背用的材料是焦渣灰；焦渣重量轻、造价低，并具有较高的强度和刚度。因此，明、清时期的铺面房，尤其是粮店和煤铺多采用这种做法，以便晾晒或存放物品，焦渣屋顶（焦渣背）的做法是古代废料利用的范例。

（7）滑秸泥　这种材料是用较纯净的黄泥或掺入少量的白灰，再掺入麦杆（也叫麦秸）或稻草等，苫好后用铁抹子轧实轧光而成。屋面做好后要每隔几年补抹一次即可满足使用要求，滑秸泥用在屋顶上具有悠久的历史，随着建筑技术的发展，近年以来已经不多见了。

（8）草顶　是用麦杆、稻草或茅草覆盖在屋顶上，所以又叫茅草屋，现仅存在于边缘山区或临时房屋上，但作为一种具有强烈民间风格的屋顶形式，当今的仿古建筑或园林设计，仍可借鉴。

（9）金瓦　第一种金瓦实际就是用铜制成的瓦，第二种是铜胎镏金瓦，第三种是在铜瓦外面包“金页子”。由金瓦做成的屋顶叫金瓦顶，它突出的特点是瓦面具有金灿灿、明晃晃的效果。三种金瓦顶屋面多用在重要的建筑中，如第一种铜瓦，用在皇家园林；第二种用于皇家园林和喇嘛教建筑；第三种用于喇嘛教建筑。

（10）明瓦　用玻璃或云母片覆盖在屋顶上叫明瓦，玻璃明瓦的做法多用于花房，也可用于有特殊观赏要求的园林建筑，为了使屋顶透明，屋顶就不能再做木望板及灰泥背了。在宫殿建筑中也有用云母片加工需用的形状，装饰效果更好，但采光效果稍差一些。南方的建筑中常在屋面瓦中用 1～2 块明瓦，以便观察天气的变化。

第二节　古建筑瓦屋面的铺筑施工

一、铺筑工艺

不同的瓦材在具体铺筑时会有所不同，但在大的控制步骤上，基本都是差不多的，我们就先从控制角度看一下铺筑工艺，具体细节在操作要点中介绍。

基层清理检查→苫背→对瓦进行分中、号垄、排瓦当→铺边垄瓦→拴线→冲垄→铺檐头瓦→铺底瓦→铺盖瓦→捉垄→清垄→铺翼角瓦→铺脊瓦。

铺筑瓦是重点的内容，必须掌握。

二、操作要点

1. 苫背

(1) 苫背的基本方法　灰背的操作过程就叫做“苫背”，苫背一般从木望板开始，普通民宅也可用席箔和苇箔代替（檐椽部位用席箔，檐椽以上部位用苇箔）。除了木望板、席箔和苇箔做法外，还有荆芭、瓦芭、砖芭和石芭做法。荆芭是由荆条编制而成的片状物作为苫灰背的基层，多用于地方建筑。瓦芭、砖芭和石芭的说法是由荆芭而来的，瓦芭做法是将板瓦铺搭在木椽子上，瓦与瓦之间的对缝处勾抹素灰膏。这种做法既可以用在无顶棚的建筑中，也可作为修缮时，旧料利用的一种手段。砖芭又叫砖望板或望砖，是宋代建筑的常见做法，明、清时期北方已经不多见了，但在南方仍很流行，望砖是一种较薄的条形砖，使用时直接搁置在椽子上，砖缝之间用白灰膏勾抹。石芭是以石板代替木望板铺在椽子上的一种做法，多见于地方建筑，对琉璃瓦大脊或屋顶有吻兽者，苫背前应在扶脊木或檩条上钉好脊桩、吻桩和兽桩。

1）苫背时第一步是在木望板上抹一层深月白麻刀灰，厚度一般是10～20mm，这层灰叫护板灰。护板灰可比普通麻刀灰软一点，灰中的麻刀量可少一些。护板灰主要用于保护望板和椽子。如果基层不是板而是席箔或苇箔等，则不做护板灰。

2）在护板灰上苫2~3层泥背，宫殿建筑多用麻刀泥，小式建筑多用滑秸泥，每层泥背的厚度不超过50mm，中腰节附近如泥背太厚，可事先将板瓦反扣在护板灰上，这些瓦叫“垫囊瓦”，垫囊瓦既可以减轻屋顶的重量，又可以防止因泥背太厚而造成开裂。每苫完一段泥后，要用“杏儿拍子”（一种铁制的圆形拍子）进行拍背，时间应选择在泥背干至七八成时，拍背可以使泥背变得密实，是一道十分关键的工序。古时重要的建筑往往不苫泥背，而以纯白灰代替，认为这样做的质量更好，事实上这是古人的一种误解。掺灰泥硬结以后生成硅酸钙，麻刀灰结硬后生成碳酸钙，硅酸钙的强度、抗冻性能以及柔性等均比碳酸钙好得多，所以泥背做法是一种值得肯定的苫背做法。

3）在泥背上苫2~4层大麻刀灰或大麻刀月白灰。每层灰背的厚度不超过30mm，每层苫完后要反复赶轧坚实后再开始苫下一层。

4）在月白灰背上开始苫青灰。青灰背也用大麻刀月白灰，但须反复刷青浆和轧背，赶轧的次数不少于“三浆三轧”。为加强灰背与铺瓦灰泥的整体连接，防止瓦面下滑，青灰背表面应采取以下措施：

① 打拐子与粘麻：在大麻刀青灰背干至八成时，要在灰背上“粘麻打拐子”，如果不是重要建筑，可以只打拐子不粘麻。粘麻打拐子的方法是用梢端呈半圆形的木棍子在灰背上打出许多圆形的浅窝，拐子常为5个一组，所以又叫梅花拐。下腰节以上每组拐子之间相距5组拐子的宽度，即要“隔5一打”，中腰节以上要“隔3一打”，上腰节以上要“隔1一打”。每组拐子之间要粘麻，待铺瓦时把麻翻铺在底瓦泥灰上。

② 搭麻辫：用于坡面高陡的屋顶，方法是每苫完一段大麻刀青灰背，趁灰背较软时将麻均匀散搭在灰背上，然后将麻轧进灰背里，搭麻要从脊上开始，两端最好能搭至瓦面的中腰节附近。

5）苫完背后要在脊上抹“扎肩灰”。抹扎肩灰时应拴一道横线，作为两坡扎肩灰交点的标准，线的两端拴在两坡博风交点上棱。前后坡扎肩灰各宽300~500mm，上面以线为准，下脚与灰背抹平。

6）苫背全部结束后要适当“晾背”，再开始下步，晾背对防止木望板糟朽是很有好处的。

（2）苫背的特殊手法　在很重要的宫殿建筑中，苫背往往要使用一些特殊的手法，以便进一步提高灰背的质量。

1）压麻做法：将麻分成若干把，每苫完一段背之前将麻按把分放在泥背下，在苫下一段背之前，把麻未被压住的部分翻到泥背上来，并把麻摊开摆匀，然后把麻轧进泥里，以后每段都要如此进行，压麻做法可以只在脊部、中腰附近和角梁等部位进行（图 2-2a、b）。

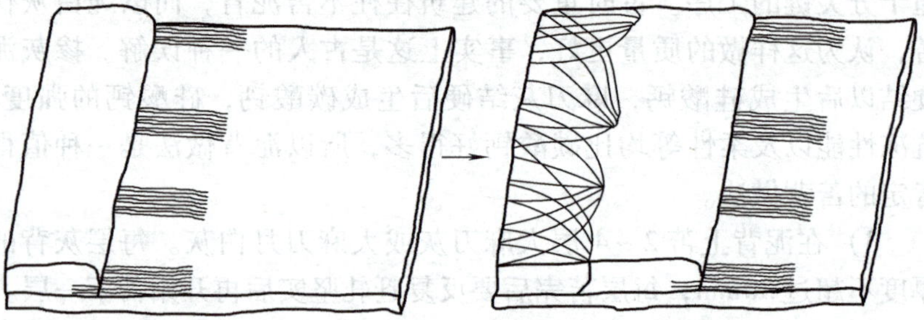

a)　　b)

图 2-2　压麻做法

2）钉麻做法：是防止瓦面滑动的一种措施，在苫好的青灰背上均匀地钉上一些钉子，钉子的间距可在 300mm 左右，然后在钉子之间缠绕麻束，在灰背表面形成麻网，在钉过麻的灰背上铺瓦，可以确保灰背与瓦面的整体性。

3）锡背做法：锡背做法是将铅锡合金的金属板苫在屋顶上，由于铅锡合金的硬度不高、延展性好、不易氧化，因此用于灰背中，防水性能极强，寿命也很长，一般至少可达到上百年。每块锡背之间要进行焊接，绝对不能用钉子钉接，锡背一般苫在护灰板上，极重要的建筑往往要苫两层锡背，如苫两层锡背，这两层之间应用泥背或灰背隔开。有时只在建筑的天沟部位或脊部、角梁等处苫锡背，如果只施用在瓦顶中的脊部和角梁部位，有时也将锡背苫在最后一层大麻刀灰上。如果屋顶是坡顶形式，苫好锡背后要进行粘麻，方法是：先把麻分成若干把，然后用灰浆把麻按行粘在锡背上，每行间距要小于麻的长度，等灰完全干透后再开始苫灰背，同压麻做法一样，每苫完一段后要将麻均匀地压在上面并把麻轧进灰背里面去如图 2-3a、b 所示。

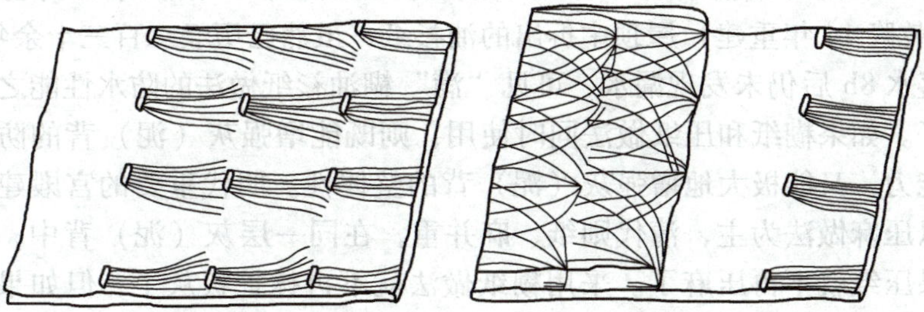

a)　　b)

图 2-3　锡背上粘麻做法

4）油衫纸做法：在清朝乾隆年间最为流行，因油衫纸原产于古代朝鲜，所以又叫“乾隆高丽纸”，油衫纸是以桑皮为主要原料，另含有少量的竹子和生丝，经特殊工艺处理，由七层或九层复合而成的，七层的叫小油纸，九层的叫大油纸。油衫纸的强度和韧性都很好，油衫纸在灰背中有两种做法，第一种是糊纸做法，第二种是压纸做法。前者以防水和保护望板为主，后者可以使灰（泥）背的整体性得到极大地提高。根据不同的建筑，既可以只使用糊纸做法，也可以两种方法同时使用。压纸做法操作起来比较简便，每苫出一段背时，就在背上铺上一层油衫纸，并使纸与背贴实。糊纸做法的具体方法是：先制作防水胶结材料——“满”。“满”是古建筑中的油漆材料，制作的大致方法如下：生桐油加土籽灰和樟丹粉，熬至约七成熟，熬成后的桐油叫做“灰油”，灰油晾凉后兑入血料和高白面（即较纯净的白面），其中血料、高白面和灰油之比约为 10:1:3（重量比），兑入后要用力搅拌均匀。在糊纸之前可以在望板上刷一道生桐油，以增强望板的防腐能力，然后用“满”把油衫纸糊在望板上。油衫纸可糊 1～3 层，每层之间“满”的覆盖率应达至 100%。糊完最后一层纸以后可在上面再刷一道“浆”。“浆”是由生桐油熬至七成熟晾凉后兑入血料得到的（血料与油之比约为3:1）。根据建筑的不同情况，也可只用油衫纸条“溜缝”，即只在望板之间的接缝处、望板与承椽枋相交处、角梁部位的缝隙处糊纸条。“满”糊油衫纸做法与传统纸伞的制作工艺相似。只经油衫纸溜缝的屋顶，在尚未苫背之前就可以保证不漏雨。经实验，一张从景山寿皇殿（乾隆14年重建）屋顶中拆出的油衫纸，虽然已历经二百三十余年，盛水8h后仍未发现漏水，可见“满”糊油衫纸做法的防水性能之强了。如果糊纸和压纸做法同时使用，则既能增强灰（泥）背的防水能力，又能极大地增强灰（泥）背的整体性。明代重要的宫殿建筑以压麻做法为主，清代则纸、麻并重，在同一层灰（泥）背中，如果压纸就不再压麻了。采用糊纸做法就不再抹护板灰了，但如果只“溜缝”，仍要抹护板灰。

5）三麻布做法：三麻布是一种织法很稀的麻布，经纬线之间的距离约达2～3mm。由于三麻布的拉结力和防腐能力都很强，所以三麻布与灰（泥）结合，无论是整体还是局部都不易出现开裂现象。三麻布既可以夹在每层灰（泥）背之间，也可以铺在每层灰（泥）背之上。如果铺在顶层灰背上，须将麻轧进灰背中，然后反复刷青浆赶轧，直至轧干为止。实践证明，纸背和布背做法不失为成功的灰背做法，可惜由于种种原因，至今已成史话。

6）盐卤铁做法：盐卤铁做法用于顶层灰背。做法如下：先调制盐卤铁浆，在500g盐卤中兑入2.5～3.0kg清水，再加适量的青浆和1kg“铁面”。“铁面”应为颗粒状，每粒直径为1.5～2mm，事先用水冲洗干净。盐卤铁浆宜盛在陶制容器中。每苫完一段大麻刀灰背后，就泼洒上一层盐卤铁浆，并将铁面轧入灰背中。当灰背全部苫完后，应在灰背上再洒满一层干铁面，然后用杏儿拍子将铁面全部拍入灰背中。通过拍打，可以加强灰背的密实度，所以在拍打时一定要用力，最后反复刷青浆并赶轧出亮，直至轧干。当盐卤溶解在水中后，会逐渐硬结，形成一种白色的坚硬固体，这种固体在现代材料中被称为镁氧水泥。镁氧水泥可用于制造磨石和砂轮，具有很高的硬度。如果在氯化镁溶液中加入适量预先经800℃烧过的氧化镁，能加快镁氧水泥的生成。在盐卤铁溶液中兑入青浆是为了使镁氧水泥呈黑色，当盐卤铁溶液与灰背接触后，灰背的主要原料氢氧化钙作为沉淀剂，可加快镁氧水泥的生成。盐卤铁做法中铁面的主要作用是作为骨料拍进灰背表层，从而极大地提高了灰背表层的硬度和密实度。氢氧化钙与空气中的二氧化碳生成碳酸钙。铁面在碳酸钙和镁氧水泥中受到保护，难于氧化。至于灰背表层出现的铁锈是由于铁面在氯化镁的水解产物盐酸的作用下，生成了少量的二氯化铁，并在空气中很快生成了三氯化铁。露在灰背表面的三氯化铁在尘土和苔藓等自然物质的作用下，不久就被固定在屋顶上，从而大大地减慢了自然因素对灰背的风化作用。盐卤铁背硬度高，寿命长，防水性能好，不易出现裂纹，确是各种顶层做法中的佼佼者。由于铁背的表面坚硬，所以只用于灰背顶中的顶层，其余各层或瓦顶中的灰背顶层多不用铁背做法。

以上介绍的6种特殊手法由于各具特色，所以往往要混合使用和反复使用，使用的手法和次数越多，灰背的质量就越高。以北京故宫钦安殿抱厦（已拆除）、奉先殿、乐寿堂、畅音阁等建筑为例，这些建筑的灰背的大致做法是：望板上刷桐油，然后糊油衫纸；油衫纸上苫泥背，内夹三麻布，背上压麻或压油衫纸，泥背上铺锡背；锡背之上再苫泥背，内夹三麻布，上压油衫纸或压麻；泥背之上苫灰背，内夹三麻布，背上压麻或压纸；灰背上再苫一层锡背；锡背上再苫泥背，内夹三麻布，上压麻或压纸；泥背之上为最后一层灰背，灰背内夹三麻布，如为瓦顶，灰背上压麻或压纸，如为灰背顶，灰背上做盐卤铁灰背。当然，如此大量和反复地进行特殊处理的实例是比较罕见的，一般来说，只要使用1~3种，每种使用一次就可以了。例如景山寿皇殿的灰背中以油衫纸溜缝，并采用了三麻布做法；天坛皇乾殿的灰背中使用的是锡背做法。

(3) 提高灰背质量的措施　古建屋架多以木结构为主要结构，屋顶任何部位短期内的漏雨都可能造成木材的腐朽，而一经发现漏雨就已经对木材造成了一定程度的损伤。所以屋顶的防水性能与古建筑的寿命有着非常密切的关系，而屋顶（尤其是灰背顶）防水性能的强弱与灰背的质量有着直接的关系，所以灰背的质量往往决定了古建筑的寿命。灰背质量的优劣固然与采用何种做法有关，但也与操作工艺的质量有关。从技术角度来说，在相同的做法条件下，不同的操作方法也会对灰背的密实度和强度、水流是否通畅甚至能否保证不裂等产生很不相同的影响。所以只是决定了采取何种做法并不能最大限度地提高灰背的质量。下面分别就具体操作中的各种因素谈谈如何才能提高灰背的质量。

1）在备灰料阶段

① 泼灰：麻刀灰是苫背的主要材料，泼灰的质量直接影响着灰背的质量。正确的泼灰方法是：泼灰应分次进行，每次数量不可太多，粉化之后的体积一般不超过 0.4m^3（俗称“一泡”）。每泡灰都要分两次泼，第一次把清水淋在生灰块上，水量不宜过大，也不宜对某一处连续泼洒。水量和间隔时间都要与生灰块粉化的速度相符，不可操之过急。为了保证质量，在实际操作中应由两人同时进行，一人淋洒水，一人用三齿耙不断地翻倒生灰块。如果用皮管子接通水源泼灰，水量应控制在合适的程度，并要不停地移动泼洒的位置，严禁将管头插入灰中，大流量地定点冲刷。第二次待生灰块完全粉化以后，开始第二次泼灰。用三齿耙将已粉化了的灰扒开，然后泼洒清水。这一次要把灰泼成颜色呈青白色的湿粉状。泼时一定要随翻随泼，对于比较“生”的部分更要保证泼透。经过第二次翻泼以后，要把灰翻倒到另外一个地方（场地应无生灰），并堆积起来。经过这一“倒”（拌和）一“闷”（催化），偶存的“生”“熟”不匀的现象就再一次地得到了改善。闷至半个小时左右，这一泡灰的泼灰全过程就算完成了。

在泼灰过程中，要着重注意三点：第一点是泼洒时要均匀，水量要适度；第二点是灰的“成色”应保持在既不“涝”又不“生”之间，第二次泼洒后的直观效果以既不呈纯白色的干粉状、又未达到湿漉漉的成色为好；第三点是泼灰时要分两次泼，一次泼成的灰很难保证质量，泼完之后还要重视最后的一“倒”一“闷”。泼成的灰叫“泼灰”，泼灰的化学名称叫氢氧化钙。由于氧化钙变成氢氧化钙的化学反应过程需要一定的时间，所以决不能急于求成。总之，灰泼得太生，会造成灰背起拱；泼得太涝，会降低灰背的强度。以后每一“泡”灰都要严格按上述要求泼，全部泼完后要用网眼不超过 5mm 宽的筛子把灰筛一遍。筛子的网眼宽度应根据不同的季节和泼灰的“烧”“涝”程度进行选择，筛灰时主要应注意严防已筛好的泼灰里混入灰碴子，灰碴子中常含有未能及时粉化的生灰块——慢性灰。如果慢性灰混入了泼灰，后果将不堪设想。同时应再次检查泼灰的质量，如果筛灰时发现粉尘极易飞扬、感觉灰呛难忍，说明灰泼得“生”了，应再泼至合适，或与“涝”了的部分掺和在一起。

② 泡青浆：青浆是由青灰加水搅拌调制而成的。在调制和使用过程中应掌握下列要点：表明青浆质量好坏除了看它是否含有碴子外，还要看它的色泽是否浓重。其色泽是否浓重要由青灰的质量、青浆中青灰的含量和兑水的次数决定，所以稠的青浆不一定色泽浓重。在实际操作中，常以浆中是否浮有一层油性物质为标准，浮有油性物的为上乘优质青浆。为了能制取色泽浓重的优质青浆，首先要尽量使用优质青灰，同类产品宜用青灰块，不宜用青灰粉；其次，要保证水中含有足量的青灰；另外还要经常补充新的青浆，因为普通的青灰在兑水2~3次以上时，青浆的色泽就较淡了。青浆应过细筛后使用，否则会降低灰背的强度。用于制作泼浆灰或麻刀灰的，可经网眼宽度不超过5mm的筛子过滤或经沉淀后使用。用于顶层刷浆轧亮的，要经网眼宽度不超过2mm的筛子过滤。根据不同的使用要求，青浆的成色要有相应的变化。用于制作泼浆灰的青浆可以较稠，用于刷第一次浆的应较浓，刷第三次以上时，青浆应较稀，以后应越刷越稀。如果灰背表层沉积了过多的青灰，在赶光轧亮时，粘稠的浆液往往会粘住抹子，以致造成表层局部翻起（俗称“翻白眼”）。

③ 浆灰：把青浆分层泼在泼灰上叫做浆灰。泼灰筛好后要移至不受雨淋且没有生灰和灰碴子的地方堆积起来。如在现场，要将场地清扫干净并要搭棚子或用苫布盖严。堆积时要逐层依次进行，每铺至150~200mm时可为一层，每层要摊平，并要泼上一层较浓的青浆。如此层层浆灰，直到全部浆完为止。通过浆灰制成的灰叫泼浆灰。无论是泼浆灰还是泼灰都至少要存放半个月以上才能用于苫背。从大约半个月以后算起，存放的时间越短，质量越好。一般说来，存放时间超过半年以上的泼浆灰或泼灰就不宜再用于苫背了，所以在实际操作中，应根据工程的进度，合理安排泼灰和浆灰的

时间。

④ 择麻刀：首先对麻刀进行挑选，发霉变质的麻刀不可用于苫背，麻刀应越干净越好。麻刀一定要全部拆散，否则与灰掺和后会结成疙瘩，俗称“麻刀蛋”。麻刀蛋会造成灰中的灰、麻比例不均，麻刀比例太大的部分会降低灰背的强度，麻刀比例较小的部分又容易开裂，从而影响了灰背的质量。为了确保灰背的质量，必须把灰和匀。只有把麻刀择匀，才有可能把麻刀和匀。从操作角度讲，择得越匀越松散，和起来也就越省力，所以在和灰之前，必须先把麻刀择好备用。

⑤ 和灰：灰的调制叫“和灰”，苫背用的大麻刀灰是以泼灰或泼浆灰加麻刀（100∶5 重量比）再加水（或泼浆灰加青浆）调和而成的。和灰应注意：首先是先加水或浆和匀后再放麻刀；第二是灰不可和得太稀，稀灰虽然和起来省力，却会降低灰背的强度，“懒汉子和稀泥”的做法是有害的；第三放麻刀时要均匀分散地放入，不要造成局部过密，未择松的麻刀切不可放入。放入一层麻刀后要及时调匀，以后不断放入麻刀并不断地搅拌均匀，直至灰麻之比确实达到了 100∶5 为止；第四是若为手工和灰，不得以铁锹拌和的方式和灰，最好也不使用三齿耙搅拉，一般应使用拉麻刀灰的专用工具——二齿耙进行操作，这样既省力又能保证质量。若为机械和灰，每次投入的麻刀量越少越好。

2）在苫背操作阶段

① 首先要注意季节性，如在深秋季节操作，至少要在上冻前一个月把背苫好，因为未完全干透的灰背一经冻结就会极大地降地灰背的强度，甚至造成彻底的毁坏。夏季施工应避免雨水可能造成的冲刷，一般不宜安排在雨季苫背，如果不得不在雨季苫背时，应在大雨来临之前用苫布将灰背盖好。

② 传统做法强调灰背要分层苫成，每层厚度约为 30mm，并要拍实轧光，以增加灰背的密实度。苫背的总厚度不可太薄，至少应在 60mm 以上。尤其是以泥背代替灰背，更应较厚，否则很难具备灰背应有的效能。苫背时每层要尽量一次苫完，尤其是顶层灰背更要尽量一次苫完。如果面积较大，实在不能一次苫完时，应注意对

接槎部分（俗称“槎子”）进行处理：第一是必须留斜槎，不能留直槎；第二是槎子宽度不小于200mm；第三是槎子部分不刷浆；第四是槎子必须为“毛槎”，操作时以用木抹子剁出的毛槎效果较好，最忌将槎子赶轧光亮；第五是如果在接槎时感觉槎子“老”（干）了，要用水洇湿并用木抹子把槎子槎一遍。

③ 苫背时还要特别注意处理好水流问题，一般应掌握下列几点：第一点是流速越快越好，就是说，灰背的高低差越大越好。为增大这种差别，要最大限度地增高灰背最高处的高度和降低最低处的高度，除了可在灰背的厚度上进行调整外，其他工序或工种在操作时就要预先考虑得当，如把砖檐或水沟眼的位置降低至最低点，在可能的情况下尽量把水导向两个以上的沟眼，即尽量不做成“一出水”的形式，尽量抬高灰背最高处的木架垫层等；第二点是沟眼要尽量留得大一些，以保证水流通畅。沟眼与附近的灰背之间要有尽可能大的高低差，力求造成最大的势能，以防止日久泥沙植物等堵塞沟眼后可能出现渗漏；第三点是不但要保证整个灰背的水流通畅，还要注意不出现局部积水的现象。积水现象的发生大多是由于把灰抹得局部凹凸不平所致，所以要用较大的抹子（如木抹子或大铁抹子）抹灰，可以弹线的要弹线，然后按线苫抹，在抹的过程中要用平尺随时检查；第四点是尽量不把水的主流安排在临近墙体或瓦檐的地方。

④ 在苫背中，经常碰到如何处理槎子的问题。槎子处理的妥当与否与灰背是否漏水有极大的关系。灰背槎子的情况比较复杂，即使是同一种情况也可有不同的处理方法，虽然无一定的规定，但效果却往往相差悬殊。瓦作中流传的“瓦匠无能，见景生情”即是指这类需要临场酌定的技术问题。概括说来，应满足下面几个必要条件：

a. 要防止槎子翘起，灰背下面应干净、湿润，必要时应做相应的处理。

b. 要防止槎子开裂。灰背与墙体夹角处最易发生裂缝，此处宜用稍硬的灰，或在夹角处砌围脊或“胎子砖”。

c. 槎子尽量要“藏”起来。当槎子不得不裸露在表面时，收尾要抹得板薄，然后要用水刷子勒刷并用轧子轧实，切不可抹成直槎。

d. 尽量不做戗槎（逆槎）。

e. 尽量少留或不留槎子。比如，平台屋顶上往往有女儿墙，在这种情况下如果先苫背后砌墙，可以保证灰背的完整性。但砌筑时应采取必要的措施对灰背进行保护，以免硬物损伤未完全凝固的灰背表层。如果屋顶面是灰背顶做法，檐头又有椽望连檐时，灰背在连檐以上的部分一定要抹出连檐以外，否则雨水会沿着瓦檐的缝隙钻入檐头望板内，致使连檐望板糟朽。

3）在轧活阶段

① 轧活时不能穿硬底鞋上房。当灰背较软时，要用较大的抹子轧活，并要将抹子放平，以避免轧得凹凸不平，待灰背硬时可改用双爪抹子或轧子赶轧，但也应将抹子放平。随着轧活次数的增加，抹子移动的距离要相应缩短，抹子根部也应逐渐抬起，以减少抹子和灰背的接触面积。同时，人的脚跟应稍稍抬起，使身体的重心从脚部移至手与脚之间。采取上述做法不但可以加大轧子对灰背的压强，从而增大灰背的密实度，还可以将原来没有得到充分赶轧的较低洼的地方轧光。这一点与现代建筑中抹灰的轧活方法有较大区别，应特别加以注意。在现代建筑抹灰中，轧子从始至终都要尽量放平，一次轧出的长度越长越好。就是说，轧子留在灰上的印迹（即“抹子花“）以既宽又长为佳，而在古建筑苫背抹灰中，最后轧出的抹子花以窄短为宜，宽度可保持在15mm左右，长度可保持在500mm左右。在轧活中除了要注意抹子花宽度的变化外，还应注意轧活的次数。轧活的次数越多，灰背的密实度越高，所以一定要反复赶轧。每次赶轧之前都要刷浆，浆要一次比一次稀，直至灰背干了为止，即一定要”轧干“，绝不可“等干”。讲究的轧活方法甚至当灰背基本干了以后还要再刷清水（或淡浆）轧活，这样除了可以使灰背更加密实外，还利于灰背的养护，从而使灰背的强度得到充分的提高。总之，传统做法在轧活的次数上要讲究一个“多”字。青浆的稀稠度则要随次数的增多由稠变稀，由浓变淡。

② 苫背全部完成之后最好能进行养护，尤其是在干燥的季节。常用的养护方法是用草帘铺在灰背上，并使草帘经常保持湿润。养

护期可为1~3周。处于瓦檐滴水之下的平台灰背或天沟等，由于经常受到整个屋面的雨水的直接冲砸，因此这一段灰背的表层容易被水冲坏，应该采取必要的保护措施。简便而有效的方法是沿着雨水冲砸的路线扣放1~3排板瓦，这样可使雨水先砸在板瓦上再流到灰背上，从而减缓了雨水的冲击力量。

2. 分中、号垄、排瓦当

古建筑屋顶瓦面的铺筑过程，第一步就是分中、号垄、排瓦当。尽管这一步属于准备工作，但也要给予足够的重视，下面对不同的屋面分别介绍。

（1）硬山、悬山的做法（图2-4）

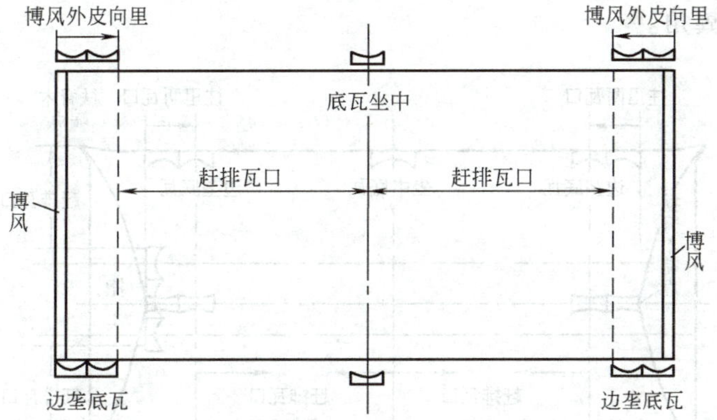

图2-4　硬、悬山的分中号垄

1）分中：在檐头找出整个房屋的横向中点并做出标记，这个中点就是屋顶中间一趟底瓦的中点（注意是底瓦不是盖瓦）。“底瓦坐中”是明清官式建筑做法中的重要法式，早期虽有盖瓦坐中做法，但后来已极少采用。除了因风水方面的原因有意采用盖瓦坐中（曰“子午垄”），或某些聚锦做法的琉璃屋面外，绝大多数情况下都应遵循这个法式。确定了屋面中间一趟底瓦中以后，再从两山博风外皮往里返大约两个瓦口的宽度，并做出标记。琉璃瓦应按正当沟长加灰缝定瓦口尺寸；黑活，走水当不小于底瓦宽的一半，以此决定瓦口尺寸。决定了这两个瓦口的位置，也就固定了两垄边垄底瓦的位置（其中一垄只有一块割角滴子，以上为排山勾滴)。上述这种做法适用于铃铛排山做法，如为披水排山做法，应当先定披水砖檐的位置，然后从砖檐里口往里返两个瓦口，这两个瓦口就是两垄边垄底瓦的位置。

2）排瓦：在已确定的中间一趟底瓦和两端瓦口之间赶排瓦口，如果排不出“好活”，应调整某几垄“蛐蜒当”的大小（两垄底瓦之间的距离)。具体做法是，用小锯将相连的瓦口适当截断，即“断瓦口”，瓦口位置确定后，将瓦口钉在连檐上。钉瓦口时应注意退雀台，即应比连檐略退进一些。瓦口钉好后，每垄底瓦的位置也就确定了。

3）号垄：将各垄盖瓦（注意是盖瓦不是底瓦）的中点平移到屋脊扎肩灰背上，并做出标记。

（2）庑殿做法（图 2-5）　庑殿式屋顶分为三个部分：前后坡、撒头和翼角。

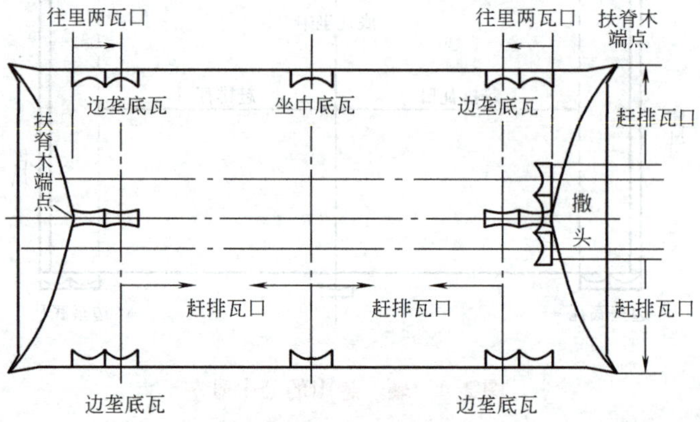

图 2-5　庑殿屋顶的分中号垄

前后坡分中号垄方法：第一步是先找出正脊的横向中点；第二步是从两端扶脊木尽端往里返两个瓦口并找出第二个瓦口的中点；第三步是将这三个中点平移到前、后坡檐头并按中点在每坡钉好五个瓦口；第四步是在确定了的瓦口之间赶排瓦当，并钉好瓦口；最后是将各垄盖瓦中点号在脊上。

撒头分中号垄方法：第一步是找出扶脊木中线，并在撒头灰背上做出标记，这条中线就是撒头中间一趟底瓦的中线；第二步是以这条中线为中心，放三个瓦口，找出另外两个瓦口的中点，然后将三个中点号在灰背上；第三步是将三个中点移到连檐上，按中点钉好三个瓦口，由于庑殿撒头只有一垄底瓦和两垄盖瓦，所以在分中的同时，就已将瓦当排好并已在脊上号出标记了。

前后坡和两撒头的 12 道中线是庑殿屋顶各项工作的标准。翼角不分中，在前后坡和撒头钉好的瓦口与连檐合角之间赶排瓦当，应注意前后坡与撒头相交处的两个瓦口应比其他瓦口短 2/10～3/10，否则勾头就压不住割角滴子瓦的瓦翅。

（3）歇山做法（图 2-6）　歇山前后坡分中号垄：在屋脊部位找出屋顶正中点，此点即为坐中底瓦的中点。两端从博风外皮往里返活，找出两个瓦口的位置和第二块瓦口的中点，这个中点就是边垄底瓦中。将上述三个中点号在脊部灰背上，将这三个中点平移到檐头连檐上并钉好五个瓦口，在钉好的瓦口间赶排瓦当。

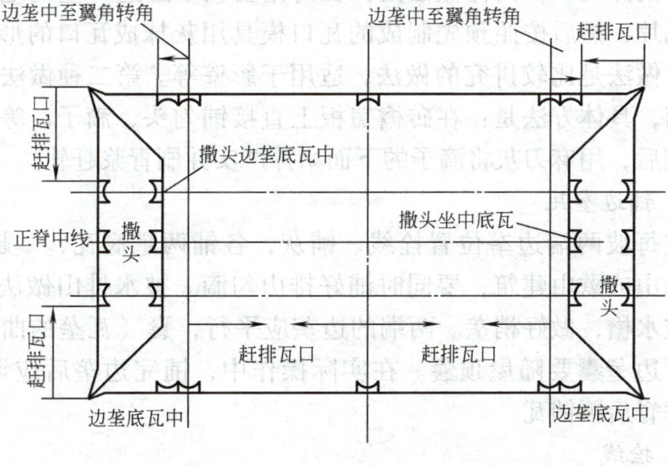

图 2-6　歇山屋顶的分中号垄

撒头分中号垄方法：量出前后坡檐头边垄中点至翼角转角处的距离，按照同样的距离，向撒头量出撒头部位边垄中点。撒头正中即为撒头坐中底瓦中点。按照这三个中点钉好这三个瓦口，在这三个瓦口之间赶排瓦当。将各垄盖瓦中点平移到上端小红山附近，并在灰背上号出标记。翼角部位同庑殿翼角的做法。

（4）攒尖做法　攒尖建筑，无论是四方、六方还是八方，每坡均只分一道中，这个中点即坐中底瓦之中点，然后往两端赶排瓦当，钉瓦口，至翼角端头时的最后一个瓦口，其长度应为2/3瓦口长。

（5）重檐建筑　重檐建筑的下檐分中号垄方法与上层檐相同。上、下檐的中线要垂直对齐。由于下层檐常比上层檐的瓦件规格稍小，如上层檐用五样瓦，下层檐用六样瓦，因此，排瓦时应予以注意。

（6）其他做法　上述分中号垄排瓦当的方法适用于一般情况，遇有特殊情况还需灵活掌握，如圆形屋顶，没有中线，排瓦当应以圆周全长进行分配。又如，屋顶用不同的琉璃瓦组成菱形图案者，屋顶正中的中线应为盖瓦中，就是说，为了图案的需要，这种房屋应为盖瓦坐中。瓦口除上述木瓦口做法外，还可用砖灰或灰做成瓦口，这种做法适用于没有木连檐（如封后檐做法）的屋顶。排山勾滴则用于砖博风之上。以砖、灰做瓦口又可分为两种做法，第一种做法叫砌抹瓦口，具体做法是：在砖檐盖板上退进一些的地方铺垫一层瓦片，然后按照预先制成的瓦口模具用灰抹成瓦口的形状。砌抹瓦口做法是比较讲究的做法，适用于影壁等。第二种做法叫做堵抹燕窝，具体方法是：在砖檐盖板上直接铺勾头、滴子，等瓦面全部铺完后，用麻刀灰将滴子的下面堵抹严实并刷青浆赶轧。

3. 铺边垄瓦

在每坡两端边垄位置拴线、铺灰，各铺两趟底瓦、一趟盖瓦。硬、悬山或歇山建筑，要同时铺好排山勾滴。披水排山做法的，要下好披水檐，做好梢垄。两端的边垄应平行，囊（瓦垄的曲线）要一致，边垄囊要随屋顶囊。在实际操作中，铺完边垄后应调垂脊，调完垂脊后再铺瓦。

4. 拴线

以两端边垄盖瓦垄“熊背”为标准，在正脊、中腰和檐头位置拴三道横线，作为整个屋顶瓦垄的高度标准，脊上的叫“齐头线”，中腰的叫“楞线”或“腰线”，檐头的叫“檐口线”。脊上与檐头的两条线又可统称为上下齐头线，如果坡长屋大，可以拴三道楞线。

5. 铺瓦

不同的瓦铺筑时有点区别，我们分别介绍，先来看琉璃瓦屋面

铺筑时注意事项

（1）审瓦　先审瓦后再铺瓦，审瓦时应对瓦件逐块检查，尤其是筒、板瓦更应严格检查。瓦件以敲击之声音清脆、不破不裂、没有隐残者为佳。敲之作“啪啦”之声的即为次品。外观应无明显扭曲、变形、粘疤、掉秸等缺陷。颜色差异较大的，可用于屋面不明显的部分。在实际操作中，审瓦可随铺瓦过程进行。

（2）冲垄　冲垄是在大面积铺瓦之前先铺几垄瓦，实际上，“铺边垄”也可以看成是在屋面的两侧冲垄，边垄“冲”好以后，按照边垄的曲线（囊）在屋面的中间将三趟底瓦和两趟盖瓦铺好。如果铺瓦的人员较多，可以再分段冲垄。这些瓦垄都必须以拴好的“齐头线”、“棱线”和“檐口线”为标准。

（3）铺檐头勾滴瓦　勾滴即勾头瓦和滴水瓦，滴水瓦又叫滴子瓦，布瓦勾头又俗称“猫头”，但琉璃勾头只称作“勾头”。铺檐头勾头和滴水瓦要拴两道线，一道线拴在滴水尖的位置，滴水瓦的高低和出檐均以此为标准。第二道线即冲垄之前拴好的“檐口线”，勾头的高低和出檐均以此为标准。滴子瓦的出檐最多不超过本身长度的一半，一般在60～100mm之间。勾头出檐为瓦头“烧饼盖”的厚度，就是说，勾头要紧靠着滴子，勾头的高低以檐线为准。滴水瓦蚰蜒当，勾头之下，应放一块遮心瓦（可以用碎瓦片代替），遮心瓦的作用是遮挡勾头里的盖瓦灰。然后用钉子从勾头上的圆洞上钉入灰里，钉子上扣钉帽，内用麻刀灰塞严。在实际操作中，为防止钉帽损坏，往往最后扣安。为操作方便，铺檐头勾滴瓦可随铺每垄瓦进行。

（4）铺底瓦（图2-7a、b）　首先是开线，就是先在齐头线、棱线和檐线上各拴一根短铅丝（叫做“吊鱼”），“吊鱼”的长度根据线到边垄底瓦翅的距离定，然后“开线”按照排好的瓦当和脊上号好垄的标记把线的一端拴在一个插入脊上泥背中的铁钎上，另一端拴一块瓦，吊在房檐下，这条铺瓦用线叫做“瓦刀线”（一般用帘绳或“三股绳”）。瓦刀线的高低应以“吊鱼”的底棱为准，如瓦刀线的囊与边垄的囊不一致时，可在瓦刀线的适当位置绑上几个钉子来进行调整。底瓦的瓦刀线应拴在瓦的左侧（铺盖瓦时拴在右侧）；第二步是铺瓦，拴好瓦刀线后，铺灰（或泥）铺底瓦。如用泥（指掺灰泥）铺，还可在铺泥（术语称为“打泥”）后再泼上白灰浆，此做法为“坐浆铺”。底瓦灰（泥）的厚度一般为40mm。底瓦应窄头朝下，从下往上依次摆放。底瓦的搭接密度应能做到“三搭头”，又叫“六露四”，即每三块瓦中，第一块与第三块能做到首尾搭头，或者说，每块瓦要保证有6/10的长度被上一块瓦压住。“三搭头”和“压六露四”的说法是指大部分瓦而言，檐头和靠近脊的部位则应“稀铺檐头密铺脊”，檐头的三块瓦一般只要“压五露五”即可，脊根的三块瓦应可达到“压七露三”（或“四搭头”）。底瓦灰（泥）应饱满，瓦要摆正，不得偏歪（俗称“侧（zhāi）偏”）。底瓦垄的高低和直顺程度都应以瓦刀线为准。每块底瓦的“瓦翅”，宽头的上棱都要贴近瓦刀线。铺底瓦时还应注意“喝风”与“不合蔓”的问题。“不合蔓”是指瓦的弧度不一致造成合缝不严；“喝风”是泛指合缝不严，既包括瓦的不合蔓，也包括由于摆放不当造成的合缝不严。在操作中应注意避免由于摆放不当而造成的喝风，对于明显不合蔓的瓦，应尽量选换。

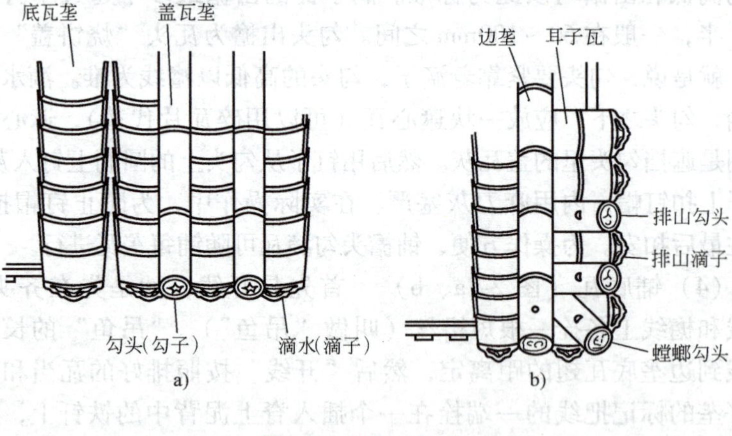

图2-7　铺瓦示意图

（5）背瓦翅　摆好底瓦以后，要将底瓦两侧的灰（泥）顺瓦翅用瓦刀抹齐，不足之处要用灰（泥）补齐，“背瓦翅”一定要将灰（泥）“背”足、拍实。

（6）扎缝　“背”完瓦翅后，要在底瓦垄之间的缝隙处（称作

"蛐蜓当"）用大麻刀灰塞严塞实，这一过程叫做"扎缝"，扎缝灰应能盖住两边底瓦垄的瓦翅。屋面坡陡的，可使用"星星瓦"，即瓦上有一孔洞，使用时，板瓦上的孔，要用钉子钉入灰背中，钉子上还要加盖钉帽，各垄钉帽的位置应排列整齐。星星瓦的位置应在屋面的中腰或上腰部位。

在铺瓦过程中，常由一人在远处观察，指出瓦垄存在的质量问题，操作者按指出的部位进行修理。瓦垄的各个部位都有固定的名称，各部位的名称，见图2-8。按照传统做法，琉璃瓦不勾瓦脸（用灰勾抹底瓦搭接处），理由是为了使瓦下水份迅速蒸发，防止望板槽朽，以及不弄脏轴面。但近年来发现不少屋面因雨水从搭接处回流造成漏雨。因此可适当改为：在混凝土板上所做的琉璃屋面，或檐头部分的琉璃瓦宜勾瓦脸。

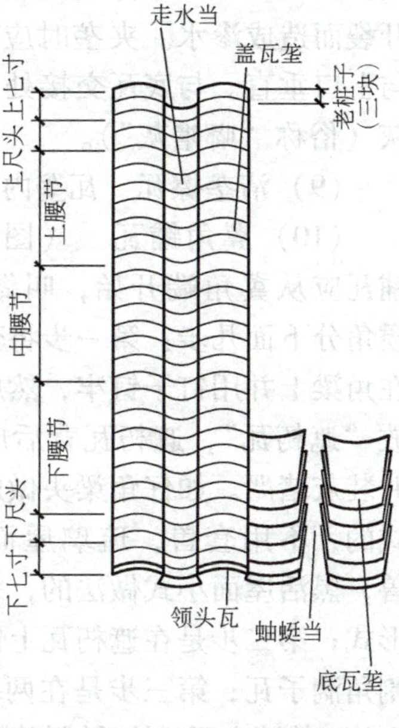

图 2-8　瓦垄各部位的名称（以合瓦做法为例子）

（7）铺盖瓦　按棱线到边垄盖瓦瓦翅的距离调好"吊鱼"的长短，然后以吊鱼为高低标准"开线"。瓦刀线两端以排好的盖瓦为准。盖瓦的瓦刀线应拴在瓦垄的右侧（铺底应拴在左侧），故此侧称为"细肋"。盖瓦灰应比底瓦灰稍硬，盖瓦不要紧挨底瓦，它们之间的距离叫"睁眼"，睁眼的大小不小于筒瓦高的1/3。盖瓦要熊头朝上，从下往上依次安放，上面的筒瓦应压住下面筒瓦的稳头，熊头上要挂素灰即抹"熊头灰"（又叫"节子灰"），熊头灰应根据琉璃瓦的颜色掺色（黄色琉璃瓦掺红土粉，其他掺青灰），熊头灰一定要抹足挤严。盖瓦垄的高低、直顺都要以瓦刀线为准，每块盖瓦的瓦翅都应贴近瓦刀线。如果瓦的规格不十分一致，应特别注意不必每块都"跟线"，否则会出现一侧齐、一侧不齐的情况，工匠称此要领为"大瓦跟线，小瓦跟中"。如果不是宫殿式建筑，可用掺灰泥铺盖瓦，但应在盖瓦泥上再铺一层月白灰，叫“驮背灰”。

（8）捉节夹垄　将瓦垄清扫干净后用小麻刀灰（掺颜色）在筒瓦相接的地方勾抹，这项工作叫“捉节”，然后用夹垄灰（掺色）将睁眼抹平，叫“夹垄”。夹垄应分糙细两次夹，操作时要用瓦刀把灰塞严拍实。上口与瓦翅外棱抹平，叫做“背瓦翅”。瓦翅一定要“背”严、“背”实，不得开裂、翘边，不得高出瓦翅，否则很容易开裂而造成渗水。夹垄时应将夹垄灰赶轧光实，下脚应直顺，并应与上口垂直。与底瓦交接处无小孔洞（俗称“蛐蛐窝”）和多出的灰（俗称“嘟噜灰”）。

（9）清垄擦瓦　瓦垄内应清扫干净，轴面应擦净擦亮。

（10）翼角铺瓦　（图2-9）翼角铺瓦应从翼角端开始，叫做“攒角”。攒角分下面几步：第一步将套兽装灰套在角梁上并用钉子钉牢，然后在其上立放“遮朽瓦”，遮朽瓦背后应紧挨连檐并装灰堵严。如仔角梁头做成三岔头形式的，不用套兽，琉璃屋面大都用套兽，黑活屋面小式做法的，多做三岔头形式；第二步是在遮朽瓦上铺灰铺两块割角滴子瓦；第三步是在两块滴子瓦之上放一块遮心瓦，然后铺灰铺筑螳螂勾头瓦。螳螂勾头与正脊的平面夹角应为45°。

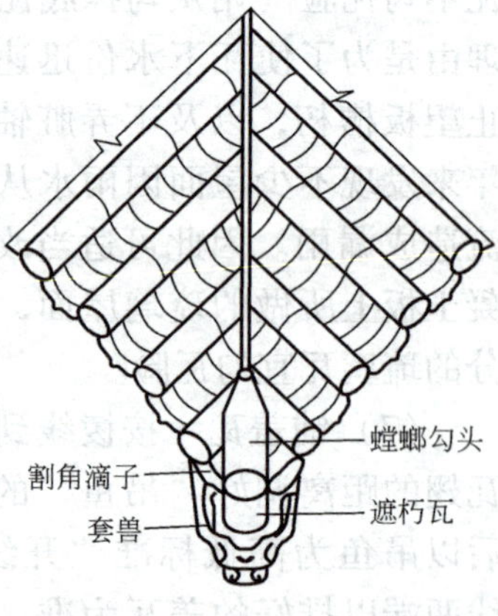

图2-9　翼角铺瓦

“攒角”完了以后，开始铺翼角瓦。先从螳螂勾头上口正中，至前后坡边垄交点上口，拴一道线，这条线叫“槎子线”，它既是两坡翼角瓦相交点的连线，也是翼角铺瓦用的瓦刀线的高低标准。如庑殿式建筑为排山做法时，这条线应随之向前（后）坡方向弯曲，叫做“傍囊槎子线”。找傍囊的方法是，用若干个铁钎钉在灰背上别住线绳，使傍囊与木架傍囊一致，也可用铅丝代替，直接找出弧线。然后以此为准，开线铺翼角瓦。铺筑的方法与前后坡铺瓦大致相同，但应注意，由于翼角向上方翘起，所以翼角底、盖瓦都不能水平放置，越靠近角梁就越不平，除边垄应与前后坡及撒头边垄同高外，其余应随屋架逐垄高起。两坡翼角相交处的两块滴子瓦要用割角滴子。瓦垄要铺过斜当沟的位置。

(11) 撒头铺瓦　同前后坡铺瓦方法，但应注意瓦垄应宜过博脊位置。

(12) 天沟和窝角沟的处理　两座瓦房相挨形成“勾连搭”时，交接处称作天沟（俗称“枣核构”）。由于天沟处的防水做法大多采用灰背做法，所以不露木椽和木连檐，檐头砌1~2层砖（金刚墙）。天沟处的勾头瓦应改用“镜面勾头”（指无纹饰的勾头），滴子应改用“正房檐”，“正房檐”又叫“正方砚”或“正盆沿”，指“滴唇”窄而直的滴子瓦。“正房檐”之间的底部（俗称“燕窝”）要用灰堵严。

窝角沟指转角房的阴角（窝角）部位。如图2-10所示，此处的滴子瓦应改作“斜房檐”，又叫“斜方砚”或“斜盆沿”；勾头瓦应改作“羊蹄勾头”；窝角沟部位的底瓦应改作“勾筒”（又叫“水沟”）。

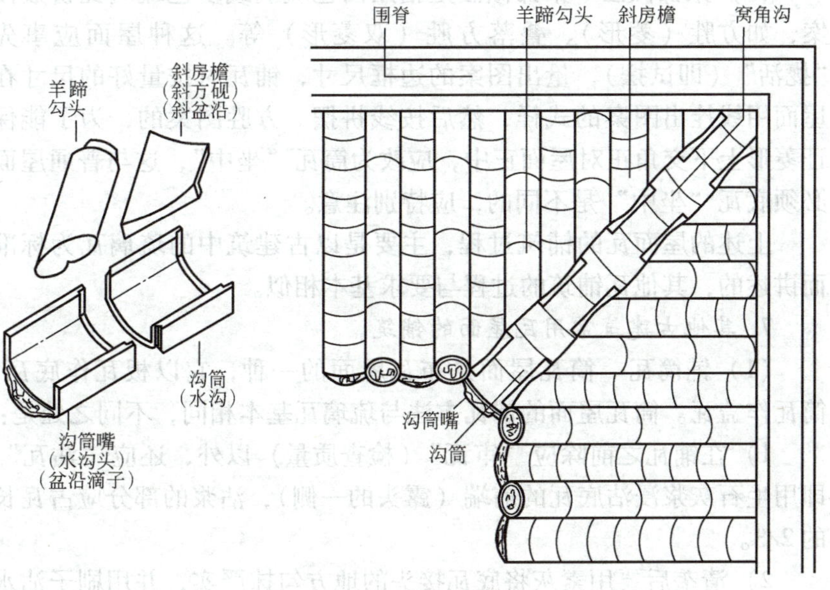

图2-10　窝角沟示意图

6. 屋顶铺瓦的其他情况

（1）削割瓦做法　削割瓦的外观与黑活屋面近似，但其等级、规矩做法却与琉璃瓦相同，削割瓦的操作方法与黑活筒瓦中的提节夹垄做法相同。

（2）剪边做法　剪边做法主要分两大类。第一类是用一种颜色的琉璃瓦做心，另一种颜色的琉璃瓦做檐头或屋脊（自当沟开始），如黄琉璃绿剪边、绿琉璃黄剪边等。两色琉璃做法一般用于皇家园林建筑。第二类是以削割瓦做心（近代也有用布瓦代替削割瓦的做法），以琉璃瓦做檐头和脊部。这类做法多用于城楼、庙宇等建筑。剪边做法的檐头部分，根据所使用的瓦件数目，可分为一块勾头、一块勾头一块筒瓦（“一勾一筒”做法）、“一勾两筒”、“一勾三筒”和“一勾四筒”做法。采用哪种做法应根据坡长决定。坡面短的，檐头部分的剪边也应窄一些，如果檐头剪边的宽度占了近1/2坡长，就会显得不协调。

（3）聚锦做法　聚锦做法是指用两色琉璃或多色琉璃瓦拼成图案，如方胜（菱形）、叠落方胜（双菱形）等。这种屋面应事先“拢活”（即试摆），量出图案的边框尺寸，铺瓦时按量好的尺寸在屋面用线拴出图案的式样，然后按线拼摆。方胜图案的，为了能保证菱形上下交角正对屋面正中，应改为筒瓦“坐中”，这与普通屋面必须底瓦“坐中”是不同的，应特别注意。

上述的屋面瓦的铺筑过程，主要是以古建筑中的琉璃瓦为标准而讲述的，其他瓦铺筑的过程与要求基本相似。

7. 其他古建筑常用瓦屋面的铺筑。

（1）铺筒瓦　筒瓦屋面是布瓦屋面的一种，它以板瓦作底瓦，筒瓦作盖瓦。筒瓦屋面的铺瓦方法与琉璃瓦基本相同，不同之处是：

1）在铺瓦之前除应“审瓦”（检查质量）以外，还应“沾瓦”，即用生石灰浆浸沾底瓦的前端（露头的一侧），沾浆的部分应占瓦长的2/3。

2）清垄后要用素灰将底瓦接头的地方勾抹严实，并用刷子沾水勒刷，叫做“勾瓦脸”，也叫“挂瓦脸”或“打点瓦脸”。其先后顺序为，先打点瓦脸后铺盖瓦。

3）捉节夹垄用灰及熊头灰等要用月白灰。

4）黑活筒瓦有三种做法。第一种做法与琉璃瓦相同，即捉节夹垄做法。第二种做法为裹垄做法，方法如下：用裹垄灰分糙、细两次抹，打底要用泼浆灰，抹面要用煮浆灰。先在两肋夹垄，夹垄时应注意下脚不要大，然后在上面抹裹垄灰，最后用浆刷子沾青浆刷垄并用瓦刀赶轧出亮。垄要直顺，下脚要干净，灰要“轧干”不得“等干”，至少要做到“三浆三轧”。赶光轧亮时不宜用铁撸子，否则会对灰垄质量产生不好的影响。第三种做法是半捉半裹做法，介于第一种做法和第二种做法之间，仅将不齐的地方用灰补齐即可，整齐的部位仍用捉节夹垄做法。

5）铺完瓦后，整个屋顶应刷浆提色。瓦面刷月白浆，檐头、眉子、当沟刷烟子浆（内加适量胶水和青浆）。为保证滴水底部能刷严，可在铺瓦前沾瓦时就用烟子浆把滴子瓦沾好。

（2）蜈蚣脊与窝角沟　筒瓦屋面的阴角转角处，可做较复杂的屋脊，也可在铺瓦时，随瓦面一起做成。做法如下：顺两坡合缝处铺一垄斜瓦垄，这垄筒瓦最好使用大一号的筒瓦，并应能压住每垄底瓦。屋面上的筒瓦垄与斜瓦垄相交处要用灰堵严轧实。这种仅做一垄斜瓦垄的“垂脊”形式叫做“蜈蚣脊”。蜈蚣脊做法一般用于正脊为过垄脊的屋面。屋面的阴角转角处叫做“窝角沟”。布瓦屋面的窝角沟做法如下：顺阴角方向铺一垄斜瓦垄，这垄底瓦要使用较大的板瓦，屋面上的底、盖瓦垄都要搭在这垄斜底瓦垄上，领头的底、盖瓦要随阴角的角度打成斜头，然后将斜头用灰堵严、抹齐、轧实。

（3）铺合瓦（阴阳瓦）（图 2-11）　合瓦又称阴阳瓦，合瓦屋面的盖瓦多使用 2 号板瓦或 3 号板瓦。合瓦屋面的底瓦做法与筒瓦屋面的底瓦做法基本相同。

第一步是审瓦、沾瓦。合瓦屋面的盖瓦也应沾浆，但应沾大头(露明面)，即“底瓦沾小头，盖瓦沾大头”。此外，沾浆也略有区别，底瓦应沾稀白灰浆，而盖瓦应沾月白浆；第二步冲垄；第三步是铺檐头瓦，合瓦屋面的檐头瓦叫“花边瓦”，这与筒瓦做法的檐头底瓦用滴子瓦差别较大，另外，花边瓦之间不放遮心瓦；第四步开线，铺底瓦。底瓦的搭接密度要做到“压六露四”（“三搭头”），底

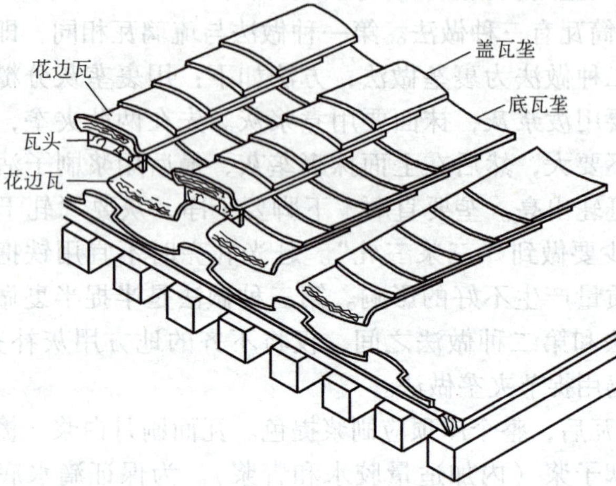

图 2-11　合瓦做法示意图

瓦泥应饱满，瓦不得“侧（zhāi）偏”或“喝风”，瓦翅要背严，蛐蜒当要“扎缝”，“瓦脸”要勾严。为加大走水当和减少蛐蜒当的宽度，宜将底瓦加大一号，如2号瓦的合瓦房，其底瓦宜使用1号瓦。

合瓦屋面的盖瓦垄做法：第一步先拴好瓦刀线，在檐头打盖瓦泥，将花边瓦粘好“瓦头”。瓦头是事先预制的，它的作用是挡住蛐蜒当，如无预制品，可以用2~3块瓦圈叠在一起，放在两块底瓦花边瓦中间，前面用灰抹平。第二步是铺盖瓦泥，开始铺盖瓦。盖瓦与底瓦相反，要凸面向上，大头朝下。瓦与瓦的搭接密度也应做到“三搭头”。盖瓦的“睁眼”约为40mm。瓦垄与脊根“老桩子瓦”搭接要严实。第三步是盖瓦铺完后在搭接处用素灰勾缝（“勾瓦脸”），并用刷子沾水勒刷（“打水槎子”）。第四步是夹垄，先用麻刀灰在盖瓦睁眼处糙夹一遍，然后再用夹垄灰细夹一遍。灰要堵严塞实，并用瓦刀拍实。夹垄灰要直，下脚应干净利落，无小孔洞（俗称“蛐蛐窝”），无多出的灰（俗称“嘟噜灰”）。下脚要与上口垂直，盖瓦上应尽量少沾灰，与瓦翅相交处要随瓦翅的形状用瓦刀背好，并用刷子沾水勒刷（“打水搓子”），最后反复刷青浆和用瓦刀轧实轧光。第五步是屋面刷青浆。檐头瓦不用烟子浆“绞脖”，也刷青浆。这与筒瓦屋面需在檐头绞脖的做法是不同的，应特别注意。见图2-11。

(4) 铺干槎瓦 铺干槎瓦之前，也应“审瓦”，但不“沾瓦”，此外还应加一道“套瓦”工序。干槎瓦屋面的“分中、号垄、排瓦当”较简单，也不用在屋面上拴横线来控制瓦垄的高低。

1）套瓦：干槎瓦屋面所用的瓦料在规格上要求很严，因为它不象其他做法的底瓦垄之间有蛐蜒当，而是紧密无间，所以如果同一垄中的瓦料规格不一样就无法操作。套瓦方法如下：将瓦料清点一遍，找出最有代表性的一种规格或几种规格的瓦件作为样板，再用样板瓦将所有的瓦件一一核对，和样板瓦规格一样的（误差在2mm之内），就是可用的瓦料。可用的瓦料应单独存放，如果样板瓦不是一种，则几种瓦料一定要分种分别堆放整齐并标明记号。如果经挑选，可用的瓦件总数仍然不够，可在被“淘汰”的瓦料中按上述方法重新挑选，但应注意每种规格瓦料的数目最少不能少于一垄瓦的总数。在操作中，凡规格不一的瓦料，绝对不能在同一垄中使用，规格一样的应一次集中用，数量最多的，应用在最注目的地方。

2）苫背：干槎瓦屋顶苫背方法与普通瓦房的苫背做法基本相同，但应注意泥背应适当加厚，滑秸也应适当多加，以增强泥背的刚性。泥背坡度应适当加大，倾角一般应大于30°，操作中可以在脊上放扎肩瓦和抹扎肩泥（参见清水脊高坡垄做法）。泥背囊要小，也可以不要囊。泥背应干透后再开始铺瓦。

3）分中、铺老桩子瓦：干槎瓦屋面的“分中”只需找出中间一趟瓦垄的中线，而不必找出边垄的中线，也没有“号垄”和“排瓦当”的工序，其瓦垄位置是通过铺老桩子瓦（脊上的两块）决定的。具体方法如下：在老桩子瓦的位置拴两道横线，作为老桩子瓦的高低标准，然后从屋面正中往两边铺。先放中间一垄的两块瓦，瓦下要放一块反扣的瓦，代替屋面瓦和铺盖瓦泥所占的高度，这块瓦叫“枕头瓦”。枕头瓦在铺瓦铺至老桩子瓦时撤去，中间一垄（第一垄）的两块老桩子瓦要大头朝下；接着放第二垄的两块瓦（不放枕头瓦）。先放一块大头朝下的，这块瓦应架在第三垄和第一垄的第一块瓦的瓦翅上；再放一块小头朝下的，这块瓦应盖住第一垄和第三垄的第二块，这一块小头朝下是为了使两垄瓦在脊上高低一致，除此而外，整个屋顶瓦垄的瓦都是大头朝下；第三垄和第一垄相同，第四垄和第二垄相同。以后如此循环，右边和左边对称，做法相同。第1、3、5、7……垄的瓦应在同一条横线上，第2、4、6、8……垄的瓦应在同一条横线上。相邻的两块瓦不在同一条横线上，如图2-12所示。铺好老桩子瓦以后，将各垄的中点平移至檐头木连檐或砖檐上。

4）铺瓦：第一步拴“瓦刀线”（这一过程又叫做“开线”）。瓦刀线的上端以老桩子瓦的瓦翅为标准，下端以檐头瓦的瓦翅为标准。瓦刀线应拉直，或仅有微小的“囊”。每次“开线”铺两或三垄瓦；拴好瓦刀线以后，从檐头开始向上铺瓦，铺泥铺中间一趟和左边（或右边）一趟。先铺第一块领头瓦并应将第三垄的领头瓦摆好。设中间一垄为 A 垄，第二垄为 B 垄，第三垄为 C 袭，第四垄为 D 垄……，每垄领头瓦为 A_1、B_1、C_1、D_1……，以上为 A_2、B_2、C_2、D_2……，A_3、B_3、C_3、D_3……，……。B_1 应架在 A_1 和 C_1 的瓦翅上，接着从檐头瓦继续向上铺，如图 2-13、图 2-14 所示。应注意 A_2 和 B_2 不在一条横线上，A_2 应压住 A_1 的 8/10，B_2 应压住 B_1 的 6/10，A_2 应压住 B_1 的瓦翅，B_2 应压住 A_2 的瓦翅；第三步是铺 A_3 和 B_3，A_3 应压住 A_2 的 6/10，B_3 应压住 B_2 的 6/10。A_3 瓦翅搭在 B_2 的瓦翅上，B_3 瓦翅搭在 A_3 的瓦翅上。A_3 和 B_3 仍不在同一条横线上。

图 2-12　干槎瓦老桩子瓦

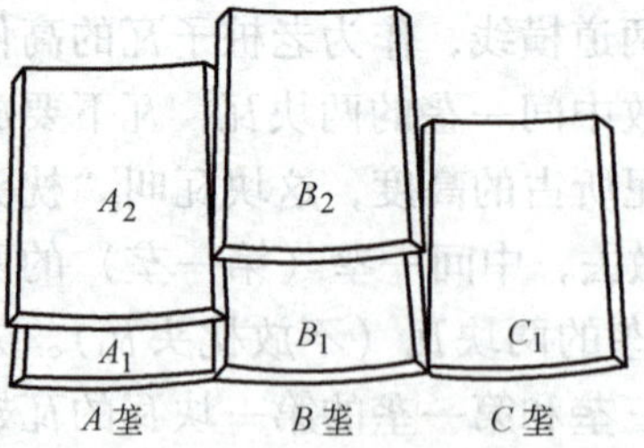

图 2-13　干槎瓦檐头瓦

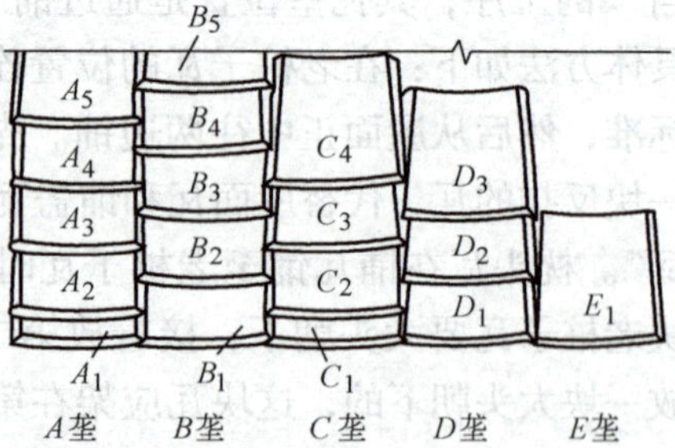

图 2-14　干槎瓦的摆法

往上铺法如此类推。铺到脊上时，将枕头瓦撤出，用灰铺抹后再将瓦切实插入。铺瓦时应注意，瓦要摆正摆平，瓦翅要跟线，瓦与泥的接触面应达到100%。抹好铺瓦泥以后，还要在铺瓦泥上再浇一层白灰浆。这样可以加强泥与瓦的粘接能力，而且也强化了瓦面的防水能力。由于板瓦的形状是一头大一头小，所以小头的搭接不必象大头搭接得那样紧密，否则就会使瓦偏歪，以致在铺下两垄的时候，小头就无法搭接了。此外，檐头、中腰和脊上的瓦的松紧程度必须一致，若上、下不一致会造成瓦垄歪斜，而上、下紧中腰松（或上、下松中腰紧）会造成瓦垄弯曲。所以在铺瓦的时候一定要注意上、中、下的松紧程度的一致。所谓“逢松必紧，逢紧必松”，就是说，在铺瓦的时候，如果感到瓦垄间的缝隙大了，就说明前几垄瓦的缝隙过小，这时如果过分追求瓦垄缝隙的紧密，反而会造成瓦垄弯曲，如果感到瓦垄间的缝隙紧了，就说明前几垄瓦的缝隙松了。这时应该尽量使缝隙紧密些，否则也会使瓦垄弯曲。所以“逢松”说明“必紧”，“逢紧”说明“必松“，遇到这种情况时应该“逢松要松，逢紧要紧”，这样才能把误差矫正过来。头两垄瓦铺好以后，开线铺泥，铺第三、四垄。同时应将第五垄的领头瓦铺好。D_1 和 B_1 的瓦翅要压住 C_1 的左右瓦翅，C_2 和 A_2 应在同一条横线上，即 C_2 也应压住 C_1 的8/10，C_2 两边瓦翅应架在 B_1 和 D_1 的瓦翅上，同时又被 B_2 和 D_2 的瓦翅压住，B_2 和 D_2 应在同一条横线上。C_3 与 A_3、D_3 与 B_3 应分别在同一条横线上。C_3 的两边瓦翅应压住 B_2 和 D_2 的瓦翅，D_3 和 B_3 的瓦翅压在 C_3 的左右瓦翅上，往上如此类推。第五、六垄同第三、四垄，以下如此类推。右侧与左侧对称，做法相同。

为了便于记忆，再总结几个规律供初学者参考：相邻的瓦垄的瓦翅要互相交错迭压，比如：B_1 压 A_1，A_2 压 B_2，B_2 压 A_2，A_3 压 B_3，……；同一横直线上相隔的瓦架住相邻上方瓦，同时又被相邻下方瓦架住，如：A_2 和 C_2 架 B_2，A_3 和 C_3 架 B_3、……，C_2 被 B_1 和 D_1 架住、C_3 被 B_2 和 D_2 架住、……；除了领头瓦外，相邻的瓦要相错，相隔的瓦要在一条横直线上，如：A_2 和 B_2 相错、C_2 和 D_2 相错、……，A_2、C_2、……在同一横直线上，B_2、D_2、……在同一条横直线上；接着进行檐头“捏嘴”、“堵燕窝”。每垄领头瓦的瓦翅上要抹少许麻刀灰，做成三角形或半圆形，两边下脚搭在瓦翅上，并用刷子沾清水勒刷灰与瓦的接搓处。最后刷青浆、赶轧出亮。这一做法称为“捏嘴”。领头瓦下面的空隙，要用麻刀灰堵严抹平，并刷青浆赶轧出亮，即为“堵燕窝”。

接下来是进行干槎瓦屋顶的正脊与垂脊铺筑，干槎瓦屋顶的正脊和垂脊做法比较简单，常随铺瓦一起做好。正脊的做法是，在正脊的位置拴线铺灰，放置1~2趟瓦，每趟瓦都要扣放，瓦的方向要与正脊方向一致。瓦与瓦之间应平齐对接，不搭槎，然后按这趟瓦的轮廓裹抹一层麻刀灰，然后刷青浆并轧光。这种做法的正脊叫扁担脊，又叫“脊帽子”。垂脊的做法是，在干槎瓦与砖檐相接的部位铺一垄“梢垄”（筒瓦），也可在梢垄的里侧再加铺一垄“边垄”（板瓦盖瓦垄），边垄与梢垄合称“边梢”。整个瓦面铺完后，要将瓦面清扫干净，然后刷浆。瓦面刷月白浆，檐头刷烟子浆（“绞脖”），扁担脊、梢垄和砖檐刷烟子浆。

(5) 仰瓦灰梗　铺底瓦做法与合瓦或筒瓦屋面的底瓦做法基本相同，但瓦垄间的缝隙（“蛐蜒当”）应较小；接下来是堆灰梗，用大麻刀月白灰顺着瓦垄之间的“蛐蜒当”从下至上堆抹出宽约40mm、高约50mm的半圆形灰梗。为确保质量，灰梗应分糙、细两次堆抹。第一次用泼浆灰“堆糙”并轧实，干至六七成时再用煮浆灰仔细地堆抹，堆出的灰梗应直顺，上圆下直；第三步是刷浆赶轧，当灰梗表面干至六七成时，开始赶轧。每赶轧一次，都要先刷一遍青浆。赶轧时应将灰梗轧光、轧实、找顺，灰梗下脚应干净、利落、无“蛐蛐窝”和“嘟噜灰”，表面无露麻、开裂、翘边或虚软不实等现象；第四步开始屋面刷浆提色，先将整个屋面清扫干净，然后开始刷浆。整个屋面刷月白浆，檐头用烟子浆绞脖，脊部和砖檐也刷烟子浆；最后就是对屋脊的处理，仰瓦灰梗屋顶的屋脊做法一般都很简单，应在铺瓦和堆抹灰梗时一同做好。正脊可随屋面做法，前、后坡的瓦面和灰梗在脊上相交。前、后坡瓦的接缝处反扣一块板瓦，盖住接缝，这块反扣的板瓦应删去四个角，叫做打“螃蟹盖”，然后将脊上的灰梗堆成状如筒瓦过垄脊的形状。正脊也可做成扁担脊的形式（详细见后面章节的介绍）。垂脊位置一般铺一垄梢垄

（筒瓦），或再铺一垄边垄（板瓦盖瓦）。

（6）石板瓦（图2-15） 石板瓦屋顶俗称石板房，石板用青石片制成，一般规格为350mm×300mm×12mm，石板瓦屋面施工不需要“分中、号垄”，也没有木瓦口，石板铺设要横着一行一行地进行，这与瓦房铺瓦纵向进行是不同的。具体方法如下：

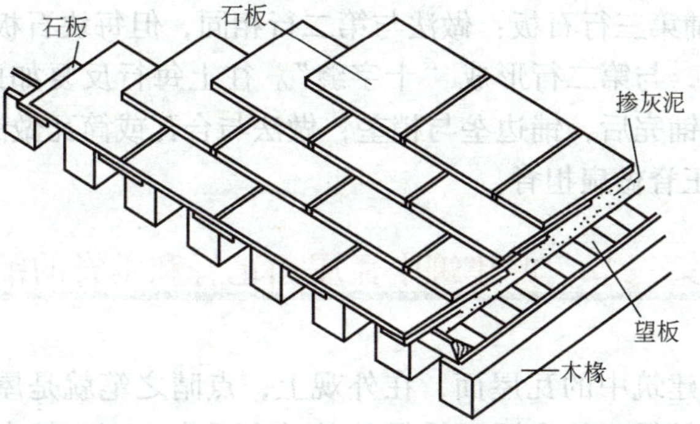

图2-15 石板瓦的摆法

1）排瓦当：横向排当目的是要算出横向的每行能摆多少块石板。用屋面的横向长度减去砖檐所占的宽度，然后除以石板的宽度，即为石板的块数。竖向排当目的是要算出屋面纵向能摆多少行。脊中至连檐的距离加上石板出檐的尺寸，然后除以半块石板的宽度（按“压五露五”算），即为行数。如不能整除，可调整石板出檐的尺寸或适当增大前、后坡石板交接处的缝隙，必要时还可增加石板的搭接密度。

2）檐头“样活”：按算好的横向位置在檐头试摆一行石板，叫做“样活”。样活时石板下不铺泥，但应调整好石板的位置，石板之间的接缝要严。

3）冲趟：按“样活”时排定的石板位置在屋面的两侧，纵向各铺一趟石板，叫做“冲趟”。整个屋面的石板都将以此为标准，所以这两趟石板一定要铺直、平整。石板房的囊应很小或没有囊。

4）铺檐头一行石板：以两端冲好的两趟石板为标准，在檐头拴两道线。前口线是石板出檐和前口的高低标准，另一道线拴在后口，作为石板后口的高低标准，然后铺泥，泥应饱满，按线铺安石板。在第一行每两块石板的接缝处，下面要另加一块较窄的石板，以防止雨水从接缝处流入檐头泥背。

5）铺檐头第二行石板：以两端石板为标准拴一道线，这道线拴在石板的后口位置，前口直接搭在第一行石板上。第二行石板之间的接缝与第一行石板之间的接缝相错，形成“十字缝”。

6）铺第三行石板：做法与第二行相同，但每块石板的位置与第一行相同，与第二行形成“十字缝”。往上每行反复如此循环操作，整个屋面铺完后，铺边垄与梢垄，做法与合瓦或筒瓦做法相同。

7）正脊做扁担脊。

第三节　古建筑中瓦屋面正脊和垂脊的铺筑

在古建筑中的瓦屋面，在外观上，点睛之笔就是屋脊，同时做好屋脊也是保证整个屋面质量的基础和重点，下面就介绍常见古建筑瓦屋面中正脊和垂脊的铺筑。

一、铺筑工艺

尽管在古建筑中不同的瓦，铺筑工艺稍稍有些不同，但总的步骤是差不多的，一般依次为：放老桩子瓦→铺当沟→放圭角→砌当条→砌头层瓦条→砌混砖→安放正吻→砌通脊→扣脊瓦→勾缝清理瓦面。

二、操作要点

古建筑中，瓦屋面铺筑的工艺不同，操作要点有一些不同，下面就分别作一下详细的讲解。

1. 大式黑活屋脊

所谓大式黑活就是用深颜色的粘土瓦（区别于琉璃瓦的称呼）的正规做法。所用的瓦件完全同琉璃瓦件一样，只是表面不上釉，是将瓦件胚子素烧成形后焖青而成，故它的规格型号同琉璃瓦件。大式黑活卷棚式硬山和悬山的屋脊如图 2-16 所示。

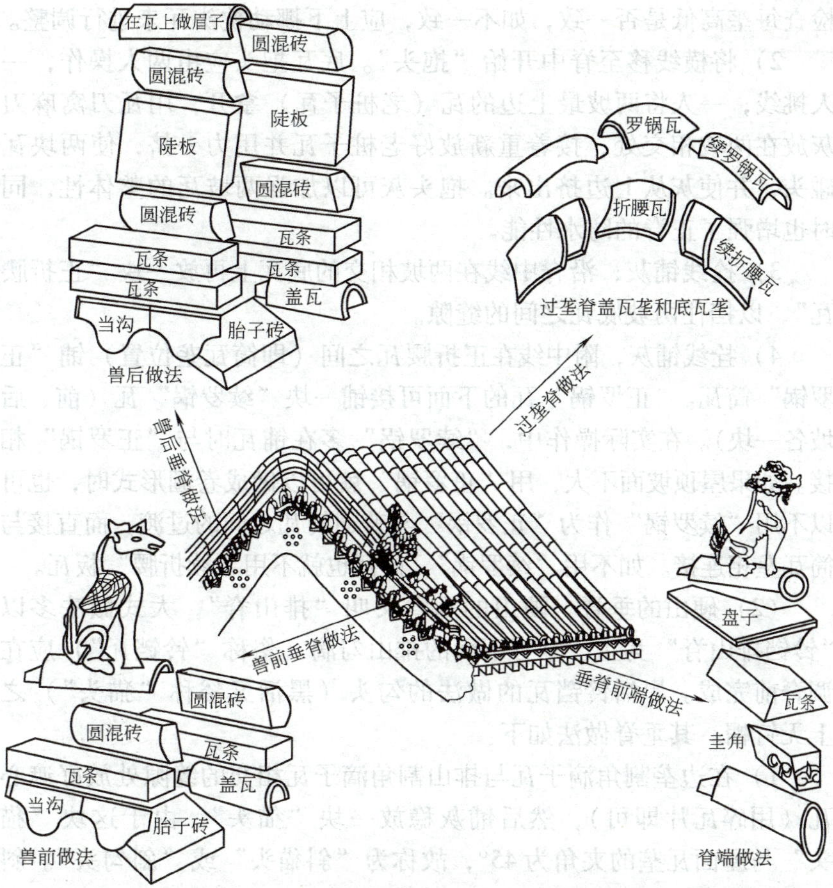

图 2-16　大式黑活硬、悬山屋面的屋脊

（1）卷棚式硬山和悬山屋脊的砌筑（正脊）　在用黑活铺筑卷棚式硬山和悬山屋顶时，通常是用过垄脊做法，即正脊做法，正脊的操作如下：

1）按照扎肩灰上好号的盖瓦中线，在每坡各垄底瓦位置各放一块“续折腰瓦”（坡大放两块）和两块底瓦，这两块底瓦叫“梯子瓦”，最下面的一块梯子瓦下面放一块凸面朝上横放的底瓦，这块底瓦叫“枕头瓦”（在铺瓦时撤去）。沿前、后坡各拴一道横线，横线沿三块底瓦的中间通过，高度应比博风上皮高一底瓦厚。然后按线检查每垄高低是否一致，如不一致，应上下挪动枕头瓦来进行调整。

2）将横线移至脊中开始“抱头”。底瓦抱头应由两人操作，一人挑线，一人将两坡最上边的瓦（老桩子瓦）拿开，用瓦刀窝麻刀灰放在两坡相交处，接着重新放好老桩子瓦并用力一挤，使两块瓦碰头，并使灰从上边挤出来。抱头灰可以加强两坡瓦的整体性，同时也增强了正脊的防水性能。

3）拴线铺灰，沿脊中线在两坡相交的底瓦上再放一块“正折腰瓦”，以挡住两坡底瓦之间的缝隙。

4）拴线铺灰，附中线在正折腰瓦之间（即筒瓦垄位置）铺“正罗锅”筒瓦。“正罗锅”瓦的下面可接铺一块“续罗锅”瓦（前、后坡各一块）。在实际操作中，“续罗锅”多在铺瓦时与“正罗锅”相接。如果屋顶坡面不大，用“正罗锅”就可以做成卷棚形式时，也可以不用“续罗锅”作为“正罗锅”与普通筒瓦之间的过渡，而直接与筒瓦垄相连接。如不用“续罗锅”，筒瓦也就不用“续折腰”板瓦。

（2）硬山的垂脊　硬山的垂脊又叫“排山脊”，大式做法多以“铃铛排山脊”为主。垂脊下面的排山勾滴（俗称“铃铛瓦”）应在调脊前完成。黑活铃铛瓦的做法的勾头（黑活又俗称“猫头”）之上无钉帽。其垂脊做法如下：

1）在边垄割角滴子瓦与排山割角滴子瓦相交的缝隙处放好遮心瓦（用碎瓦片即可），然后铺灰稳放一块“猫头”。由于这块“猫头”与屋面瓦垄的夹角为45°，故称为“斜猫头”或“斜勾头”。斜勾头的尾部应适当删去一些（即打“割角”），这样才能与边垄筒瓦和排山勾头交接严密。

2）在斜勾头之上铺灰稳好圭角（也叫“规矩”）。圭角应比斜勾头退进若干，退进的尺寸应这样决定：规矩、盘子之上的勾头（上带狮子）应与斜勾头出檐相似，即以上、下两个勾头的外皮在同一条垂直线上为宜，以此为标准向里翻活就可以确定圭角的退进尺寸了。圭角也可用普通砖代替，然后用灰抹成圭角的形状，这种方法叫“做软活”。

3）在圭角砖的后面拴线铺灰砌1~2层砖，叫做砌“胎子砖”。

胎子砖的高度应与圭角高相同，宽度应与垂脊的眉子宽度相同。眉子宽度可按筒瓦宽度加20mm定宽。胎子砖下面的排山勾滴瓦垄空当要用灰砖垫平并与胎子砖抹平。前后坡的胎子砖沿边垄直上，在脊上相交。相交处要用“条头砖”（长度为1/4砖长的砖）做成“罗锅卷棚状”。胎子砖砌好后，里外都抹月白麻刀灰，叫做“拽当沟”。当沟外要刷青浆并轧光。

4）在圭角和胎子砖之上拴线铺灰，砌一层瓦条。瓦条有两种做法：用砖砍制的叫“硬瓦条”；板瓦从纵向断开，再用花灰砌抹成形的叫“软瓦条”。瓦条厚度约为一砖厚，板瓦较薄，需用花灰垫衬，故软瓦条的操作过程称为“衬瓦条”。瓦条的出檐尺寸约为瓦条本身厚的一半。这层瓦条从圭角处一直做到脊上，相交处要用短瓦条做成“罗锅卷棚”状。

5）在圭角位置、瓦条之上铺灰砌盘子砖。

6）在盘子后面拴线铺灰，砌一层圆混砖。圆混砖出檐为其半径尺寸，圆混砖和盘子同高，并砌到垂兽前为止。圆混砖与瓦条一样，都是里外两面各用一块，中间的空隙要用灰砖填平。

7）在垂兽位置铺灰，稳砌兽座和垂兽，垂兽位置的确定参见有关规定。

8）垂兽之前的部分叫做“兽前”，兽前的做法如下：在盘子上铺灰，安放带有狮子的勾头。勾头的出檐尺寸为勾头的“烧饼盖”厚尺寸，即勾头的瓦当应紧挨盘子。带狮勾头的后面接放几个带马的筒瓦。大式黑活的兽前脊饰与琉璃脊饰有所不同，琉璃脊饰的做法是第一个放仙人，仙人之后放一串形象各异的小兽，而黑活的做法没有仙人，第一个放狮子，俗称“抱头狮子”或“领头狮子”。狮子之后，一律用“马”。由于只放狮子和马，所以不称“仙人、走兽（或小跑）”而称“狮、马”。琉璃小跑的数目不包括仙人，而狮、马的数目是包括“抱头狮子”的，这也是黑活与琉璃做法的不同之处，应特别注意。狮、马数目的决定详见有关规定。狮、马之后、垂兽之前，应安放一块筒瓦，这块筒瓦叫“兽后筒瓦”。

9）垂兽之后即为“兽后”，兽后的理想高度是：眉子高不超过垂兽龙爪高度，叫做“垂不掩爪”。在头层瓦条之上捻线铺灰，再砌一层瓦条，做法同头层瓦条。瓦条之上拴线铺灰，砌圆混砖，出檐同兽前圆混砖。紧挨垂兽的地方要砌一块立置的圆混砖，与卧放的圆混砖互成直角（两块都打割角）。脊上的瓦条和圆混砖应比普通规格短，一般为普通规格的1/4，以便能形成弧形。脊的弧形要随山尖的山样。瓦条和圆混砖之间的空隙用灰填平。在圆混砖之上拴线铺灰，砌陡板砖。陡板亦作“斗板”，用于垂脊时又称为“匣子板”或“通脊板”，其高度应根据“垂不淹爪”的原则决定。陡板砖也要两面各用一块，并用铅丝拴住揪子眼，然后灌浆。脊上的陡板规格也应小一些，以能形成卷棚状为宜。在陡板之上拴线铺灰，再砌一层圆混砖，这层圆混砖的出檐及操作方法均同第一层圆混砖。这两层圆混砖应与立置的圆混砖将陡板圈起来，立置的圆混砖与垂兽之间的空隙应用灰抹平。在圆混砖之上拴线铺灰，砌一层筒瓦（如无筒瓦，可用砖代替），然后在筒瓦两旁及上面抹一层麻刀灰，叫做“托眉子”。眉子下口比上口稍宽，下端不要抹到圆混砖上。圆混砖与眉子之间的这段空隙叫“眉子沟”。眉子沟的高度约为15mm。抹眉子沟的具体方法是：将平尺板放在圆混砖上紧挨筒瓦，抹完眉子后将平尺板撤出，即可形成眉子沟。

10）调完脊后应及时打点修理，并应刷浆。眉子、当沟及排山勾滴部分应刷烟子浆，其余部分刷月白浆。

(3) 尖山式硬、悬山建筑的屋脊　尖山式硬、悬山建筑的屋脊，俗称“大脊”，如图2-17所示，屋脊的脊件如图2-18a～e所示，其中圭角用城砖砍制；面筋条用大开条或停泥砖砍制；天混和天盘用方砖砍制；硬瓦条用停泥砖或大开条砍制，也可用板瓦对开；陡板用方砖或停泥砖砍制。

尖山式硬、悬山建筑的正脊，常见做法如下：

1）在扎肩灰上放好三块老桩子瓦（详见圆山式硬、悬山建筑），在两坡相交的底瓦处铺灰，扣放瓦圈（瓦圈即板瓦横向断开的弧形瓦片）。

2）在脊上用灰和瓦片取平，然后拴线铺灰砌几层胎子砖（即“当沟墙”）。当沟宽度应等于正吻中陡板宽度，当沟墙上皮至盖瓦垄上皮的高度应等于一块筒瓦的宽度。

3）在胎子砖的两端、山尖坐中勾头之上，铺灰砌放圭角。圭角

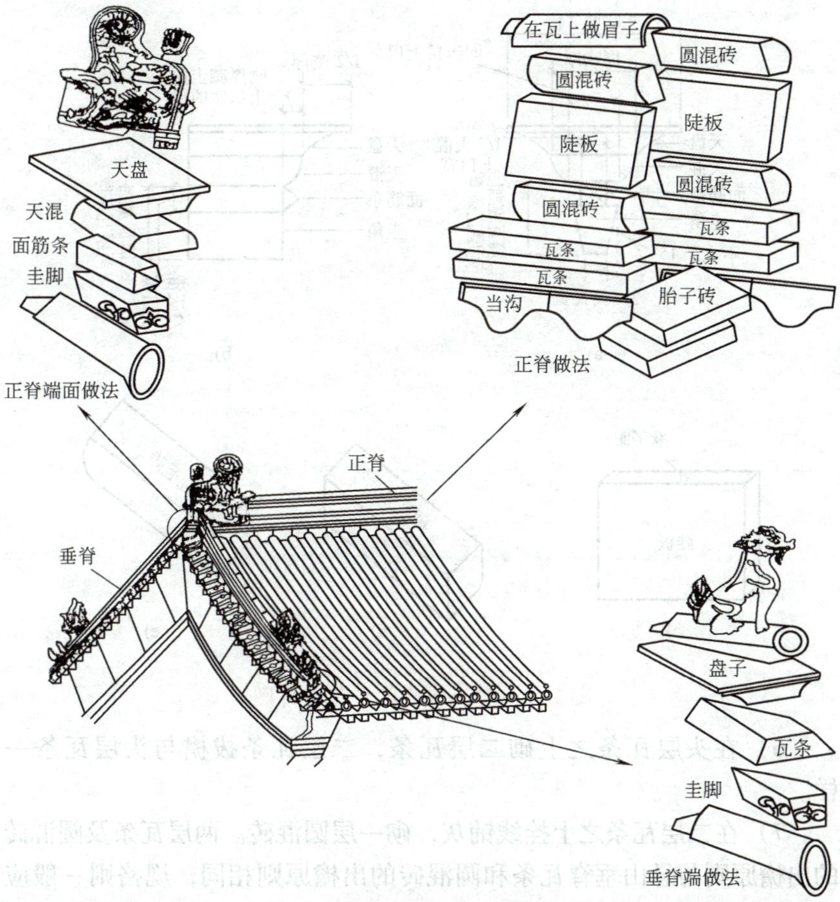

图 2-17　大式黑活硬山和悬山的屋脊示意图

比坐中勾头退进若干，退进尺寸应从“天盘”处翻活，天盘外皮应与勾头外皮在一条垂直线上（也可以略出），其他逐层按要求出或退，圭角里皮应被垂脊挡住。

4）在圭角以上铺灰砌“面筋条”一个，面筋条应与正脊二层瓦条平。面筋条以上是“天混”，天混以上是“天盘”，这些瓦件的里口都应被垂脊挡住，圭角至天盘合称“天地盘”。

5）在胎子砖上拴线铺灰，砌头层瓦条。

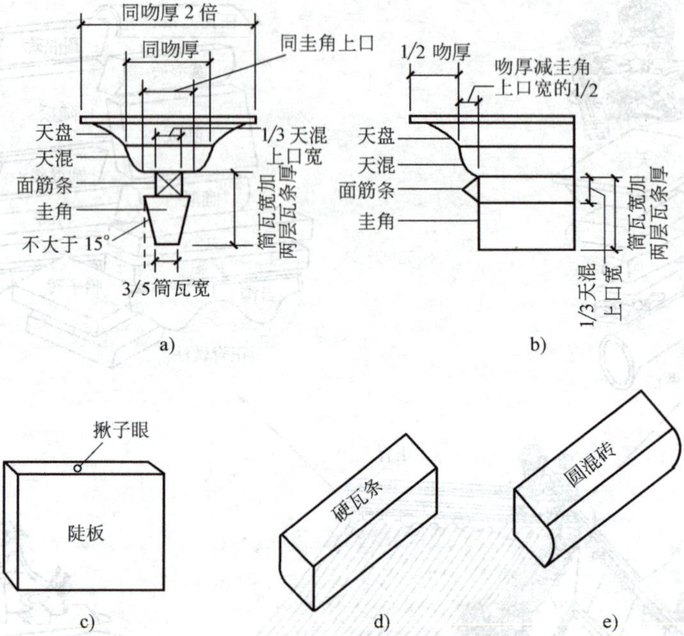

图2-18　黑活大脊的脊件分件图

6）在头层瓦条之上砌二层瓦条，二层瓦条拔檐与头层瓦条一样。

7）在二层瓦条之上拴线铺灰，砌一层圆混砖。两层瓦条及圆混砖的出檐原则与悬山垂脊瓦条和圆混砖的出檐原则相同，规格则一般应比垂脊瓦条和圆混砖稍厚。瓦条和圆混砖之间的空隙都要用灰砖填平。

8）在两端天盘和圆混砖之上，铺灰安放正吻。正吻外皮应与圭角外皮在一条垂直线上。天盘上皮应用麻刀灰抹成45°，即抹“八字”。在实际操作中，“天地盘”的高低位置不是固定不变的。当坐中勾头的实际高度低于屋面瓦垄时，“天地盘”应随之降低。当正吻较小需要升高时，“天地盘”又可适当升高。一般说来，以天盘或天混能与正脊第一层圆混砖在同一层高度较为恰当，正脊高度的确定可参看具体古建的表格要求。在实际操作中，如果正吻的“吞口”（嘴高）小于陡板及一层圆混砖的高度总和，应将正吻垫高。所垫的部分，垂脊外侧应被天地盘上皮的“八字”挡住，垂脊内侧露出的部分要用月白灰与正吻抹平，并在表面划出斜格，待最后打点刷浆时与正吻刷成同色。

9）在两端正吻之间拴线，铺灰砌陡板，陡板亦作“斗板”，用于正脊时又称作“通天板”。通天板的宽度应与正吻大嘴的宽度相同。两坡通天板要通过拴铅丝或用木仁等方法连成整体，其间的空当要预先用砖、灰砌实抹严，这个砌体称为“胆”。通天板与正吻大嘴之间应垂直放置一块圆混砖，与上、下两层圆混砖相交。这块圆混砖的下端应做成“箭头”，栽入陡板下的圆混砖内，上端应做成“割角”，与陡板上的圆混砖合成直角。

10）在陡板之上拴线铺灰，砌圆混砖，这层圆混砖与陡板下的圆混砖出檐相同，两坡圆混砖之间的空当要用砖灰砌抹密实饱满。

11）在圆混砖之上拴线铺灰，砌一层筒瓦，然后“托眉子”，方法详见前文所述卷棚式屋面的垂脊做法。

12）拽当沟。用大麻刀花灰抹胎子砖，然后修成半网形或荞麦棱（呈三角形）。在实际操作中，由于灰在短期内不易干，所以往往要等铺瓦完了以后才能最后打点修理定型。

13）调脊完了以后要刷浆提色。当沟、眉子刷烟子浆，其余部分刷月白浆。正脊所有瓦件的总高，不应超过正吻嘴唇，以使正吻成为名副其实的“吞脊兽”，也就是应做到“吻不淹唇”。如果不用正吻而改正脊兽（俗称“带兽”）时，眉子高度不应超过龙爪高度，即应做到“带不淹爪”。

(4) 正脊的其他特殊做法

1）“三砖五瓦”做法：多用于较重要的庙宇、宫殿等建筑，是一种“青砖仿琉璃”的做法。“三砖五瓦”正脊的剖面形式如图2-19所示。

2）花瓦脊做法：俗称“玲珑脊”，其特点是在陡板部分用筒瓦或板瓦摆成各种镂空图案。这种做法是借鉴南方建筑风格而来的，形式活泼，

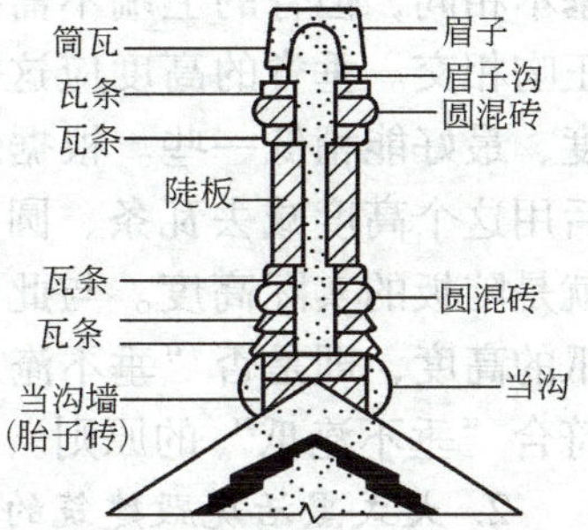

图2-19 “三砖五瓦”正脊剖面

如图 2-20 所示。花瓦脊的常见图案有银锭、鱼鳞、锁链、轱辘钱等。

图 2-20　花瓦脊示意图

3）花脊做法：其特点是在陡板（通天板）上凿做花饰，图案多为卷草、宝相带花、二龙戏珠、丹凤朝阳等。花脊做法多见于庙宇或王府。

4）皮条脊：其特点是在当沟以上做一层或两层瓦条，瓦条之上做一层圆混砖，圆混砖之上不再做陡板，直接做眉子，见图 2-21a、b。皮条脊实际上是一种小式屋脊，用于大式瓦面可视为“大式小做”手法，多见于大式建筑的院墙。

尖山式硬、悬山建筑的垂脊做法与前面介绍的卷棚式垂脊做法基本相同，但脊的上端不需要用罗锅形的瓦件，前后坡的垂脊都与正吻相交。垂脊的高度应这样决定：垂脊的斜高不应超过正脊的高度，最好能稍低一些。根据斜高尺寸可以算出垂脊的实际高度，然后用这个高度减去瓦条、圆混砖、眉子等所占的尺寸，余下的尺寸就是陡板的实际高度。与此同时，要看一下垂脊是否超过了垂兽龙爪的高度，即是否“垂不淹爪”，如果超过这个高度，则应降低，以符合“垂不淹爪”的原则。

2. 大式黑活庑殿建筑的屋脊

庑殿建筑的屋脊如图 2-22 所示。

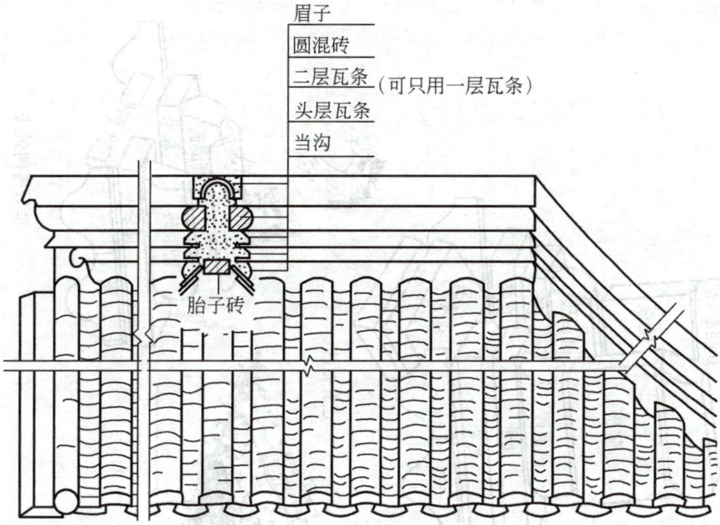

a)

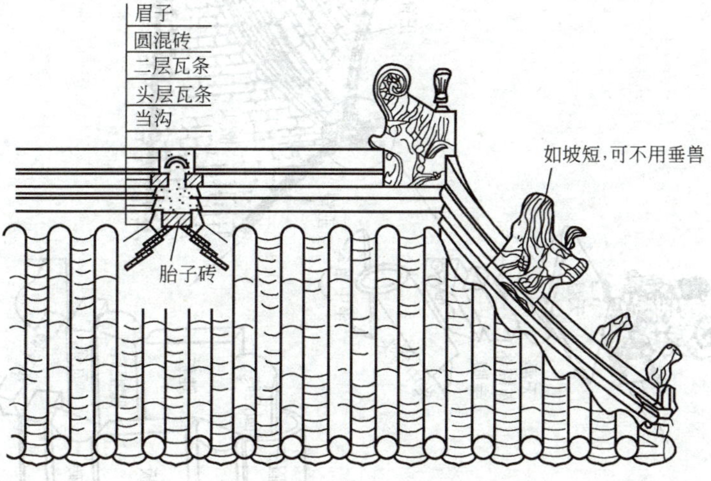

b)

图 2-21　皮条脊示意图（无兽和有兽两种）

a）无吻兽做法　b）有吻兽做法

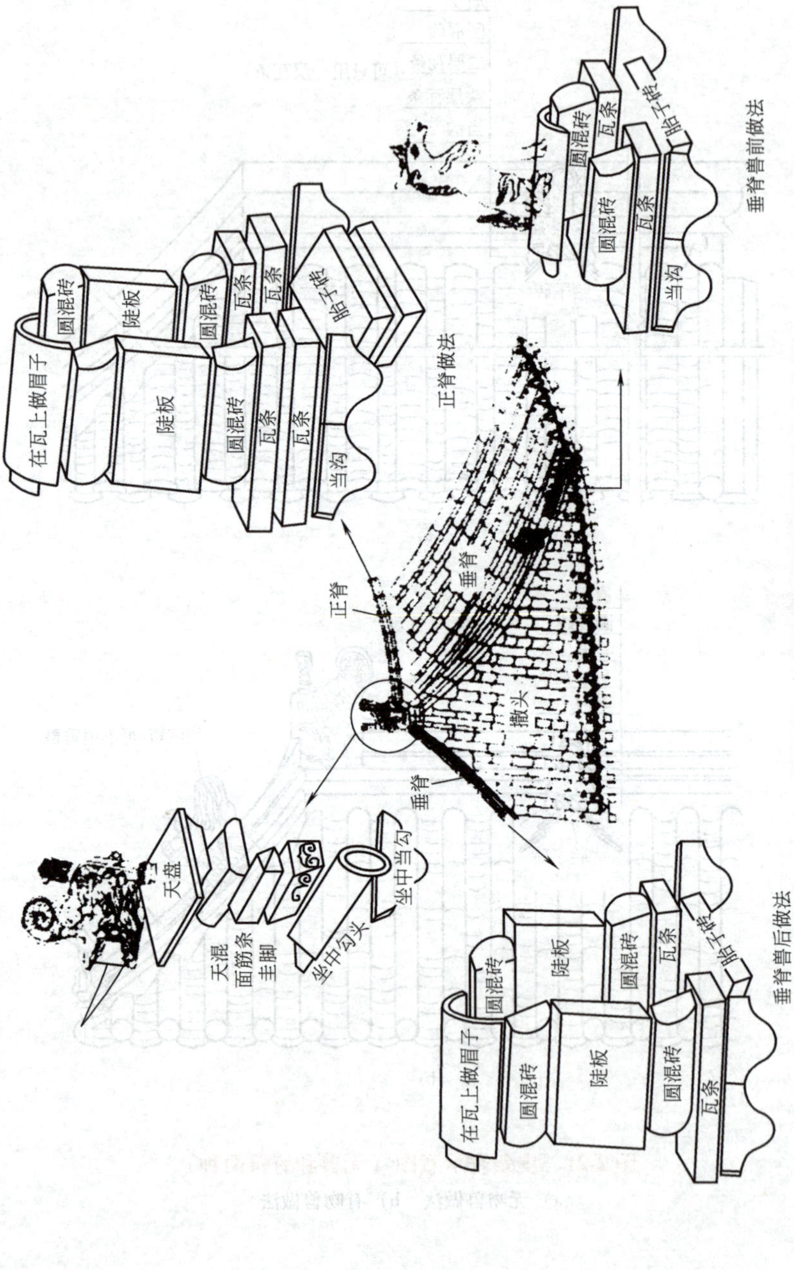

图 2-22 大式黑活庑殿屋面的屋脊示意图

大式黑活庑殿建筑的正脊做法与尖山式硬、悬山建筑的正脊做法基本相同。所不同的有两点：第一点是圭角之下要放一块勾头，叫做“坐中勾头”，坐中勾头应和两边的垂脊当沟交圈，但不出檐；第二点是圭角应与瓦条出檐平，天盘外皮应在坐中勾头外侧。

庑殿垂脊和尖山式硬、悬山的垂脊做法相似。不同之处是概括起来有三点：第一点是庑殿如做排山，垂脊应有傍囊；第二点是圭角、瓦条、盘子等瓦件应与垂脊在同一条直线上，即不用咧角盘子等而要改用直盘子、直圭角等；第三点是当沟形状可以和正脊当沟相同，也可以和硬、悬山垂脊当沟形状相同，即既可以呈半圆形或荞麦状，也可以抹平。

黑活庑殿（包括歇山、攒尖）屋面的角梁上，可以装套兽，但如果角梁头已做成三岔头式样，则不用套兽，也不用遮朽瓦。

3. 大式黑活歇山建筑的屋脊（图 2-23）

大式黑活歇山一般均为尖山形式，很少做卷棚屋面，所以正脊一般应做大脊。其做法与尖山式硬、悬山屋面的正脊做法完全相同。

歇山垂脊与硬、悬山垂脊兽后做法相同。歇山垂脊没有兽前，在兽座下面要放一块勾头，勾头四周用灰堵严抹平，这块勾头叫做“吃水”，“吃水”应和兽座前端平。

歇山戗脊做法与硬、悬山垂脊做法相似，但应注意的方面有：第一点是戗脊兽后应比垂脊略低。一般说来，瓦件规格可以一样，只在盖脊筒瓦的睁眼上适当减少就可以了；第二点是圭角、盘子等应与戗脊在同一直线上，即圭角、盘子应为直圭角、直盘子；第三点是与垂脊相交的瓦件应打割角。

布瓦歇山博脊有两种做法：一种是仿琉璃挂尖做法，博脊两端隐入排山勾滴里，博脊两端的瓦件应仿照挂尖的角度砍制；另一种做法是不隐入勾滴里，而与戗脊相交，因为布瓦歇山博脊的眉子宽度可以有一定的伸缩性，所以不象琉璃博脊的位置那样固定，但应尽量使博脊逐层与戗脊兽后逐层交圈，实在不能交圈时，可在博脊两端向斜上方砌筑，以求和戗脊交圈。博脊的逐层瓦件是：当沟、头层瓦条、二层瓦条、圆混砖、盖脊筒瓦上抹眉子。每层都应全线铺灰砌筑，里侧要用灰砖堵严抹平，眉子要抹出泛水，与小红山相

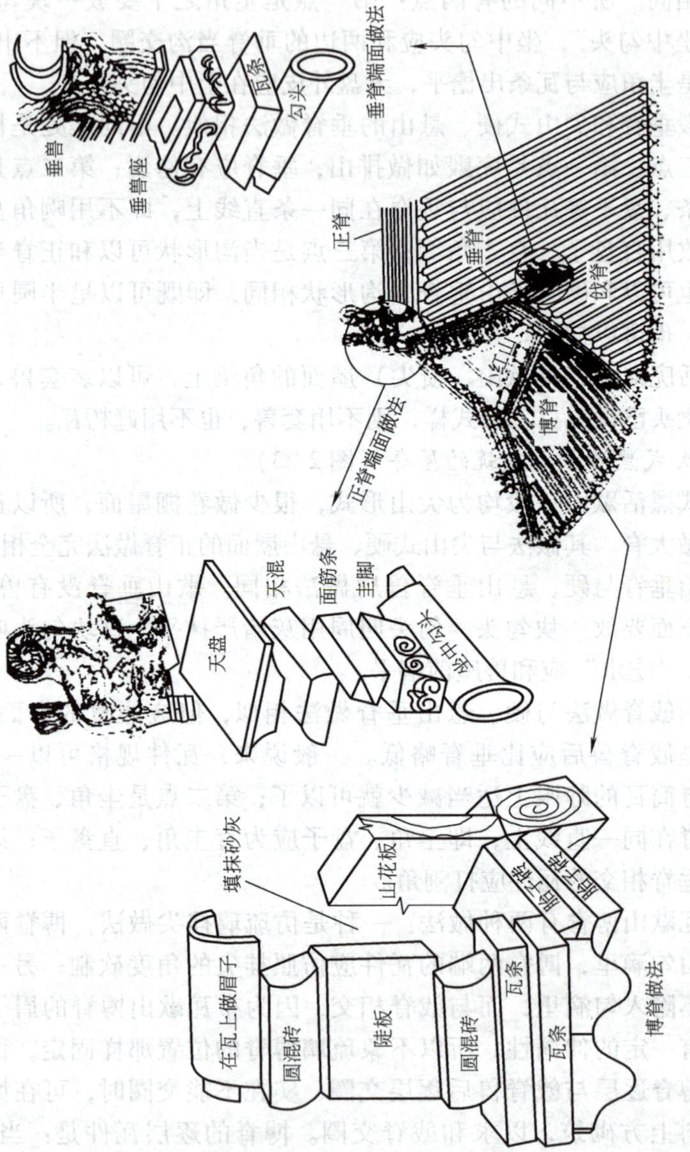

图 2-23　大式黑活歇山屋面的屋脊示意图

交妥牢。体积很大的建筑的博脊可增加一层陡板和一层圆混砖，即采用与正脊相同的做法。

其他关于攒尖建筑和重檐建筑的屋脊做法，与前面介绍的几种屋脊的做法基本相同，这里不再一一重复叙述，只是提一下攒尖有宝顶和垂脊，而重檐建筑无论上层檐为何种形式，下层檐的屋脊只有两种，即围脊和角脊。

4. 小式黑活屋脊

大式黑活各种屋脊介绍后，我们再来看一下小式黑活的屋脊。小式黑活屋顶包括筒板瓦、合瓦、干槎瓦和仰瓦灰埂等屋面，它们所用屋脊瓦件都没有特定的规格和形式，完全按照现场材料进行加工，所以其做法比较灵活多样。

（1）小式硬、悬山建筑的各种正脊做法

1）筒瓦过垄脊：筒瓦过垄脊又叫“元宝脊”，具体做法详见大式黑活屋脊中的圆山（卷棚）式硬、悬山屋面的正脊做法。筒瓦过垄脊既可用于大式屋面也可用于小式屋面。当垂脊做法为大式做法时，即为大式屋面，反之，为小式屋面。

2）鞍子脊（图2-24）：鞍子脊仅用于合瓦（阴阳瓦）或局部合瓦（如棋盘心）屋面，鞍子脊的做法如下：第一步是在抹好的扎肩灰背上放枕头瓦，摆梯子瓦。枕头瓦是一块反扣的底瓦，用以代替铺瓦灰（泥）的厚度，铺瓦时撤去。梯子瓦即每垄的底瓦，每坡用三块半。梯子瓦的高低位置按拴好的横线控制，不合适时可挪动枕头瓦进行调整。横线的位置按两山博风上皮再往上增加一块板瓦的厚度定位。梯子瓦的纵向位置应按照灰背上号好的盖瓦中线确定。摆好梯子瓦以后开始“抱头”，具体方法详见过垄脊做法；梯子瓦是摆放时的名称，做好后则称为“底瓦老桩子瓦”；第二步是铺麻刀灰，在两坡老桩子瓦相交处扣放“瓦圈”。瓦圈即横向断开的弧形板瓦片，瓦圈既可以加强前、后坡底瓦老桩子瓦的整体性，又可以增强防水性能；第三步拴线铺灰，铺好盖瓦。每垄各铺两块，叫做“盖瓦老桩子瓦”；第四步是在底瓦瓦圈上铺灰，砌一块条头砖，卡在两边盖瓦中间，叫做小当沟条头砖，其上铺灰，放一块凹面向上的板瓦（小头朝前坡），这块瓦叫做“仰面瓦”。仰面瓦伸进两侧的

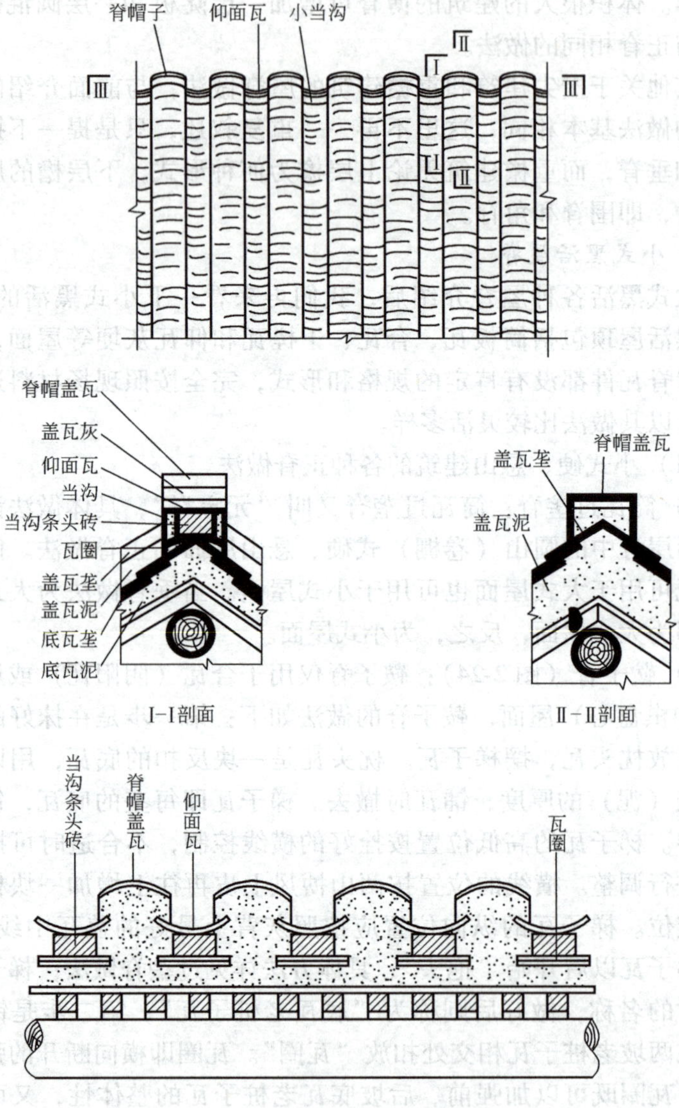
脊帽子
仰面瓦
小当沟
脊帽盖瓦
盖瓦灰
仰面瓦
当沟
当沟条头砖
瓦圈
盖瓦垄
盖瓦泥
底瓦垄
底瓦泥
I-I剖面
脊帽盖瓦
盖瓦垄
盖瓦泥
Ⅱ-Ⅱ剖面
当沟条头砖
脊帽盖瓦
仰面瓦
瓦圈
Ⅲ-Ⅲ剖面

图 2-24　鞍子脊示意图

脊帽子内；第五步开始拴线铺灰，在两坡盖瓦相交处放一块盖瓦（大头朝前坡），这块瓦叫做“脊帽子”，脊帽子的四周要用麻刀灰堵严、抹平、轧实；第六步在条头砖前后用麻刀灰堵严抹平，叫做抹“小当沟”，注意边垄与梢垄之间不做小当沟。两坡底瓦的接缝处可放一块折腰瓦，但习惯上只反扣一块普通板瓦，此瓦称为“螃蟹盖”（参见合瓦过垄脊做法）；最后一步就打点，起轧，刷浆提色。

3）合瓦过垄脊：合瓦过垄脊做法与鞍子脊做法相似，但底瓦垄内不卡条头砖，也不做仰面瓦（图 2-25a）。前、后两坡的老桩子底瓦的交接处铺灰放一块折腰瓦，如果没有折腰瓦，可以用普通的板瓦代替，这块板瓦要横向反扣放置，为能与前、后坡的老桩子底瓦接缝严一些，这块反扣的板瓦要删掉四个角，因板瓦删掉四角后状如螃蟹的盖，故称为“螃蟹盖”（图 2-25b）。

4）清水脊：清水脊是小式正脊中做法最复杂的一种（图 2-26a、b）。清水脊的瓦件分件如图 2-27 所示。清水脊屋顶的瓦垄可分为两部分：高坡垄和低坡垄。低坡垄在屋顶的两端，只有两垄盖瓦和两垄底瓦。低坡垄上的正脊即“小脊子”不如高坡垄上的正脊高，做法也简单得多。两端低坡垄之间是高坡垄。在檐头处，高、低坡垄一般高，在正脊处，高坡垄最低处与低坡垄最高处一般高。高坡垄的正脊层数较多，做法也较复杂，是清水脊的主要部分。

低坡垄小脊按以下步骤进行砌筑：先将檐头两端分好的两垄底瓦和两垄盖瓦中点平移到脊上并划出标记；接着放枕头瓦，铺两垄底瓦老桩子瓦（每垄三块）并“抱头”，将瓦圈或折腰瓦坐灰放在两坡抱头灰之上；第三步是放盖瓦泥，并铺盖瓦老桩子瓦（梢垄用筒瓦）；第四步是在底瓦垄砌条头砖，与盖瓦找平。在盖瓦和条头砖上砌两层板瓦，凹面向下，横放，叫“蒙头瓦”。蒙头瓦砌两层，按十字缝砌，不要齐缝（齐缝砌法的防水性能不好），外口砌至梢垄外口。砌好后用麻刀灰将蒙头瓦和条头砖抹好，即抹低坡垄小脊子（待最后再修理刷浆）。

高坡垄大脊做法是：先将掺灰泥倒在脊尖上，用两块瓦背靠背地立放在掺灰泥上，下脚分开，这两块瓦叫“扎肩瓦”。扎肩瓦的高度应这样决定：先从低坡垄小脊子背上往上加上盘子和鼻子的高度，

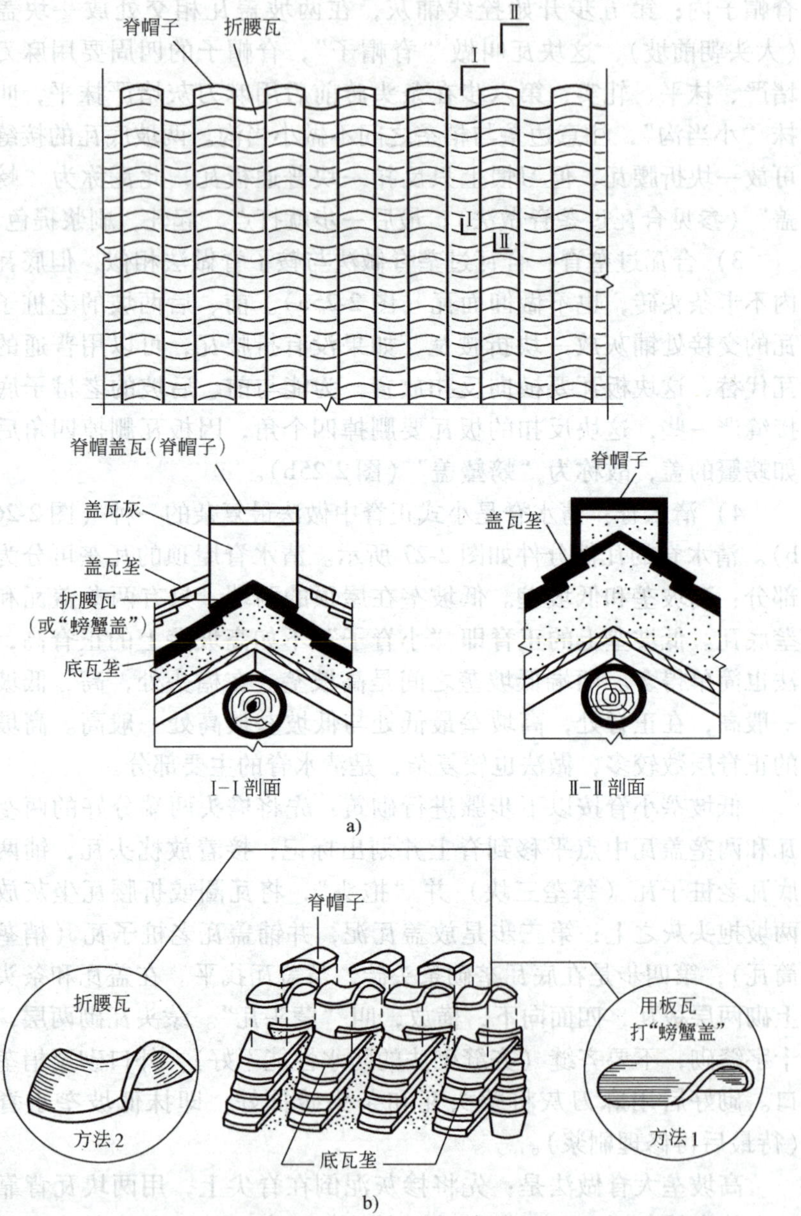

图2-25　合瓦过垄脊示意图

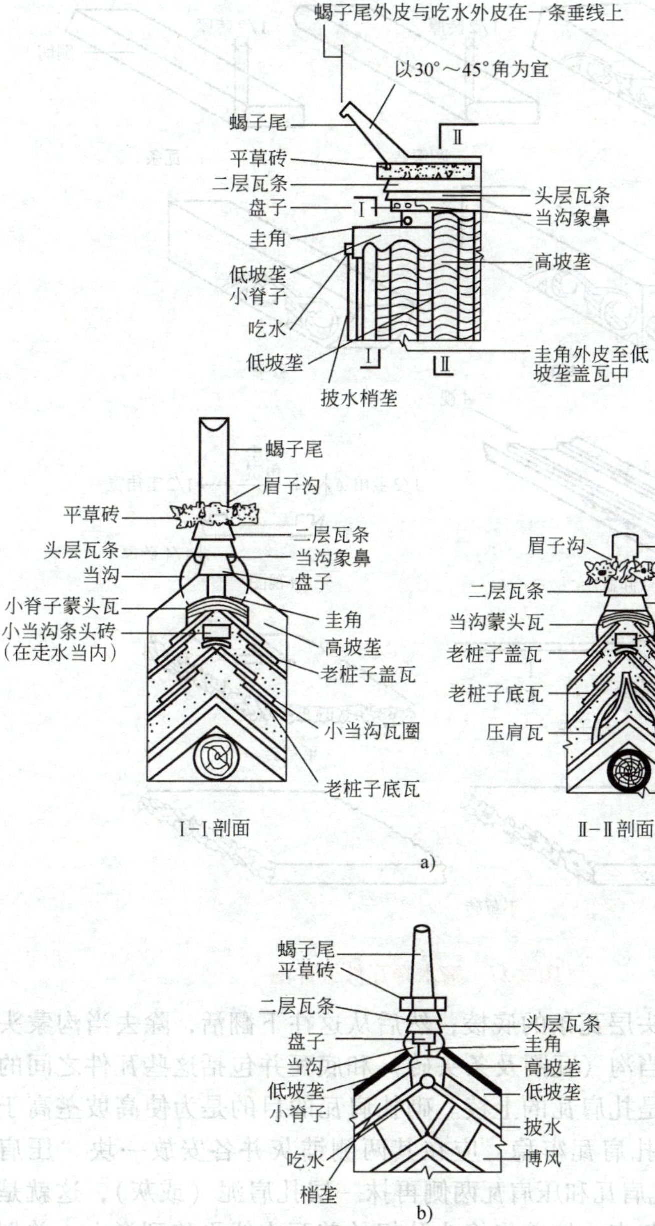
蝎子尾外皮与吃水外皮在一条垂线上
以30°～45°角为宜
蝎子尾
平草砖
二层瓦条
盘子
圭角
低坡垄
小脊子
吃水
低坡垄
披水梢垄
头层瓦条
当沟象鼻
高坡垄
圭角外皮至低
坡垄盖瓦中
蝎子尾
眉子沟
平草砖
二层瓦条
头层瓦条
当沟象鼻
当沟
盘子
小脊子蒙头瓦
圭角
小当沟条头砖
(在走水当内)
高坡垄
老桩子盖瓦
小当沟瓦圈
老桩子底瓦
Ⅰ-Ⅰ剖面
眉子沟
眉子
平草砖
二层瓦条
头层瓦条
当沟蒙头瓦
当沟条头砖
(在走水当内)
老桩子盖瓦
当沟(抹灰)
老桩子底瓦
小当沟瓦圈
压肩瓦
扎肩瓦
Ⅱ-Ⅱ剖面
a)
蝎子尾
平草砖
二层瓦条
头层瓦条
盘子
圭角
当沟
高坡垄
低坡垄
低坡垄
小脊子
披水
吃水
博风
梢垄
b)

图 2-26　清水脊示意图

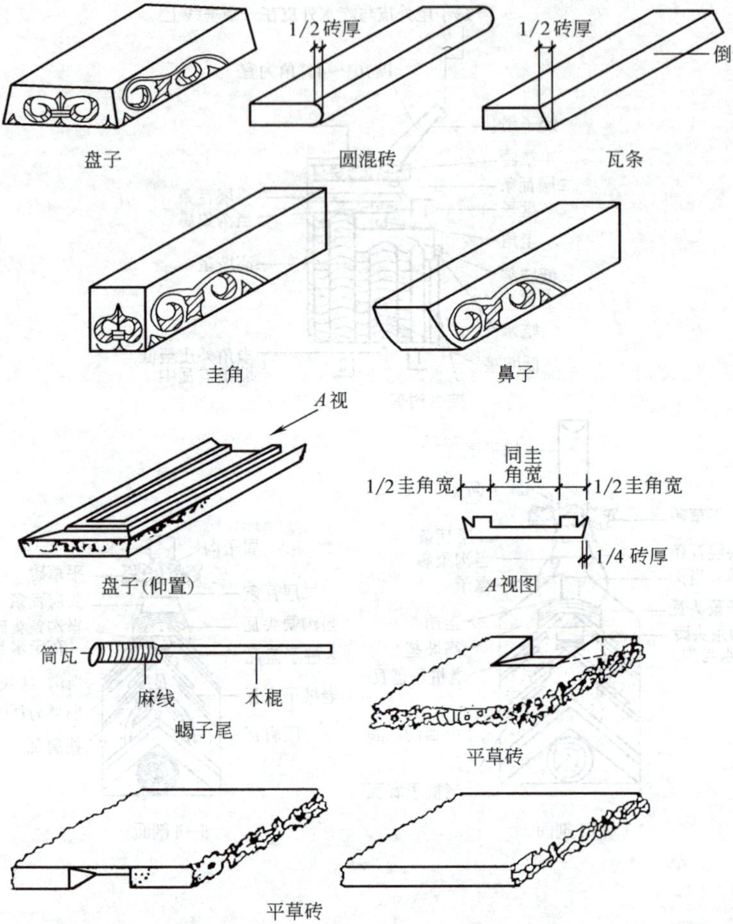

图 2-27　清水脊瓦件分件图

这个位置即是头层瓦条的底棱，然后从这往下翻活，除去当沟蒙头瓦、盖瓦、小当沟（瓦圈及条头砖）和底瓦并包括这些瓦件之间的灰缝厚度，就是扎肩瓦的上棱。砌扎肩瓦的目的是为使高坡垄高于低坡垄。为使扎肩瓦牢稳，应在其两侧铺灰并各安放一块“压肩瓦”，然后在扎肩瓦和压肩瓦两侧再抹一层扎肩泥（或灰），这就是高坡垄底瓦的起点；接着将檐头分好的盖瓦中线平移到脊上，并划出标记；第三步是沿低坡垄小脊子中线，靠里侧砌放“鼻子”（或“圭角”）及盘子。用“鼻子”的叫“鼻子盘”，用圭角的叫“规矩盘”。鼻子（或圭角）外侧须与低坡垄里侧盖瓦中线在一条垂直线上。盘子比鼻子再向外出檐，出檐尺寸为鼻子宽度的1/2，两端的鼻子和盘子要拴通线，按线砌放；第四步是在高坡垄扎肩泥上放枕头瓦和老桩子瓦，并以麻刀灰抱头。再用麻刀灰扣放瓦圈，将两坡老桩子瓦卡住；第五步是铺盖瓦泥，在前后坡铺老桩子盖瓦，盖瓦也应“抱头”。在底瓦垄瓦圈上砌放一块条头砖卡在两垄盖瓦中间。在条头砖和老桩子盖瓦上铺灰砌两层蒙头瓦。两层蒙头瓦应砌十字缝，并与“盘子”找平。蒙头瓦及条头砖的两侧要抹大麻刀灰，待最后修成筒瓦形状或三角形（荞麦棱）并刷浆赶轧；第六步是在盘子和蒙头瓦上拴线砌两层“瓦条”，瓦条砖的出檐为本身厚的1/2，四周统出交圈。如无瓦条砖，可用板瓦代替，但两层中间要垫一层（不出檐）以便抹灰做软瓦条，两层瓦条做法相同；第七步是在高坡垄大脊的两端瓦条之上，砌放“草”砖。“草”砖有平草、跨草、落落草之分。“平草”为两三块方砖透雕成花草后相连组成，在平草的中心位置要剔凿平行四边形孔洞，其坡度与蝎子尾坡度相同，第一块方砖要雕三面，即从脊的侧面看也要有花饰，这块砖叫“转头”。平草砖每侧出檐应为脊宽尺寸，转头出檐一般应至梢垄里侧底瓦中线，“落落草”为四或六块方砖摞成两层雕凿花饰，落落草出檐同平草。“跨草”为四或六块方砖在大面上雕凿花饰，安装时用铅丝将前后坡两侧跨草拴在一起，立置斜“跨”在瓦条上。跨草每侧上口出檐应为脊宽的1/2，下口最小不少于跨草砖厚尺寸，安装后上宽下窄，但也可以垂直放置。转头处应再加放一块“罩头草”，把两侧跨草连接起来；第八步是在两端平草砖之间拴线砌一层圆混砖，圆混砖与平草砖砌平（如用跨草或落落草，应比草砖低一层），圆混砖出檐为其半径尺寸，平草和圆混砖之间用灰填满抹平；第九步是将“蝎子尾”插入平草砖上预留的方孔内。蝎子尾勾头外侧应与小脊子外侧的吃水外侧在一条垂直线上。角度以在30°~45°之间为宜。在实际操作中，往往用一根木棍儿支在蝎子尾的勾头与小脊子之间（做好蝎子尾后撤去），这根木棍儿的长度应与蝎子尾的长度相同或稍长，以此长度来确定蝎子尾的角度。然后用砖和灰将方孔切实塞严，以压住蝎子尾，注意两端蝎子尾应在一条直线上；第十步是在两端蝎子尾之间拴线用灰砌放一层筒瓦（如是跨草或落落草，从草砖里侧开始），并用大麻刀灰抹眉子，同时用筒瓦和大麻刀灰在蝎子尾上做成眉子形式；第十一步是打点活，修理低坡垄小脊子和高坡垄当沟，如系软瓦条应依照硬瓦条形状抹灰。在当沟两端与盘子相交的地方应用灰抹成"象鼻子"。抹象鼻子从高坡垄外侧盖瓦外棱开始，抹至低坡垄里侧盖瓦里棱；最后一步是刷浆，眉子、当沟、小脊子刷烟子浆，檐头用烟子浆绞脖，圆混砖、盘子、圭角、草砖等刷月白浆。

清水脊屋面的垂脊部位只用梢垄，而不用其他做法。山墙博风之上只砌披水砖檐，而不做排山勾滴，即清水脊做法的两山部位只用披水梢垄做法。此外，山尖的式样（山样）必须为尖山。山尖前、后坡披水相交处，应放一块10号筒瓦"猫头"一块，盖住两坡披水砖的接缝，这块猫头叫做"吃水"。

5）皮条脊：皮条脊既可以视为大式屋脊，也可以视为小式屋脊，用于3号及3号以上的筒瓦墙帽时，或脊的两端用吻兽时，为大式做法。皮条脊的具体做法是：先在脊上瓦垄间砌胎子砖，拽当沟；第二步是在胎子砖上做一层或两层瓦条，坡长较短时，可用一层瓦条；第三步是在瓦条上砌一层圆混砖；第四步是在圆混砖上坐灰扣放筒瓦，然后托眉子。皮条脊的端头做法如图2-21所示。

6）扁担脊：扁担脊是一种简单的正脊做法，多用于干槎瓦屋面、石板瓦屋面，也可用于仰瓦灰梗屋面。其做法如下：先是进行分中，底瓦坐中，往两山排垄，拉通线，按线坐灰摆放底瓦。如为干槎瓦或仰瓦灰梗，老桩子瓦即为扁担脊的底瓦；第二步是在两坡底瓦交接缝处坐灰扣放瓦圈；第三步是在瓦圈之间，即底瓦垄之间，坐灰扣放板瓦，这趟板瓦叫做"合目瓦"，由于合目瓦与底瓦一反一正相错放置，形同锁链图案，所以又叫做"锁链瓦"，锁链瓦的高低与出进均应以线为标准进行安放；第四步是顺着两坡的合目瓦接缝处拴线坐灰扣放一趟板瓦。瓦与瓦之间应平齐对接不搭槎，这趟瓦叫做"蒙头瓦"，见图2-28。做法讲究的可以做两层蒙头瓦。上层的一趟蒙头瓦接缝应与下面的一层接缝相错，成十字缝，这样可以增强脊的防水性能；最后一步是在蒙头瓦的上面和两侧抹大麻刀月白灰，勾合目瓦瓦脸，并刷青浆轧实轧光。

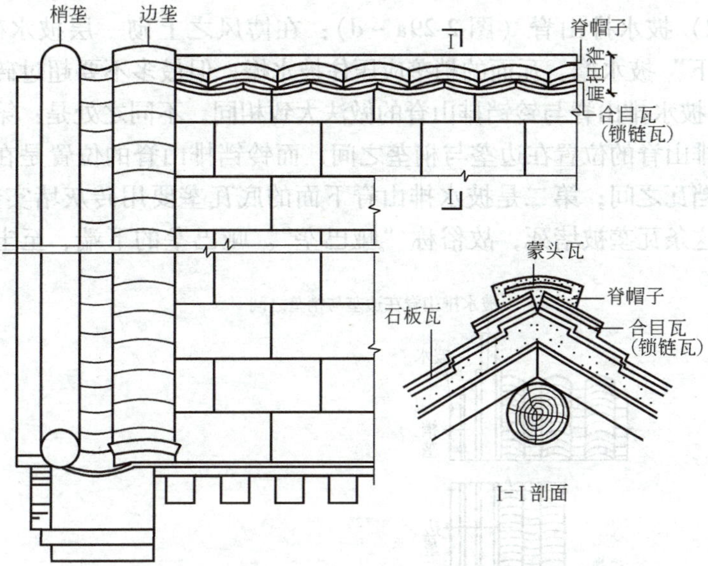

图 2-28　扁担脊示意图

（2）小式黑活硬、悬山建筑的垂脊做法

1）铃铛排山脊：硬、悬山建筑由于做排山脊的小式屋面的正脊肯定不做大脊，所以小式排山脊即为箍头脊形式。小式铃铛排山脊的排山勾滴做法与大式铃铛排山脊的排山勾滴做法相同。由于小式铃铛排山脊均为罗锅卷棚形式，因此山尖正中必须为滴子坐中。小式铃铛排山脊不分兽前兽后，也没有垂兽和狮、马做法。当沟之上砌两层瓦条，瓦条之上砌圆混砖，圆混砖之上坐筒瓦，托眉子。由于小式铃铛排山脊比大式做法的兽前多一层瓦条，因此第一层瓦条应与圭角砌平，切不可放在圭角之上，第二层瓦条才放在圭角之上。而大式铃铛排山脊的兽前部分只做一层瓦条（兽后仍做两层），所以这层瓦条是放在圭角之上的，两者间的不同应特别注意。小式排山脊的第一层瓦条内侧比圭角宽出的部分要用灰抹成“象鼻”，以免生硬，当坡长很短时，为避免由于排山脊的高大而造成比例失调，往往只做一层瓦条。此时这层瓦条应放在圭角之上，因此用不着再抹“象鼻”了。排山脊做好后，要刷浆提色。当沟和眉子要刷烟子浆，瓦条和圆混砖要刷月白浆。

2）披水排山脊（图2-29a～d）：在博风之上砌一层披水砖檐，叫“下”披水檐，瓦面的梢垄应压住披水檐，但最多不要超过砖宽的1/2。披水排山脊与铃铛排山脊的做法大致相同，不同之处是：第一是披水排山脊的位置在边垄与梢垄之间，而铃铛排山脊的位置是在梢垄与铃铛瓦之间；第二是披水排山脊下面的底瓦垄要用砖灰堵实垫平，由于这条瓦垄被堵死，故俗称“哑巴垄”。哑巴垄的下端、至圭角的

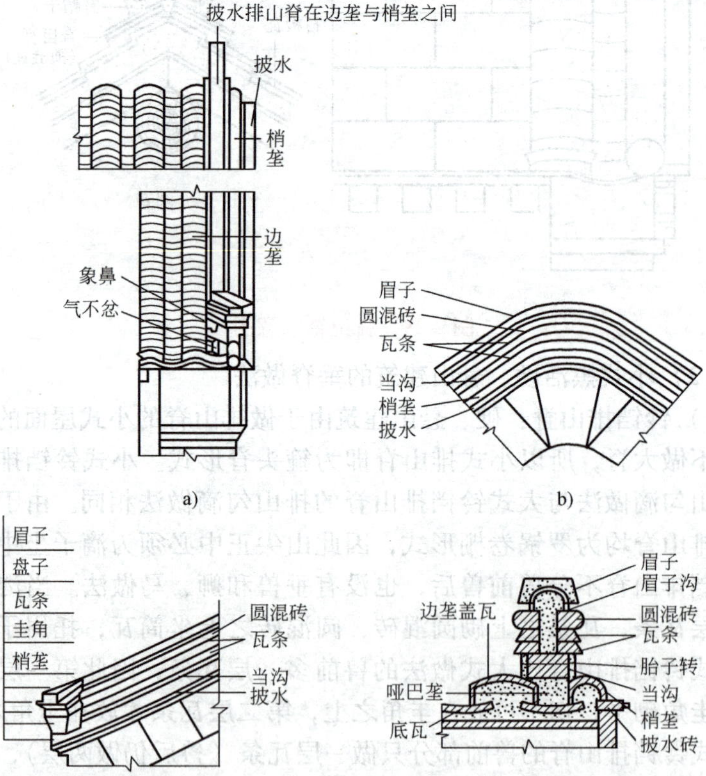

图2-29　小式披水排山脊示意图

下面处，要用灰与斜放的圭角抹齐。为使这一细部更加美观，避免过于直率简单，传统做法是在堵抹之前要放一块猫头（多为10号猫头），这块猫头的瓦当（俗称“烧饼盖”或瓦头）要与它上面的圭角平行放置，即应斜放在瓦垄里，如放不下时，可将多余的部分打掉，甚至只留瓦头部分。“猫头”的四周要用灰堵严抹平，上面要与圭角抹平。由于这块猫头被斜向挤压在瓦垄之中，因此被称为“气不忿”。

还有一种是披水梢垄，严格地讲，披水梢垄不能算是垂脊，而是位于垂脊位置但又不做脊的做法。披水梢垄的具体做法是：在博风砖上“下”披水砖，然后在边垄底瓦和披水砖之间铺一垄筒瓦，无论瓦面是何种做法，这垄瓦都铺筒瓦，这垄筒瓦叫做梢垄。

（3）小式黑活歇山建筑的屋脊

1）正脊：小式歇山正脊应为过垄脊形式，其做法详见大式卷棚悬山屋面的正脊做法。当瓦面为合瓦做法时，应改为鞍子脊或合瓦过垄脊做法，不过由于在官式做法中，歇山屋面大多为筒瓦做法，所以筒瓦过垄脊做法是小式歇山正脊做法的常见形式。

2）垂脊：由于歇山建筑的小式正脊不做大脊，所以垂脊的脊尖部分应为罗锅卷棚形式，即小式歇山垂脊肯定是箍头脊做法。歇山小红山博风之上可为铃铛瓦（排山勾滴），也可为披水砖做法，所以有铃铛排山脊和披水排山脊两种做法，其做法与前文所述硬、悬山建筑的垂脊做法的相应内容基本相同，只是排山脊的下端做法略有不同：第一点是歇山垂脊的规矩、盘子的位置一般定在檐檩附近；第二点是硬、悬山建筑的排山脊（垂脊）到了端头部分时，也就是规矩、盘子这部分应向山墙一侧斜向放置，成为“咧角”状，而歇山建筑的排山脊的端头（规矩、盘子）部分仍与瓦垄平行，即规矩（圭角）、盘子均为直方形。圭角之下的瓦垄里应放一块“猫头”，叫做“吃水”，吃水的四周要用灰堵严抹平。放置吃水的目的是为了挡住脊下哑巴垄内的抹灰，如果只用抹灰的方法处理，则会显得不太好看；第三点是歇山的规矩、盘子由于是与瓦垄平行放置的，所以圭角的宽度往往会小于当沟的宽度，同时，第一层瓦条也会比当沟宽出一些，宽出的部分如不做处理是不太美观的。传统做法是用灰抹成“象鼻”，硬、悬山的垂脊圭角是斜向放置的，这样，当沟就不会宽出，第一层瓦条也只有内侧这一面需要处理，所以硬、悬山的圭角是在一侧抹象鼻，而且只需从瓦条抹起，而歇山垂脊的圭角应在两侧抹象鼻，而且要从当沟开始抹起。

5. 琉璃屋脊

前面说的正脊和垂脊是大式和小式黑活的常见做法和注意事项，但在古建筑中，还有一种屋面瓦的正脊和垂脊必须要掌握，那就是琉璃屋脊，下面就介绍各种建筑的琉璃屋脊的做法和注意事项。

（1）卷棚式硬山、悬山建筑的琉璃屋脊

1）正脊：卷棚（圆山）式硬、悬山建筑的正脊为过垄脊做法，过垄脊的做法比较简单，前、后坡只用三或五块“折腰瓦”，一或三块“罗锅瓦”相互连接，其具体做法参见大式黑活的相应内容。

2）垂脊：硬（悬）山屋面的垂脊俗称“排山脊”，如做排山勾滴则称为“铃铛排山”，圆山卷棚式的垂脊俗称“箍头脊”或“罗锅卷棚脊”。做脊时注意：第一是在未调垂脊之前应先铺排勾滴，先沿博风赶排瓦口，排山滴子瓦要单数，并应注意圆山必须滴子坐中，即博风木梳背或扇面上口正中为一块滴子瓦。排山瓦口不退“雀台”，排好瓦口后将瓦口钉在木博风上。如为砖博风，则不做木瓦口。瓦垄按正当沟尺寸赶排合适后即可在博风上铺排山勾滴，博风之上、滴子瓦之间的三角部分（燕窝）要用灰堵严抹平，叫“堵燕窝”，拴线铺灰铺排山滴子瓦，排山滴子出檐应比檐头滴子出檐小，但应使勾头上的钉帽露在垂脊之外，滴子瓦后口再压一块底瓦，这块瓦叫“耳子瓦”。排山勾滴两端与前后坡相交的滴子瓦应使用“割角滴子瓦”，在每两块滴子瓦之间砌放一块“遮心瓦”，然后拴线铺灰铺圆眼勾头瓦，并钉钉子和安放钉帽。排山勾滴应与前后坡瓦垄互相垂直，在前后坡边垄割角瓦和排山勾滴割角滴子瓦之间放一块遮心瓦，然后铺灰铺“螳螂勾头”。螳螂勾头与前后坡瓦垄在平面上的夹角应为45°；第二是调垂脊，大式建筑的垂脊分兽前和兽后两部分，垂兽放在兽前和兽后的分界处，在垂脊的排山勾滴一侧拴线，安正当沟，叫做“捏当沟”。当沟两边和底棱都要抹麻刀灰，卡在两垄盖瓦之间和底瓦上，当沟外口不应超过通脊砖的外口，只用这样，才能起到承重的作用，当沟应稍微向外倾斜。垂脊的里侧位置，在边垄盖瓦上拴线用素灰砌“下”一层平口条，平口条应与当沟平，平口条和当沟之间用灰和碎砖填实抹平。在螳螂勾头之上用麻刀灰砌放“咧角趟头”。咧角趟头应比平口条和当沟略高，比螳螂勾头退进少许。在平口条和当沟之上拴线用灰砌一层压当条，压当条应比平口条和当沟宽（压当条八字里口和当沟外口齐），并与咧角趟头找平，压当条之间用灰砖填平。在咧角趟头之上用灰砌放“咧角撺头”，咧角趟头出檐同螳螂勾头。咧角撺、趟头与前后坡瓦垄的平面夹角也应是45°；第三点是在垂脊兽前、咧角撺头之后、压当条之上拴线用灰砌一层“三连砖”。咧角撺头之上铺灰放方眼勾头，勾头上钉铁钎，安放仙人及仙人头，仙人之后铺灰安放小兽。小兽又叫走兽、小跑或小牲口，小兽的先后位置顺序是：龙、凤、狮、天马、海马、狻猊、押鱼、獬豸、斗牛、行什。工匠称之为：一龙二凤三狮子，四天马五海马，六狻猊七鱼八獬九牛（吼）十猴。小兽的数目在一般情况下可这样决定：每柱高二尺放一个，得数须为单数。除北京紫禁城太和殿可以用满10个小兽外，其他建筑最多只能用9个。如果数目达不到9个时，按先后顺序用前者，其中天马与海马、狻猊与押鱼的位置可以互换。小兽数量的确定应根据多方面因素，具体的确定方法可参见其他古建筑书籍，它们之间可不放筒瓦，也可稍有间隔，但最多不超过一块筒瓦。在小兽之后安放一块筒瓦，即“兽后筒瓦”。小兽与小兽之间的距离可因小兽的数量和脊的长度而有变化，但小兽与垂兽之间的距离却是固定的，即只能是一块筒瓦的长度。这个定式工匠称之为“兽前一块瓦”（这里的兽指垂兽或戗兽）。在“兽后筒瓦”之后、压当条之上安放兽座，在兽座之上安放垂兽并安好兽角。垂兽一般应在正心桁（无斗拱的为檐檩）位置上，也可以根据仙人、走兽所占的长度决定；第四点是在垂兽之后、压当条之上拴线用灰砌“垂通脊”（俗称“垂脊筒子”），兽座如不是“联办兽座”，其后面的脊筒子应使用“搭头通脊”。为防止垂脊下滑和断裂，每块脊筒子都要用铅丝拴在一起。在通脊砖上拴线铺灰安放“盖脊筒瓦”（又叫“扣脊筒瓦”），此处要特别小心，在两坡相交处的垂脊分件，应是罗锅形状的，否则就不能做成“圆山卷棚式”。最后要用小麻刀灰（掺色）打点勾缝，并将瓦件表面擦拭干净。还有是用“大式小做”做法的，即在兽前用平口条代替三连砖，兽后用三连砖（或小连砖）代替脊筒子，用咧角盘子代替咧角趟头和咧角撺头。“小做”做法常用于坡度较缓即“小举架”的屋顶或牌楼、影壁、门楼、墙帽等处。

(2) 尖山式硬、悬山建筑的琉璃屋脊（图2-30）

1）正脊：第一先是捏当沟，方法大致同卷棚垂脊捏当沟方法，但宽度应按正通脊宽度。正脊的前、后坡两侧都要捏当沟，当沟与垂脊里侧平口条交圈；第二是砌压当条，同卷棚垂脊压当条做法，正脊的压当条应与垂脊里侧压当条交圈；第三是砌群色条，在压当条之上拴线铺灰砌群色条，群色条应与压当条出檐齐，群色条之间要用灰砖填平。四样以上应将群色条改成“大群色”（相连群色条），八样、九样不用群色条，七样可用也可不用群色条。上述每层之间都要用麻刀灰抹平、轧实，即层层都要“苫小背”；第四是安放正吻，正吻应放在群色条之上，无群色条时放在压当条之上。在安放正吻之前应先计算吻座（又叫“吻扣”）的位置，方法如下：找出垂脊当沟外皮位置，吻座里皮应在当沟以里。就是说，两坡的当沟要能卡住吻座，但又不能太往里，否则会遮住兽座的花饰。另外还要考虑到应能保证正吻上的腿肘露在垂脊之上，叫做“垂不淹肘”。按此原则确定吻座的位置，如发现吻座与排山勾滴的坐中勾头之间距离较大，可在吻座下面加放琉璃吻垫。如果仍不能将正吻垫至合适的位置，还可以在吻座下面立放一块（或半块）筒瓦。吻座放好后，即可拼装正吻。正吻外侧以吻锔固定，里面要装灰。还要把背兽套在横插的铁钎上，铁纤应与吻桩十字相交并拴牢。背兽安好后应注意安放背兽角，最后安放剑把。四样以上的正吻还应放铁制的吻索和吻钩，吻索下端连接一块铜制筒瓦，这全套物件称之为“螭广带”。安装时，螭广带并不拉紧，但下端要用铁纤穿过铜制筒瓦钉入木架内；第五步是砌正通脊，在群色条之上、两端正吻之间，拴线铺灰砌正通脊。脊筒子事先应经计算再砌置：找出屋顶中点，以此为中放一块“脊筒子”，这块筒子叫“龙口”，然后从龙口往两边赶排，要单数。通脊要用横放的铁纤与脊桩十字相交并拴牢，每块通脊的铁纤要连接起来。清代中期以前多在通脊中间填装木炭和

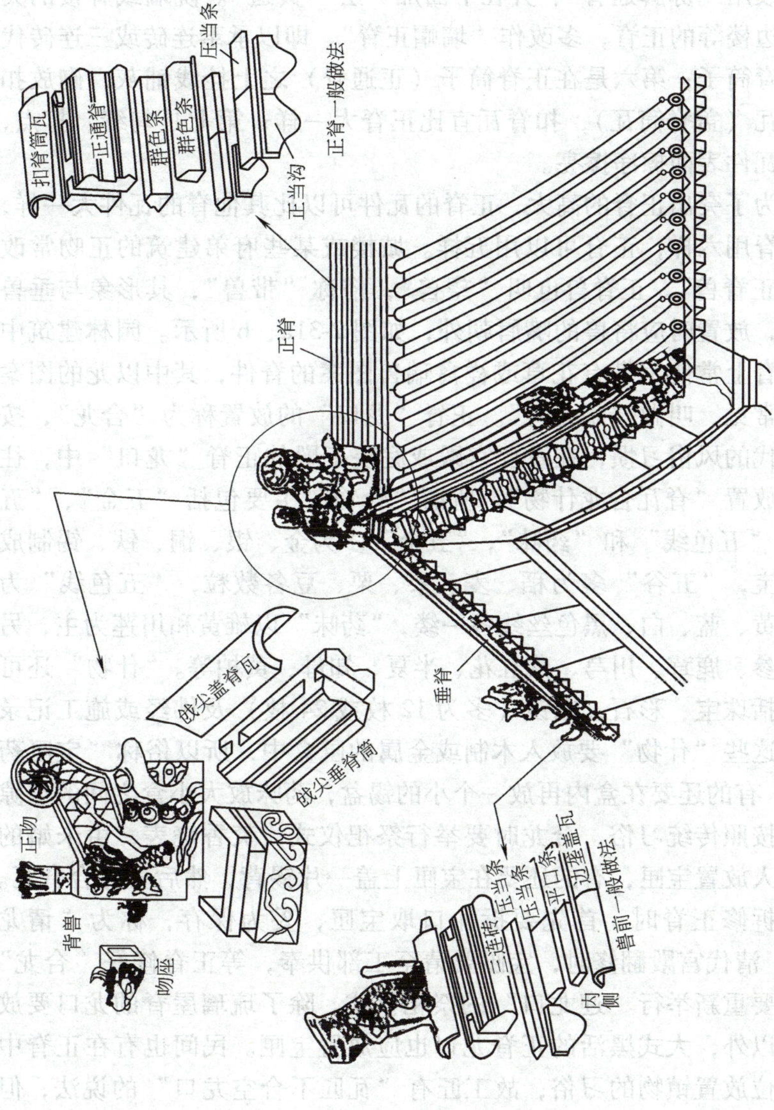

图 2-30　尖山式硬、悬山屋面的琉璃屋脊示意图

瓦片，然后浇白灰浆。后来多用麻刀灰和瓦片填充。如为麻刀灰做法，应注意不要装满和灌浆，以防止通脊涨裂。四样以上琉璃瓦通脊应改用“赤脚通脊”，并在下面加一层“黄道”。院墙或牌楼的夹楼、边楼等的正脊，多改作“墙帽正脊”，即以承奉连砖或三连砖代替正脊筒子；第六是在正脊筒子（正通脊）之上拴线铺灰，砌放扣脊筒瓦（盖脊筒瓦），扣脊瓦宜比正脊大一样；第七是勾缝、打点，并将瓦件表面擦净擦亮。

为了突出正脊的高大，正脊的瓦件可以比其他脊的瓦件大一样，如垂脊用六样，正脊可以用五样。城楼或某些府弟建筑的正吻常改做“正脊兽”。正脊兽也叫“望兽”，俗称“带兽”，其形象与垂兽相同，放置时应将兽的嘴唇朝外，如图 2-31a、b 所示。园林建筑中的屋脊上常使用带有花草或祥禽瑞兽图案的脊件，其中以龙的图案最为常见，叫做“闹龙脊”。正脊“龙口”的放置称为“合龙”，按照古代的风俗习惯，在重要宫殿或庭院正殿的正脊“龙口”中，往往要放置“脊瓦合龙什物”。所谓“什物”主要包括“五金”、“五谷”、“五色线”和“药味”，“五金”多为金、银、铜、铁、锡制成的元宝，“五谷”多为稻、麦、黍、粟、豆各数粒，“五色线”为红、黄、蓝、白、黑色丝线各一缕，“药味”以雄黄和川莲为主，另配人参、鹿茸、川芎、藏红花、半夏、知母、黄柏等。“什物”还可以包括珠宝、彩石、铜钱（多为 12 枚或 24 枚）及佛经或施工记录等。这些“什物”要放入木制或金属的匣盒中，所以俗称“宝匣药味”，有的还要在盒内再放一个小的锡盆，药味放大小盒之间的空隙间。按照传统习俗，合龙时要举行祭祀仪式，焚香烧表，由未婚的男工人放置宝匣，有的还要在宝匣上盖一片锡背，然后盖好合脊瓦。遇有拆修正脊时，首先要拆龙口取宝匣，妥为保存，称为“请龙口”。清代宫殿翻修时，宝匣要请至工部供奉，等正脊修好“合龙”时，要重新举行“迎龙口”的祭祀仪式。除了琉璃屋脊的龙口要放宝匣以外，大式黑活的正脊龙口也应放置宝匣。民间也有在正脊中央部位放置镇物的习俗，故工匠有“瓦匠不合空龙口”的说法，但一般不用宝匣，所放物品也多有简化。物品的种类和贵重程度多与房主的经济状况有关，但至少要放置由红纸包着的几枚铜钱。在正

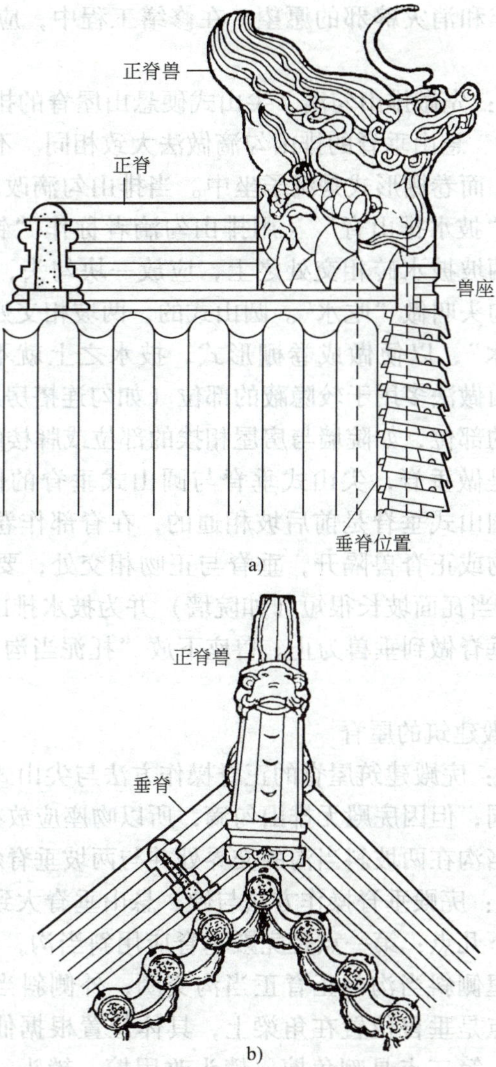

图 2-31 正脊兽

a）正面 b）侧面

脊放置镇物的风俗至少在宋代就已形成，它反映了古人祈望吉祥喜庆、国泰年丰和消灾辟邪的愿望。在修缮工程中，应注意对这些文物的保护。

2）垂脊：先做排山勾滴，尖山式硬悬山屋脊的排山勾滴与圆山（卷棚）式硬、悬山垂脊的排山勾滴做法大致相同。不同的是，必须为勾头坐中，而卷棚形式是滴子坐中。当排山勾滴改做披水砖檐时，垂脊可称作“披水排山脊”（用排山勾滴者称作“铃铛排山脊”）。尖山式的，两坡披水砖相交处之上，应放一块勾头，盖住两砖的合缝处，这块勾头叫做“吃水”。圆山式的，两坡相交处的披水砖要使用“罗锅披水”，以便做成卷棚形式，披水之上就不再放“吃水”了。披水排山做法多用于较隐蔽的部位（如勾连搭房屋），或不便使用铃铛排山的部位，如院墙与房屋相挨的部位或牌楼的夹楼。

第二步是做垂脊，尖山式垂脊与圆山式垂脊的做法基本相同。不同的是，圆山式垂脊是前后坡相通的，在脊部作卷棚状，而尖山式垂脊被正吻或正脊兽隔开，垂脊与正吻相交处，要使用一块“戗尖脊筒子”。当瓦面坡长很短（如院墙）并为披水排山做法时，可以不做兽前，垂脊做到垂兽为止。兽座下放“托泥当沟”，卡在边垄与梢垄之间。

（3）庑殿建筑的屋脊

1）正脊：庑殿建筑屋脊的正脊操作方法与尖山式硬山正脊操作方法大致相同，但因庑殿无排山勾滴，所以吻座应放在“吻下当沟”之上，吻下当沟在两坡斜当沟的交界处并与两坡垂脊斜当沟交圈。

2）垂脊：庑殿垂脊操作方法与硬、悬山垂脊大致相同，不同之处概括有以下几点：第一点是庑殿垂脊应用斜当沟，斜当沟两面用，无平口条，里侧斜当沟与正脊正当沟交圈，外侧斜当沟与吻下当沟交圈；第二点是垂兽位置在角梁上，具体位置根据仙人、小跑所占的长度确定；第三点是咧角撺、趟头改用撺、趟头，撺、趟头及仙人等与垂脊在同一条线上；第四点是庑殿、歇山小兽（又叫“小跑”或“小牲口”）数目以5跑为最低数目（门楼、影壁、墙帽等除外），其详细规定见琉璃瓦件规律及选择依据。

（4）歇山建筑的屋脊

1）正脊：歇山可分为过垄脊和大脊两种做法，圆山卷棚形式的即为过垄脊，尖山形式的即为大脊。较重要的建筑一般应采用大脊做法，园林建筑常采用过垄脊做法。具体做法详见圆山（卷棚）式硬、悬山和尖山式硬、悬山建筑的正脊做法。

2）垂脊：正脊做过垄脊的，垂脊就应做罗锅卷棚脊（箍头脊），其做法参见圆山式硬、悬山建筑的垂脊兽后做法。如正脊做大脊的，垂脊做法与尖山式硬、悬山建筑垂脊的兽后做法相同。

歇山垂脊与硬、悬山垂脊做法的不同之处有：第一是歇山垂脊没有兽前，垂兽的位置应放在挑檐桁上，垂兽座与硬山垂兽座不同，它三面都有花饰。兽座底下要放压当条和托泥当沟，托泥当沟卡在前（后）坡与翼角边垄之间，不仅起承重作用，同时能将两垄之间的灰砖遮挡住。压当条比托泥当沟稍出檐，压当条和兽座出檐齐；第二是小红山排山勾滴下面的一段垂脊因座在两垄边垄之上，所以外侧不用当沟也用平口条。内侧平口条与托泥当沟交圈，外侧平口条与戗脊斜当沟交圈；第三点是两侧压当条与托泥当沟上面的压当条交圈。

（5）戗脊和博脊

1）戗脊：歇山戗脊又叫岔脊，其做法与庑殿垂脊大致相同，不同的是：第一方面兽后不用垂通脊而用戗通脊，与垂脊相交的戗脊砖要用割角戗脊砖；第二方面是戗脊斜当沟与垂脊正当沟交圈，戗脊压当条与垂脊压当条交圈。为使戗脊保持水平，撒头一侧与垂脊相交的压当条下口应与另一侧压当条在同一水平线上。戗脊与垂脊交接要严实，不得出现裂缝，否则容易产生漏雨现象。八样瓦屋面的戗脊，兽后一般不用脊筒子，而改用连砖做法，如兽后用大连砖（又叫承奉连砖），兽前用三连砖，或兽后用三连砖，兽前用小连砖。九样戗脊由于更加矮小，所以兽后多使用三连砖或小连砖，兽前的压当条以上仅用平口条，平口条以上直接放走兽。撺、趟头改用三仙盘子。

2）博脊：在歇山撒头瓦面和“小红山”相交的地方所做的屋脊叫博脊。博脊两端隐入排山勾滴的部分叫做“博脊尖”，俗称“挂尖”。博脊一般应由下列脊件组成：正当沟、压当条、博脊连砖和博脊瓦（俗称“滚水”）。博脊连砖与三连砖的外观相同，博脊瓦与扣脊筒瓦的外观相似，所以博脊的外观实际上是与垂脊或戗脊的兽前部分相同的。五样以上瓦件，应将博脊连砖改为承奉博脊连砖。调博脊之前应先确定“挂尖”位置，挂尖里棱必须紧靠踏脚水（或山花板），只有这样，木架表面的油饰才能遮住挂尖里棱而不致漏雨。挂尖外侧端头（平面上钝角转角处），宜在撒头边垄盖瓦中线上，但首先应能使挂尖隐入排山勾滴之下，所以必要时可以适当调整。按照确定好的挂尖位置确定当沟位置，当沟的外皮不超出挂尖外皮，按此位置开始捏当沟，然后以两端挂尖为标准，逐层拴线铺灰调脊。脊内要用“衬脊灰”（麻刀灰）堵严塞实，最后铺灰安放博脊瓦。博脊瓦的泛水应同挂尖，接缝处要用灰勾严。调脊时应首先在正对正脊的位置，即博脊的正中位置放置一块博脊连砖（或承奉博脊连砖等），再往两边赶排。

图 2-32a ~ e 分别为几个琉璃瓦屋脊组合示意图，供大家参考。

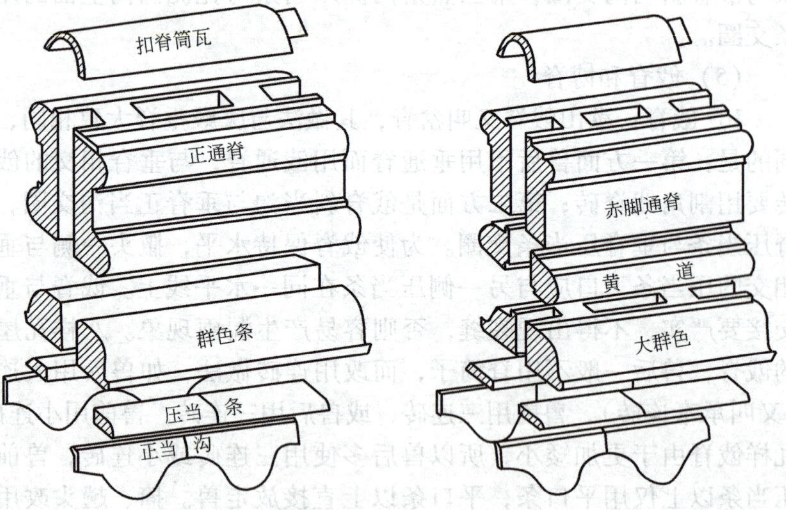

图 2-32　琉璃瓦屋脊的组合示意图

a）琉璃瓦正脊常见做法　b）琉璃瓦正脊增高的组合做法

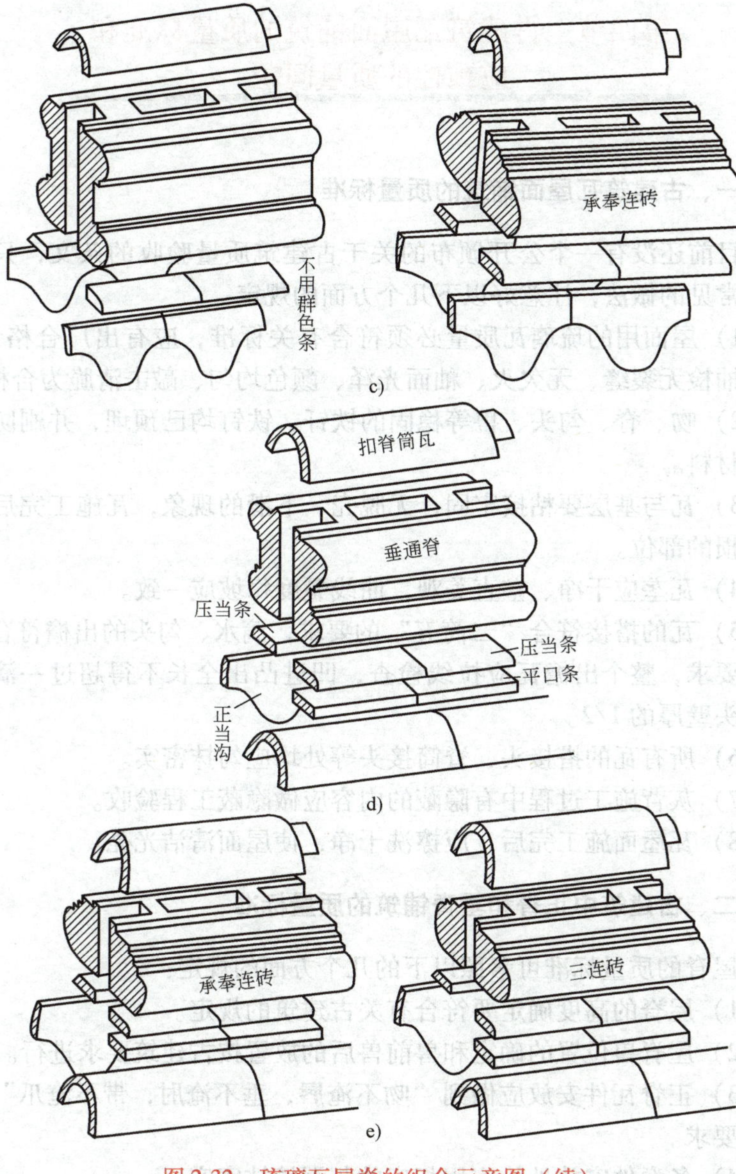

图 2-32　琉璃瓦屋脊的组合示意图（续）

c）琉璃瓦正脊降低的组合做法　d）琉璃瓦歇山垂脊常见做法

e）琉璃瓦歇山垂脊降低的组合做法

第四节　古建筑瓦屋面铺筑的质量标准和应预控的质量问题

一、古建筑瓦屋面铺筑的质量标准

目前还没有一个公开颁布的关于古建筑质量验收的条文，只能根据常见的做法，注意好以下几个方面的规定：

1）屋面用的琉璃瓦质量必须符合有关标准，应有出厂合格证，经过抽检无裂缝、无欠火、釉面光泽、颜色均匀、敲击清脆为合格。

2）吻、脊、勾头、兽等稳固的铁钎、铁钉均已预埋，并刷防锈防腐材料。

3）瓦与基层要粘接牢固，无脱壳、下滑的现象，瓦施工完后应无裂损的部位。

4）瓦垄应干净、垄直美观，曲线囊度每坡应一致。

5）瓦的搭接符合“二筒五”的要求，滴水、勾头的出檐符合伸出的要求，整个出檐瓦应拉线检查，凹进凸出全长不得超过一滴水或勾头壁厚的1/2。

6）所有瓦的搭接头、脊筒接头等处均应勾抹密实。

7）灰背施工过程中有隐蔽的内容应做隐蔽工程验收。

8）瓦屋面施工完后，应擦洗干净，使屋面清洁光亮。

二、古建筑中正脊和垂脊铺筑的质量标准

屋脊的质量标准可参照以下的几个方面的规定：

1）屋脊的高度确定要符合有关古建筑的规定。

2）屋脊兽位置的确定和兽前兽后的放置按古建筑要求进行。

3）正脊瓦件安放应做到“吻不淹唇，垂不淹肘，带不淹爪”等传统要求。

4）各脊件安放处均应用相应的灰泥填抹密实。

5）正脊的压当条和垂脊的压当条要交圈，如为当沟时，当沟与当沟要交圈。

6）屋脊防水施工符合要求。

7）调脊后要打点修理，刷浆，瓦件表面擦净擦亮。

8）屋脊异形瓦件的使用规律要符合古建筑的要求。

三、古建筑瓦屋面铺筑应预控的质量问题

1. 瓦件不符合要求

古建筑瓦件基本都是专门烧制的，通用性不好，一定要防止在运输及堆放倒运过程中造成瓦边角的受损，应做到堆放时铺垫草帘，倒运或上瓦时轻拿轻放，如有小损的可用在不影响防水和美观的地方，或锯割给斜脊处备用。

2. 屋面的曲线囊度没有做好

施工时从以下方面入手进行预控：在做灰背时，基层囊度必须做好，并进行检查；再有就是边垄铺筑好后要组织检查，铺筑中间中心垄时一定要每段拉线由两边边垄检查中间的囊度，这三趟垄筑得符合要求，则屋面的囊度就较容易做好了。

3. 沟、垄不直

防止措施是，在铺瓦时，要根据瓦的具体尺寸，避免一边跟线，俗话说要两边凑着把底瓦和盖瓦放中，按拉好的线走一般不会出现沟垄不直的现象。

4. 出檐不一致

当屋面出檐不一致时，在观感上就达不到要求，防止的办法是一定要在铺檐口瓦时拉通线，并应拉紧，使出檐一致，下雨时雨水在前檐是一条直线，反映出檐一致的美。

总之古建筑屋面的施工不仅要考虑实在的质量，还有建筑艺术美观的质量，必须在操作中遵照老工匠的指导，参看古建筑施工做法时要辩证地思考，做到一丝不苟，才能达到预期的效果。

第五节　古建筑瓦屋面铺筑的安全要求

在古建筑屋面施工中同时还要注意一些安全问题，除去要遵守常规的建筑工地现场要求外，主要应注意以下几个方面的要求：

1）检查脚手架的牢固程度，看是否在屋檐四周有安全防护，并挂上安全网。

2）上脚手架及屋面应有专用的上人通道或梯子，施工人员不得攀登脚手架。

3）施工人员不得穿硬底鞋或打滑的鞋上下屋面。

4）雨雪天气应采取防滑措施，施工前应清扫屋面上的霜雪再操作。

5）屋面及脚手架上堆放的材料要有限度，并应分散堆放，施工过程中两坡面对称同时施工。

6）屋面的杂物和碎瓦等不能任意向下抛掷，防止落物伤人。

7）最后屋面清扫擦净时，施工人员应有扶手的栏杆和绳索，挂安全带，防止瓦面打滑，栏杆、绳索在拟定施工方案时就要予以考虑和确定。

8）凡有高血压、心脏病、癫痫病等病症及喝酒人员不得上屋面作业。

第六节　古建筑瓦屋面铺筑的技能训练

● 训练1　古建筑中筒瓦屋面的铺筑

1. 训练内容

铺筑硬山式双坡屋顶的筒瓦屋面，按大式黑活工艺进行操作。

2. 基本训练项目

（1）铺筑准备

1）工具准备：瓦刀、抹子、灰板、灰桶、制子（选瓦用）及质量检测工具钢卷尺、水平尺、墨斗和长线等。

2）材料准备：按照筒瓦的质量要求进行检查验收，对瓦片中含有石灰块杂质、砂眼多、裂缝的、欠火较重、质量差的筒瓦，一律不得使用。用垂直运输和人工传递的方法将瓦运送到屋面；在屋面上应均匀而有次序地摆在椽条部位处，阴瓦、阳瓦应分行堆放，屋脊处应多堆放些瓦片，以筑脊之用。铺瓦用的灰浆和筑脊时用的望砖根据需用量随用随运。

3）技术准备：首先检查铺瓦的基层，主要检查基层是否有损坏，铺瓦的面层要求平整，凡不平的应调整平直；基层检查合格后才可运瓦上瓦、摆放均匀再开始铺瓦。

（2）筒瓦屋面的铺筑

1）苫背：屋面的基层（当成望板层）检查合格后，铺灰（视训练场地所给的屋顶基层而定，如需要则铺，这道工序叫护板灰）。做泥背，根据泥背情况决定是否粘麻和打拐。

2）分中、号垄、排瓦当：在檐头横向中点做标记，即是底瓦坐中。再从两山博风外皮定瓦口宽，在底瓦和端瓦口间排瓦当，最后将各垄盖瓦的中点平移至屋脊背上，并做好标记。

3）审瓦：对瓦片进行质量检查（具体见材料准备）。

4）冲垄：冲垄是瓦屋面的铺筑标准，边垄冲好冲中间垄，瓦垄都必须以拴好的几根标准线为依据进行操作（即“齐头线”、“棱线”、“檐口线”）。

5）铺瓦：先铺滴瓦，铺滴瓦要拴两道线，一道在滴水尖处，一道在冲垄前的檐口线处。滴瓦的出檐、遮心瓦安放和固定钉等操作要仔细进行；铺底瓦要先开线，再铺瓦。铺瓦时的底瓦灰厚度一般在40mm左右，底瓦的搭接要保证有6/10的长度被上一块瓦压住，底瓦灰要饱满，不要出现“喝风”、“不合蔓”现象；接着进行背瓦翅，要将灰泥背足拍实；扎缝，扎缝灰应盖住底瓦垄的瓦翅；接着铺盖瓦，以排好的盖瓦垄为准铺设，盖瓦不要紧挨底瓦，应留点距离，盖瓦灰要硬一些；熊头灰要抹足挤严并注意颜色的调整，盖瓦垄直顺都要以线为准，但要灵活掌握“大瓦跟线、小瓦跟中”的要领。

6）清扫瓦垄：将筒瓦相接处用小麻刀灰勾抹，抹灰应分粗细两次进行，注意拍严拍实，无多出的灰和小孔洞。擦净瓦面后在底瓦处勾灰密实，并用刷子沾水勒刷，即“勾瓦脸”。

7）瓦全部铺好后，屋顶用月白浆提色，檐头、当沟和眉子刷烟子浆。

3. 训练注意事项

1）所用铺灰种类要选好，一般可用月白麻刀灰，厚度在10～20mm之间。

2）分中、号垄、排瓦当注意按黑活的步骤进行。

3）审瓦时还要“沾瓦”，即用生石灰浆浸泡底瓦的前端（露头的一侧），沾浆的部分应占瓦长的2/3。

4）铺瓦要跟线，一般有人在远处观察指挥，立即对质量问题修理，在捉节夹垄时防止灰开裂而造成渗水，关键是将灰填实、拍紧、抹平。

5）捉节夹垄及熊头用月白灰，为保证滴水能刷严，刷浆提色前在沾瓦时就用烟子浆把滴子瓦沾好。铺阴角转角处时可用大一号的瓦，盖瓦要打斜头，并将斜头用灰堵严、抹齐、轧实。

6）屋面铺盖完后，应对屋面全面进行清扫，做到瓦棱整齐，瓦片无翘角破损和张口现象。

7）筒瓦屋面铺筑时，檐口处必须搭设防护设施，要按照要求设置三道防护栏，外挂安全网；挂铺前应先检查脚手架的稳固情况。

● 训练2　古建筑中筒瓦屋面正脊和垂脊的铺筑

1. 训练内容

铺筑大式黑活尖山式硬悬山正脊和垂脊。

2. 基本训练项目

（1）铺筑准备

1）工具准备：瓦刀、大铲、灰板、灰桶及质量检测工具钢卷尺、水平尺、墨斗等。

2）材料准备：按照传统的脊件质量要求进行检查验收，对瓦片中含有石灰块杂质、砂眼多、裂缝的、欠火较重、质量差的瓦件，一律不得使用。用垂直运输和人工传递的方法将瓦运送到屋面；铺瓦用的灰浆和筑脊时用的望砖根据需用量随用随运。

3）技术准备：首先检查铺瓦屋脊的基层，主要检查基层是否有损坏，铺瓦的面层要求平整，凡不平的应调整平直；基层检查合格后才可运瓦上瓦、摆放均匀再开始铺瓦。

（2）正脊和垂脊铺筑

1）先在扎肩灰上放好三块老桩子瓦，在两坡相交处铺底瓦灰，放瓦圈；在脊上取平，拴线砌当沟墙；在胎子砖的两端、山尖坐中勾头之上，铺灰砌放圭角；在圭角以上铺放“面条筋”一个，面条筋应与正脊二层瓦条平，面条筋以上是“天混”，天混以上是“天盘”，圭角至天盘合称天地盘；在胎子砖上拴线铺灰，砌头层瓦条；在头层瓦条之上砌二层瓦条，在二层瓦条上拴线铺灰，砌一层圆混砖；在两端天盘和圆混砖之上，铺灰安放正吻。正吻外皮应与圭角外皮在一条直线上，天盘上皮应用麻刀灰抹成45°，即抹“八字”。如果正吻的吞口小于陡板及一层砖的高度总和，应将正吻垫高，保证外侧被天地盘上皮的八字挡住，垂脊内侧露出的部分要用月白灰与正吻抹平，并在上面划线斜格，留待最后打点刷浆成色；正吻完成后，拴线砌陡板，正脊上的又叫“通天板”，通天板通过拴线或木仁连成整体，在通天板与正吻大嘴放置一块圆混砖，与上下圆混砖相交。这块砖下端做成“箭头”，栽入陡板下的圆混砖内，上端做成“割角”；在陡板上继续拴线铺灰，砌瓦托眉子；接着做当沟，用大麻刀灰抹胎子砖，修成半圆形；最后刷浆提色。用烟子浆刷当沟和眉子，其余刷月白浆。

2）做垂脊第一先放遮心瓦和猫头，接着在斜勾上铺灰安放圭角，然后拴线铺灰砌筑胎子砖，在圭角和胎子砖间拴线砌一层瓦条，在瓦条上砌盘子砖，盘子上砌圆混砖，铺灰安放兽座和垂兽，然后进行兽前和兽后处理，兽前要安一块筒瓦，兽后在头层瓦上拴线铺灰砌瓦条，瓦条上砌圆混砖，脊上瓦条和圆混砖比普通规格短，瓦条与圆混砖之间空隙用灰填平；砌陡板砖，再砌圆混砖，在圆混砖上拴线铺灰砌一层筒瓦或砖，在瓦两旁及上面抹灰，调脊完打点修理刷浆。

3. 训练注意事项

1）当沟墙的宽度应等于正吻中陡板宽度，当沟墙上皮至盖瓦垄上皮的高度应等于一块筒瓦的宽度。

2）圭角比坐中勾头退进若干，退进尺寸应从天盘处翻活，天盘外皮应与勾头外皮在一条直线上，圭角里皮应被垂脊挡住。

3）二层瓦条檐与头层一样，瓦条与圆混砖的出檐原则和悬山垂脊瓦条和圆混砖的出檐原则相同，规格一般应比垂脊瓦条和圆混砖稍厚，瓦条和圆混砖之间的空隙用灰砖填平。

4）在实际操作时，天地盘的高低位置是不固定的，当坐中勾头的实际高度低于屋面瓦垄时，天地盘应随之降低，一般以天盘或圆混砖能与正脊第一层圆混砖在同一高度较为恰当。

5）通天板的宽度与正吻大嘴宽度同，通天板间空档要预先用砖、灰砌实抹严，垂直圆混砖与陡板上的圆混砖合成直角。

6）脊的上端不需要罗锅形瓦件，垂脊的斜高不应超过正脊高，最好稍微低一些，符合“垂不淹爪”原则。

复习思考题

1. 屋面瓦的种类有哪些，分别有何质量要求？
2. 瓦屋面的常见构造有哪几种？
3. 大式黑活各种屋面的工艺过程有哪些？操作要注意哪些要点？
4. 小式黑活各种屋面的工艺过程有哪些？操作要注意哪些要点？
5. 大式黑活各种屋脊的工艺过程有哪些？操作要注意哪些要点？
6. 小式黑活各种屋脊的工艺过程有哪些？操作要注意哪些要点？
7. 筒瓦屋面铺筑的质量标准有哪些？
8. 屋面瓦铺筑应预控哪几方面的质量问题？
9. 屋面瓦施工时安全方面的措施有哪些？

第三章

古建筑砖料加工

培训学习目标　通过本章的学习，掌握古建筑砖的装饰工艺知识、雕刻工艺知识和古建筑砖的刨、锯、磨、削工艺基本知识，通过技能训练，能够砖雕各种花纹、图案、阴阳字体，能按要求对砖料进行各种形状的加工，掌握古建筑砖的砍磨，达到干摆和丝缝的要求，熟悉砖细磨制和操作。

第一节　砖　雕

一、砖雕概述

砖雕俗称“硬花活”，是在砖面上进行艺术雕刻，一般分为浮雕、浅雕、深雕三种，深的雕刻要用2~3块砖叠起来粘合后才能完成，砖雕有刻字、人物、山水、花卉、鸟兽等各种表现内容，设在墙壁、门头、门楼及亭园中。中国古建中的雕刻艺术有着它独有的生动、细腻的特点，这一点在小式建筑中表现得尤其突出。砖雕是古老的艺术，现能为者日少，为发挥祖国古老艺术的光辉，应培养出新的一代砖雕艺匠。江苏省苏州市吴县东山的雕花大楼集建筑雕刻之精华，为今人学习古雕艺术的样板。

砖雕装饰用在什么部位有一定的规律，使用时应注意符合这种传统习惯，详细可参看有关古建筑书籍（如《工程做法则例》、《中国古建筑瓦石营法》）的砖雕章节。

砖雕的工具有3～15mm錾子各一种、木敲手、磨头等。砖雕可以在一块砖上进行，也可以由若干块砖组合起来进行。一般都是预先雕好，然后再进行安装。雕刻的手法有平雕、浮雕（又分浅浮雕和高浮雕）和透雕。如果雕刻的图案完全在一个平面上，这种手法就叫平雕，平雕是通过图案的线条给人以立体感，而浮雕和透雕则要雕出立体的形象。浮雕的形象只能看见一部分，透雕的形象则大部分甚至全部都能看到，透雕手法甚至可以把图案雕成多层。

砖雕是考核的重点内容，一定要掌握。

二、砖雕工艺

砖雕的工艺步骤如下：准备工作→砖料加工→翻样→雕刻→收尾。

三、砖雕操作要点

1. 准备工作

准备工作主要是材料准备和操作准备，基本上是在工厂内进行。材料准备主要是选砖，雕刻用砖比砖墙、墁地用的砖要求严格，应选择质地均匀、严密的砖，凡裂缝、砂眼、缺棱掉角的砖均不能用。挑选时可以把砖的一角拎起，用钢凿敲试，声音清脆者为好，否则在雕刻时会碎。同时还应准备一些辅助材料，如白灰、猪血料、砖粉（在加工时留取）、桐油、细石灰粉、元宝榫（用砖制成）等。操作准备主要是学习翻样图，准备素材，在雕刻前做到心中有数，并筹划整个砖雕工序的进展。此外还要准备砖雕的专用工具，如刨刀、板凿、花凿、铲刀、剐刀、刮刀各若干把，还有小铲、油铲等。这些工具有的市场上买不到，要由砖瓦工自行设计制作或加工。

2. 砖料加工

砖料应根据砖雕的深浅确定，如浅雕、浮雕，砖的加工在作业场内进行，加工的程序大概为粗刨→细刨→磨光→找方→锯刨边→磨平缝→背后做勺口，另外做镶边的还得断料、线脚刨、刨边磨光等。砖加工时，操作人员先用眼睛将砖侧过来察看，面上高出部位先用粗刨刨去，再观察，如基本平整，则用刨子细刨，可从左至右一刨接一刨把砖刨平，然后用平尺检查平整，进行找方或锯角，再磨四边，最后对砖面和砖边磨光细作，检查尺寸偏差不得超标。如为深雕要将两、三块砖叠合，并要对每组砖雕的砖进行选配。每块砖的六个面都要进行加工，加工的方法同上，且砖与砖的侧面都要做供装元宝榫的相应的榫槽，经加工后把几块砖叠合起来能左右密贴、整齐吻合才行，一定要兜方，一丝不差。

3. 翻样

有的人称作“画”，是按设计图样（或画家画的图样）计算好用砖数量，平铺于工作台上，工作台必须平整，然后上下左右把砖对齐，四周固定紧密，再把图样覆盖于砖上，下面可填复写纸，用铅笔描图覆于砖面，使砖上有图样轮廓，最后全凭砖瓦工的技艺雕刻出精美的砖雕艺术。如为深雕，则第二、三层砖上同样要覆复写纸印图，描出轮廓。也有人直接用笔在砖上画出所要雕刻的形象，有些地方若不能一下子全部画出，或是在雕的过程中可能将线条雕去，则可以随画随雕，边雕边画。一般说来，要先画出图案的轮廓，待镳出形象后再进一步画出细部图样。

4. 雕刻

雕刻这一过程如果进一步细分的话，一般有五大步：第一步是耕，用最小的錾子沿画笔的笔迹浅细地“耕”一遍，以防止笔迹在雕刻中被涂抹掉；第二步是钉窟窿，用小錾子将形象以外的部分钉去，为下一步工序打下基础；第三步是镳，将形象以外多余的部分镳去，镳出形象的立体轮廓；第四步是齐口，用錾子沿花饰图案的侧面进一步细致地剔凿；第五步是捅道，用錾子将图案中的细微处（如花草叶子的脉络）雕刻清楚。砖雕手法如图 3-1 所示。

在雕刻时应先把需用工具准备好，并放在手边专用箱内；再检查砖的干燥程度，凡比较潮湿的砖，不易雕刻，雕刻时容易松疏掉块，因此必须干燥充分。刻字及浮雕比较简单容易；浅雕及深雕必须认真细致，应先凿后刻，先直后斜，再铲、刷、刮平，用刀之手要放低，盖以无名指接触砖面掌握力度。锤子下敲时要轻，用力要均匀；先划线凿出一条刀路之后，刀子始可放斜再边凿边铲；根据不同部位用不同工具。雕凿工作是细致的艺术工作，切忌操之过急，

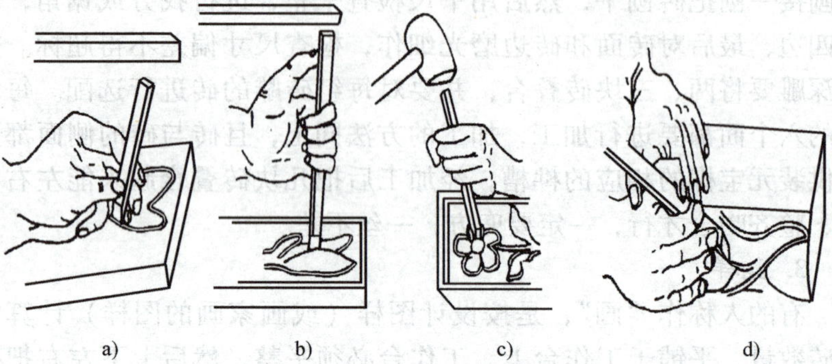

图 3-1　砖雕手法示意图

a）耕　b）钉　c）镳钉　d）铲

应一层层一皮皮地由浅入深进行。若急于求成，反而弄巧成拙，欲速则不达。

5. 收尾

所谓收尾就是修补、过浆、磨光、拼装，也有人归纳为“磨”、“上药”、“打点”三大步。磨就是用磨头将图案内外粗糙之处磨平磨细。上药包括修补、过浆和磨光三个步骤，修补指主要的雕刻工艺结束后，应对雕刻的东西进行检查，如发现砂眼、刻落小块、缺角、掉边等，可用砖灰加猪血料或砖灰拌油灰（桐油：细石灰粉 = 1:2.5）胶补好，胶补材料也可用七成白灰三成砖面，少许青灰加水调匀配制而成，补时要先想好如何补，再细心着手进行，补好后洒点细砂磨光，把补痕磨去，也可用细砂皮进行；过浆是在修补完成后，用瓦与瓦（好的小青瓦）湿磨后澄清的浆水涂敷于雕物一遍；过浆干后再用细砂皮、油石等视情况不同分别磨光。打点是指用砖面水将图案揉擦干净。

深雕还需进行拼装，即将雕好的砖拼成一体。拼装前应先把砖浸水至无气泡后，捞起晾干待拼，将拼缝油灰（细石灰：桐油：水 = 10:2.5:1）按配合比拌好后放在石臼中舂打 2h 左右，再用桐油拌稠至可用为止。拼装时把油灰铺满砖面，挤密，在侧面用元宝榫嵌入已挖好的榫槽内，如榫槽有松动，可加油灰挤密。拼好后要检查，把挤出的油灰等用竹板刀刮净。深雕的过浆和磨光一般在拼装后进行。

在砖雕过程中应小心、细致，尤其是透雕。但如果局部有所损坏，也不要轻易抛弃，因为图案本身并无严格的规定，除了可以将损坏的部分重新粘好外，也可以考虑在损坏的部分结合整体图案重新设计图案和雕刻。雕出的形象应生动、细致、干净，线条要清秀、柔美、清晰，图 3-2 为几种砖雕成活后的示意图。

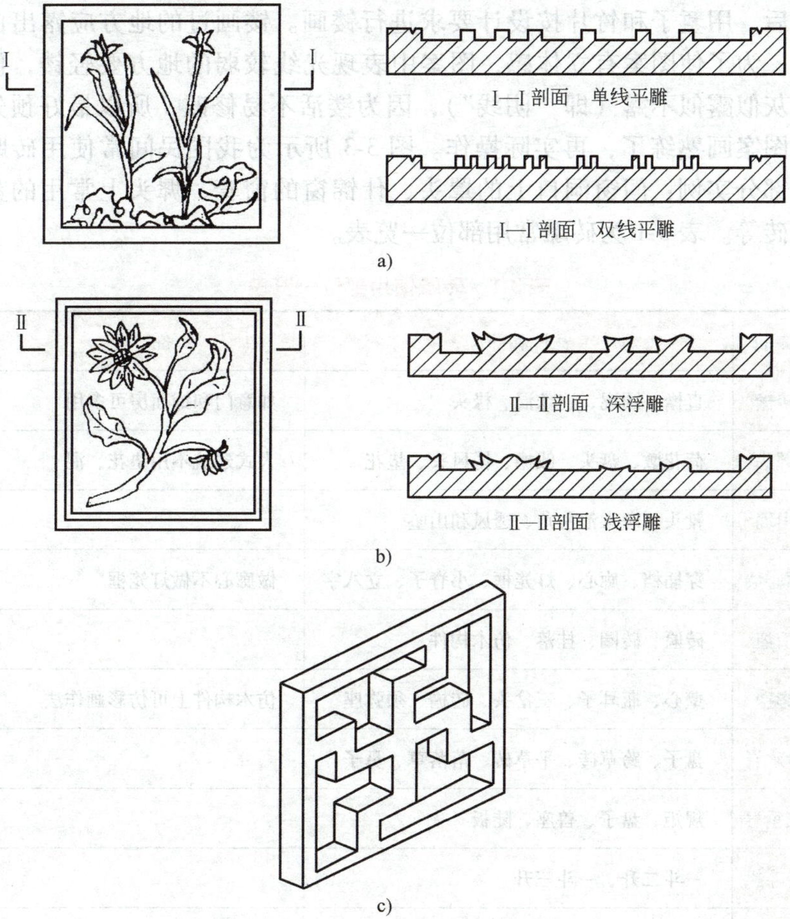

图 3-2　砖雕成活示意图

a）平雕图案　b）浮雕图案　c）透雕图案

除了硬花活（即“凿活”）以外，还有一种“软花活”。古建中凡用抹灰方法制的花饰、瓦件等，都叫“软活”，以砖瓦制成的都叫“硬活”。软花活制作手法分“堆活”和“镂活”两种。堆活就是用麻刀灰先堆成图案的粗糙轮廓，然后用纸筋灰按设计要求堆塑。纸筋灰是用水将草纸泡糟后与白灰膏加水调匀制成。如在石头上堆塑，应先用砂子灰打底，如成批生产，可制模浇筑。镂活是先用麻刀灰打底，然后薄薄地抹一层素白灰，再在其上刷一层烟子浆，待灰浆干后，用錾子和竹片按设计要求进行镂画。镂画过的地方应露出白灰，为了使图案有立体感，图案中表现光线较弱的地方要轻镂，使白灰似露似不露（即“阴线”），因为镂活不易修改，所以最好预先将图案画熟练了，再实际操作。图 3-3 所示为我国民间常使用砖雕的部分实例：门窗洞口上的罩头、什锦窗的窗套、墀头上常用的盘头砖等。表 3-1 为砖雕常用部位一览表。

表 3-1　砖雕使用部位一览表

项 目	瓦件和部位	备 注
砖檐	直檐、圆混、连珠混、椽头	如意门和铺面房可多用
墀头	荷花墩、盘头、戗檐、博风头、垫花	大式建筑不用垫花、混
山墙	靴头、海棠池岔角、透风和山坠	
廊心墙	穿插档、廊心、灯笼框、小脊子、立八字	做廊心不做灯笼框
门窗	砖匾、砖圈、挂落、仿木构件	
影壁	壁心、瓶耳子、三岔头、砖檐、须弥座	仿木构件上可仿彩画作法
清水脊	盘子、跨草砖、平草砖、落落草、鼻子	
正垂脊	规矩、盘子、兽座、陡板	
砖斗拱	一斗二升、一斗三升	
槛墙	海棠池岔角	

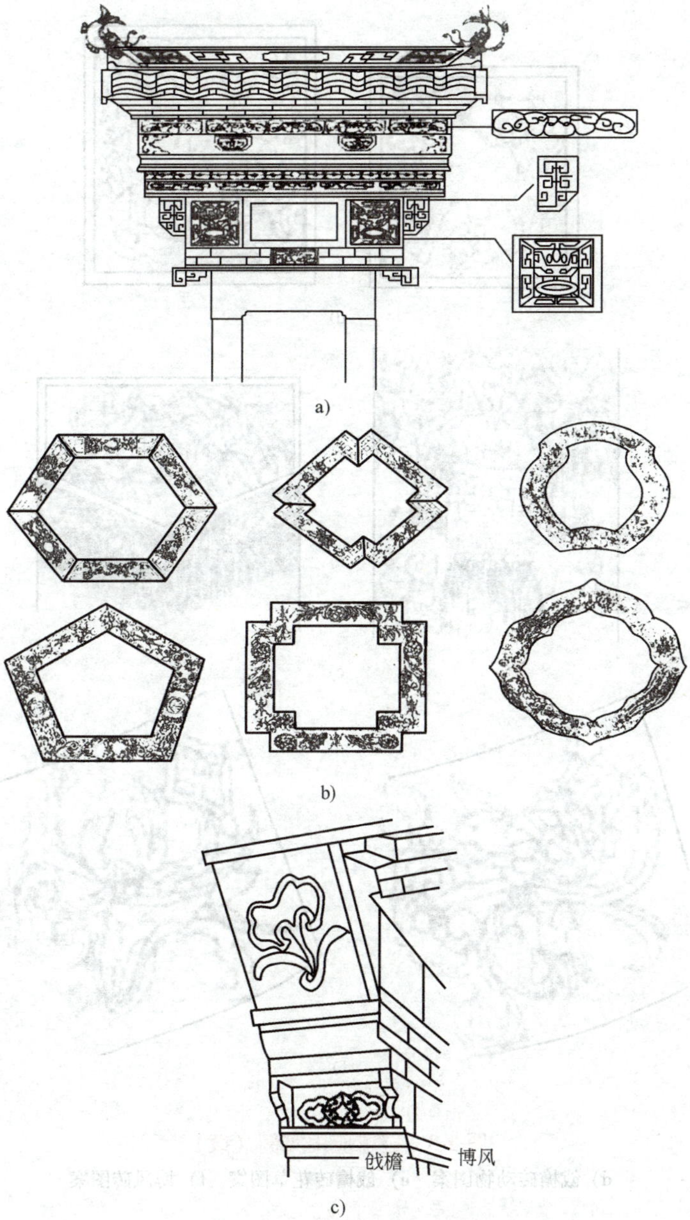

图 3-3　砖雕应用实例

a）门窗罩头上的砖雕　b）什锦窗的窗套　c）墀头花砖雕

图 3-3　砖雕应用实例（续）

d）戗檐砖动物图案　e）戗檐砖花草图案　f）博风砖图案

第二节　砖的砍磨工艺与砖细

一、砖砍磨的名词术语

1. *砖的各面在加工中的名称*

砖的各面在加工中的名称与砌筑中的名称有所不同。

1）用在卧砖墙中的砖大面叫“肋”，侧条面叫“面”，顶头面叫“头”。

2）用在陡砖墙中的砖大面叫“面”，侧条面叫“肋”，顶头面叫“头”。

3）用在方砖地面中的砖大面叫“面”，侧条面叫“肋”。

4）用在陡板地面中的砖大面叫“面”，侧条面叫“肋”，顶头面叫“头”。

2. *砖料的分类*

根据使用部位的不同，被加工的砖料可分为墙身砖、地面砖、檐料子、脊料和杂料子。

（1）墙身砖和地面砖　墙身砖和地面砖又分为“直趟活”和异形砖。直趟活指平面夹角为90°的砖料，用于墙身的“直趟活”包括“长身”、“丁头”、“转头”和“陡板”。“长身”指砌筑时砖的长面朝外，“丁头”指小面朝外，“转头”指用于转角部位、长身面和丁头面全部外露的砖料，“陡板”指立置砌筑、大面朝外的砖。异形砖指平面非矩形的砖料。异形砖的种类很多，其中比较常见的是八字砖、车辆砖和镐楔砖。八字砖指砖的一个角为“六方”或“八方”或其他角度的砖，车辆砖用于圆弧形墙面、圆券贴脸或圆形散等，镐楔砖用于砖券。

根据加工工艺的不同，墙身砖可分为五扒皮、膀子面、三缝砖、淌白砖。地面砖可分为盒子面、八成面、干过肋。条砖地面砖可分为陡板和柳叶。

（2）檐料子　指砖檐用料，如枭、混、直檐砖等。

（3）脊料　指屋脊上的砖料，如硬瓦条、混砖、陡板、规矩盘子、宝顶用料等。

（4）杂料子　指用量小但造型多变的砖料，如影壁、廊心墙、匾圈用料、须弥座用料、梢子、砖挑檐用料、博风、靴头等，以及某些非标准的砖料，如爬山廊子中的斜槛墙等。杂料子与某些异形砖在概念上没有明显的界线，一般说来，用量少的可视为杂料子。

3. 砖肋的不同处理

除了淌白砖以外，砖肋都要砍磨，叫做"过肋"或"劈肋"。五扒皮砖和墁地用砖的砖肋均应砍包灰，地面砖的包灰应较小，称为"晃尺包灰"。砖肋上还应留出适当的转头肋，这样才能保证砖的表面在磨掉一些以后仍然不会缝隙变大，地面砖和准备凿做花活的"坯子"，转头的宽度应适当加大，用于砖檐时，转头肋的宽度应大于出檐尺寸，膀子面是指砖的一个肋上不砍包灰，与看面的夹角成90°（或稍小于90°），膀子面砖用于丝缝墙的砌筑和直檐砖，用于直檐砖的砌筑时应朝下放置。

二、砍砖的基本程序

在未砍砖之前，应先砍出样板砖即"官砖"，然后统一按样砖砍制。样砖的规格宜以墙面能排出好活为准。

1. 墙面砖

（1）五扒皮　即砖的6个面中加工5个面。加工步骤如下（图3-4）：第一步，用刨子铲面并用磨头磨平，现多用大砂轮直接磨平；第二步，用平尺和钉子顺条的方向在面的一侧划出一条直线，即"打直"，然后用扁子和木敲手沿直线将多余的部分凿去，即"打扁"；第三步，在打扁的基础上用斧子进一步劈砍，即"过肋"，后口要留有"包灰"，城砖包灰不大于5~7mm，停泥砖不大于3~5mm，过完肋后用磨头磨肋，磨肋时宜磨出适当宽度的转头肋，这样可以保证在砌筑过程不致因为墁干活而露脏，转头肋宽度不小于5mm；第四步，以砍磨过的肋为准，按"制子"（即长、宽、高的标准，通常用木棍制作）用平尺、钉子在面的另一侧打直，然后打扁、过肋和磨肋，并在后口留出包灰；第五步，沿顺头的方向在面的一端用方尺和钉子划出直线，并用扁子和木敲手打去多余的部分，然

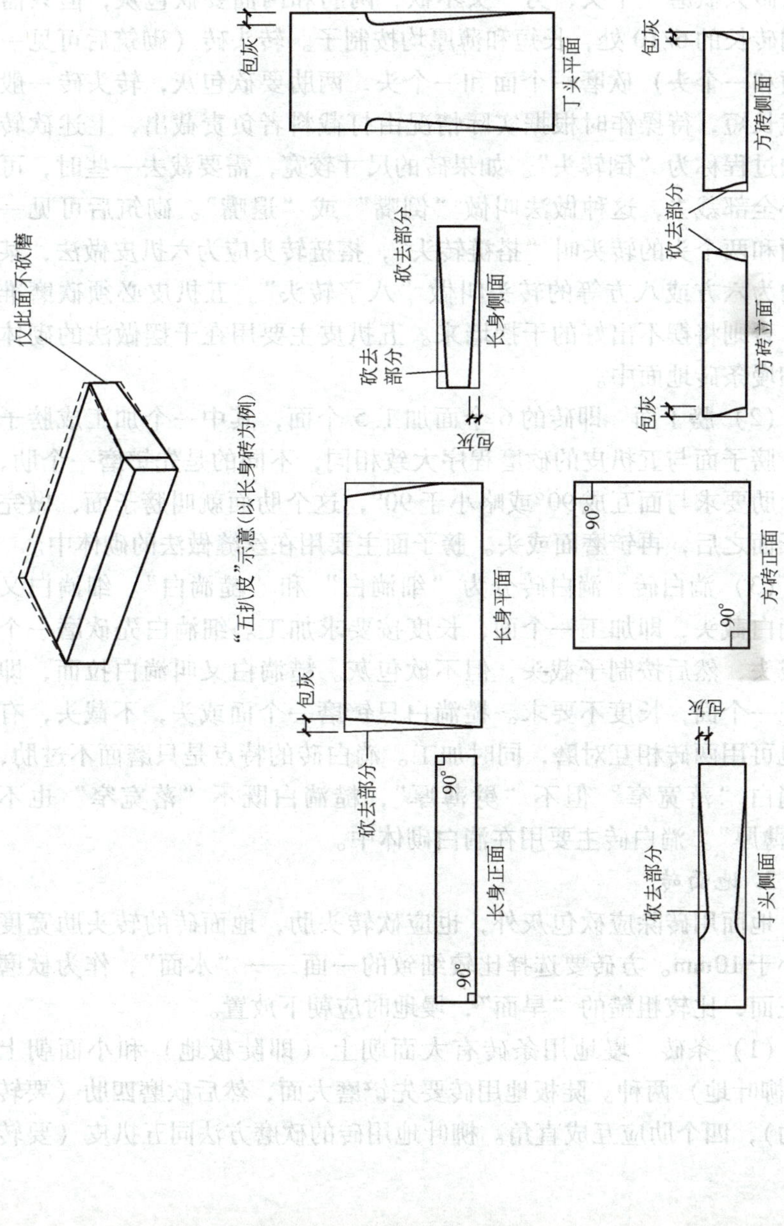

图 3-4　五扒皮砖加工部分示意图

后用斧子劈砍并用磨头磨平，即“截头”，头的后口也要砍留包灰，城砖包灰不超过5mm，停泥不超过3mm；第六步，以截好的这面头为准，用制子和方尺在另一头打直、打扁和截头，后口仍要留包灰。丁头砖只砍磨一个头，另一头不砍，两肋和两面要砍包灰，但只需砍到砖长的6/10处，长短和薄厚均按制子。转头砖（砌筑后可见一个面和一个头）砍磨一个面和一个头，两肋要砍包灰，转头砖一般不截长短，待操作时根据实际情况由打截料者负责截出，上述砍转头的过程称为“倒转头”。如果砖的尺寸较宽，需要裁去一些时，可不必全部裁去，这种做法叫做“倒嘴”或“退嘴”。砌筑后可见一个面和两个头的转头叫“搭裢转头”，搭裢转头应为六扒皮做法，某个角为六方或八方等的转头叫做“八字转头”。五扒皮必须砍磨准确，否则将摆不出好的干摆墙来。五扒皮主要用在干摆做法的砌体和细墁条砖地面中。

（2）膀子面　即砖的6个面加工5个面，其中一个加工成膀子面。膀子面与五扒皮的砍磨程序大致相同，不同的是先铲磨一个肋，这个肋要求与面互成90°或略小于90°，这个肋面就叫膀子面，做完膀子面之后，再铲磨面或头。膀子面主要用在丝缝做法的砌体中。

（3）淌白砖　淌白砖分为“细淌白”和“糙淌白”。细淌白又叫淌白截头，即加工一个面，长度按要求加工。细淌白先砍磨一个面或头，然后按制子截头，但不砍包灰。糙淌白又叫淌白拉面，即加工一个面，长度不要求。糙淌白只铲磨一个面或头，不截头，有时也可用两砖相互对磨，同时加工。淌白砖的特点是只磨面不过肋，细淌白“落宽窄”但不“劈薄厚”，糙淌白既不“落宽窄”也不“劈薄厚”。淌白砖主要用在淌白砌体中。

2. 地面砖

地面用砖除应砍包灰外，也应砍转头肋，地面砖的转头肋宽度不小于10mm。方砖要选择比较细致的一面——“水面”，作为砍磨的正面，比较粗糙的“旱面”，墁地时应朝下放置。

（1）条砖　墁地用条砖有大面朝上（即陡板地）和小面朝上（即柳叶地）两种。陡板地用砖要先铲磨大面，然后砍磨四肋（要转头肋），四个肋应互成直角。柳叶地用砖的砍磨方法同五扒皮（要转头肋）。地面用条砖的包灰应比墙身用砖小，一般为1～2mm，城砖为2～3mm。

（2）方砖　方砖有盒子面、八成面和干过肋三种。“盒子面”就是五扒皮，四肋应砍转头肋，表面平整要求较高。参照墙身用五扒皮的砍磨方法，先铲磨面，再砍四肋（再转头肋），四个肋应互成直角，包灰1～2mm，盒子面的表面应能与样砖相吻合，任取两块磨平的盒子面也应能完全相合，盒子面主要用于细墁方砖地面；“八成面”工艺同盒子面，但表面平整度要求一般，不像盒子面那样严格，贴尺检查时，可有稍微晃动现象，八成面主要用于细墁尺二方砖地面；“干过肋”即在工艺上表面不处理，铲磨四个肋但不做转头肋，也不砍包灰，四个肋要求互成直角，砖的宽度要求一致，如果砖的表面凸凹不平，也可适当磨面，主要用在淌白地面中（一般是尺四以下方砖）。

（3）金砖　金砖的砍磨方法与盒子面做法基本相同，但工艺更精细，尤其是表面平整度要求极其严格，要求用软平尺检查。软平尺是用不易变形的木料制作的，然后将毡子粘在平尺的小面上，使用时应先将软平尺的小面上沾上红土粉，然后在砖的表面刮一下，未沾上红土粉之处即为低洼之处，颜色较重之处即为高出之处。

3. 三缝砖与六扒皮

（1）三缝砖　三缝砖即砖的6个面有4个面加工，有一道棱不加工。三缝砖与五扒皮的砍磨程序大致相同，但有一道肋不过肋。三缝砖用于墙体或地面中的那些不需要过肋的部位或应在施工现场临时决定尺寸的部位，如槛墙的最后一层、地面的靠墙部位等。三缝砖做法能在不影响施工质量的前提下有效地提高砖加工的效率。

（2）六扒皮　六扒皮的特点是砖的6个面全都砍磨加工。六扒皮做法的砖用于一个长身面两个丁头面同时露明的部位（如马莲对做法的墀头），或其他需要使用六面加工的矩形砖料的部位。

4. 异形砖、檐料、脊料和杂料

这几种砖料一般可先进行初步砍磨，然后再根据需要进一步加工，如弧形地面砖，可先铲磨表面，然后再加工成弧形。虽然这几种砖料都呈不规则形状，但加工的方法不外三种：第一种方法是用活弯尺，这种方法可画出任意角度的砖料，如八字砖、合角（割角）砖等；第二种方法是用矩尺，这种方法可以画出相互吻合的曲线，如槛墙靠近柱顶石鼓镜部分，需要与鼓镜吻合，画样时，可将砖贴近柱顶，矩尺的一端随着鼓镜移动，另一端在砖上画出鼓镜的侧面形状；第三种方法是用样板，样板是根据设计要求，经过计算画出的实样，样板一般用三合板制作，根据需要，可制作正立面的样板（如弧形地面砖），也可制作侧面的样板（如梢子、砖檐等），或同时制作正面和侧面两种样板（如宝顶、斗拱等）。

三、砖细

砖细就是将砖（主要是方砖）经过刨、锯、磨的精工细作后，用来作为墙面、门口、勒脚等处的装饰，如同现在的花岗岩和大理石等装饰面层一样。它大致分为：砖细望砖、砖细抛方台口、墙面勒脚、砖细镶边月洞、门窗套、半墙槛、砖细镂窗等。下面以影壁的墙面砖细为例子来了解其施工过程和注意事项。

1. 砖细工艺

施工准备→砖料加工→墙面砌筑→修整清理。

2. 操作要点

（1）施工准备　主要是材料准备和施工前准备。材料准备主要是根据墙面的大小准备方砖，一般规格有尺四方砖（440mm×440mm×45mm）、尺二方砖（380mm×380mm×40mm）或一尺方砖（320mm×320mm×35mm），把砖进行干燥，方法是搭棚防雨、架空风干，然后在干砖中选砖，要选择边角整齐、表面细腻、无砂眼及粗粒、色泽均匀、同一批烧制的颜色相同无明显色差的砖；同时准备砌筑时挂勾的木勺，长约200mm、宽30mm、厚20mm，头部做成拐头，最好用柏木做成，也可用毛竹制，其他木材容易朽烂；还要准备油灰作为砖缝的粘接和防雨。施工前准备主要是按图样上需要做墙面的大小进行定位，量出高低、宽窄，最好绘制有同比例的翻样图，根据图样去掉镶边算出砖的块数和选用砖的大小；还要准备脚手架和操作工具等。

（2）砖料加工　加工的步骤和要求与砖雕中的砖料加工完全相

同，这里不再重复叙述。

（3）墙面砌筑　外部砖细影壁必须和内部粗砖墙同时砌筑，一般影壁在墙高1/3以上开始出现，影壁部分两边的墙一般先砌到一定高度，砌时应先立好皮数杆（这种皮数杆和普通皮数杆不同）。先把影壁两侧与粗砖墙相接的镶边砌好、挤紧，然后量查影壁两头镶边的尺寸，再进行砖细的排砖，其尺寸允许偏差不大于±1mm；影壁底的墙面必须找平找直，才能坐砌底镶边及底排砖，坐底要用1～2mm厚的油灰。砌时要拉水平线，线要拉紧，使砖细上棱跟线，砖的侧面要披油灰，两砖挤紧，缝小于1mm。砖背离粗砖墙约8～10mm，以避免粗砖墙拱出而影响砖影壁面的平整。砖缝挤油灰是为了防止雨水渗入墙面。第一皮砖细立砌排好以后，在后面槽内安上木勺并砌入粗砖墙内拉结牢固，砌好后用平尺检查砖面的垂直平整度。按第一皮砌法，在两边镶边砌第二皮，依此类推。砌完三块砖高一般可用托线板检查垂直平整度。砌到影壁顶后再砌顶镶边，镶边上再做粗砖压住，有的上面有檐头装饰。

（4）修整清理　全部砖细影壁面砌完后，应进行全面检查。对砂眼和缝道处，用砖药补磨和对缝，再将油灰用竹篾补嵌，达到美观的效果，然后用水清洗到底交活。

第三节　砖加工的质量标准和应预控的质量问题

一、砖加工的质量标准

1. 砖雕的质量标准

1）选砖必须符合要求，质地要均匀。

2）翻样图必须经检查无误，复印准确。

3）修补不得过多，能明显看出修补过的砖雕必须重雕。

4）过浆要均匀，磨光要周到。

5）拼装无痕迹，手感良好。

6）观感自然逼真，线条清晰、层次分明，外表光滑、清洁。

2. 砍磨的质量标准

1）砖的长度和宽度应符合样砖的尺寸。

2）砖棱应平直，不得有缺棱掉角，棱边不得不在一个平面上。

3）砖肋不得有“肉肋”或“棒锤肋”。所谓“肉肋”和“棒锤肋”即肋（特别是转头肋）不平直，被磨成圆弧形。

4）常用砖的看面要互成直角，其他形状的砖角度应准确。

5）表面不得留有“花羊皮”（指砖的露明部分在铲面后，局部仍有糙麻不平之处）。

6）样板的外形与规格应符合图样要求，无图者，应符合传统做法。

7）用于拼装的砖拼缝应能吻合。

3. 砖细的质量标准

1）品种、规格和图案必须符合设计图样要求。

2）颜色均匀，不得有裂纹、缺棱、掉角等缺陷。

3）油灰嵌缝必须密实，不得有瞎缝。

4）砖加工后砌筑前还应选砖及检查，半成品表面必须平整、手感光滑、不得翘曲，砂眼的直径不应大于3mm。砖细的允许偏差见表3-2。

表3-2　砖细工程允许偏差

项次	项目	允许偏差/mm	检查方法
1	方砖单块对角线方正	1.0	尺量检查
2	平面尺寸	0.5	用样棒检查
3	方砖缝格平直	3.0	用5m线拉直检查
4	油灰拼缝	1.0	尺量检查
5	各种线脚拼缝	0.5	查相近两块的缝
6	表面平整度	±2	用挂线板及楔形塞尺查
7	表面垂直度	±2	用挂线板及楔形塞尺查
8	阴阳角齐直	±2	用挂线板及楔形塞尺查

二、砖加工应预控的质量问题

1. 砖雕应预控的质量问题

1）雕时容易掉块和缺带等，主要原因是砖的质地有问题，或干燥程度差，还有就是工具欠佳或刀口钝化。解决方法是精心选砖，器具要选好的，使用前将刀口磨锋利。

2）修补痕迹明显，主要原因是缺陷太大，或修补技术差。克服办法是如缺陷在初刻时就出现，则尽量重雕，修补后应多多检查，注意细部磨光。

3）选浆不均匀，主要原因是浆水未淘均匀，涂抹不细。克服的办法是在操作时应认真细致，派老工人或责任感强的人操作。

2. 砖砍磨预控的质量问题

1）露明面铲磨后，局部有麻麻瘩瘩不平现象，解决方法是在铲磨露明面时要细心操作。

2）加工转头肋时有肉肋和棒锤肋，这是一个质量通病，解决的关键是磨肋时要保持肋的平直。

3）包灰太大，要求在砍包灰时注意不同砖的包灰尺寸大小。

4）砍出后的砖尺寸不符要求，解决方法是做好样砖（官砖），按设计图样仔细翻样。

3. 砖细应预控的质量问题

1）摆墙的对缝不严，效果差。主要是加工不好，肋不平直，要求加工时认真检查，尺寸一致，后面勺槽要有楔口，表面平滑。

2）坐底不平，造成上部不平，竖向不直，影响装饰美观。要求在砌筑前应找平，并用铁水平直尺检查，如不平处用水泥砂浆找平。

3）缝不直、不密实。要求操作时应拉线，并勤检查，确难跟线的可用细竹篾垫一下加油灰找直。缝不密实主要是油灰未披好，或油灰的质量差，披上后掉落等，因此必须选用好的新鲜油灰，并披好挤密砌筑，如有空缝在修整时用竹篾披嵌密实。

第四节　砖加工的安全问题

尽管砖的加工多在地面操作，也得注意安全方面的问题，主要应注意以下几个方面：

1）注意使用工具时防止伤手，如用电气工具时应防止触电和机具伤害。

2）砖搬运、拼装时应轻拿轻放、防止失手砸脚，同时要避免已成之活被破坏。

3）在砌砖细活时，雨雪天上下脚手架应先清理霜雪，施工时不要穿打滑的鞋。

4）砌砖时要在安好木勺、砖砌牢后才能放手，防止砖脱手下落伤人。

5）加工砖时要配备防护品，如防护眼镜、手套等。

第五节　砖加工的技能训练

训练1　砖花纹的雕刻

1. 训练内容

在方砖上用单线平雕工艺方法，雕出如图3-5所示的图案。

2. 基本训练项目

（1）工具准备　斧子、扁子、木敲手、煞刀、錾子（3～15mm各一把）、磨头等。

（2）材料准备　选用适合雕刻的金墩砖、澄浆方砖、金砖、四丁砖的一种（具体要根据现场提供的砖料选择）。

（3）工艺准备　将砖磨好后，选好图案，决定操作步骤，查看工具是否齐全锋利。

（4）雕刻　将图案描在砖面上，先描轮廓线，后做细部；接着用最小的錾子沿笔迹浅细地耕一遍；钉去图案以外不要的部分；进一步凿去图案多余的部分，打出立体轮廓；沿图案侧面细细剔凿；

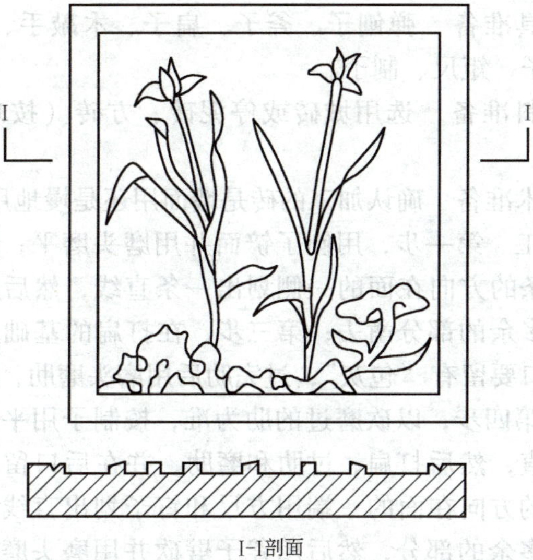

图 3-5 单线平雕图案

然后用錾子将图案中的花朵草叶脉络雕刻清楚；用磨头将图案内外粗糙之处磨细；用白灰∶砖面 =5∶5 加少量的青灰拌制的药补砂眼和细小的残缺部分；最后用砖面和水调制的砖面水将花草图案揉擦干净。

3. 训练注意事项

1）描图应细致，不同层面分几次描，描完后立即就“耕”，防止笔迹被抹掉。

2）动手开凿要慢、要细，多看几次再动手，宁愿多凿几遍成活，防止凿过头或动作太大蹦掉花朵边和草叶边。不能用錾凿的则用錾子轻轻地切削。做出的活应生动、细致、干净，线条要清秀、柔美、清晰。

● 训练 2 “五扒皮”砖的砍磨

1. 训练内容

按干摆砖的要求加工“五扒皮”墙面砖或细墁条砖地面用砖。

2. 基本训练项目

（1）工具准备　弹刨子、斧子、扁子、木敲手、煞刀、磨头、包灰尺、錾子、矩尺、制子。

（2）材料准备　选用城砖或停泥砖、方砖（按现场提供的选用）。

（3）技术准备　确认加工的砖是墙面用还是墁地用。

（4）加工　第一步，用刨子铲面并用磨头磨平；第二步，用平尺和钉子顺条的方向在面的一侧划出一条直线，然后用扁子和木敲手沿直线将多余的部分凿去；第三步，在打扁的基础上用斧子进一步劈砍，后口要留有“包灰”，过完肋后用磨头磨肋，转头肋宽度不小于5mm；第四步，以砍磨过的肋为准，按制子用平尺、钉子在面的另一侧打直，然后打扁、过肋和磨肋，并在后口留出包灰；第五步，沿顺头的方向在面的一端用方尺和钉子划出直线，并用扁子和木敲手打去多余的部分，然后用斧子劈砍并用磨头磨平，头的后口也要砍留包灰，城砖包灰不超过5mm，停泥不超过3mm；第六步，以截好的这面头为准，用制子和方尺在另一头打直、打扁和截头，后口仍要留包灰。丁头砖只砍磨一个头，另一头不砍，两肋和两面要砍包灰，但只需砍到砖长的6/10处，长短和薄厚均按制子。转头砖砍磨一个面和一个头，两肋要砍包灰，转头砖一般不截长短，待操作时根据实际情况由打截料者负责截出。

3. 训练注意事项

1）城砖包灰不大于5～7mm，停泥砖不大于3～5mm。

2）磨肋时宜磨出适当宽度的转头肋，这样可以保证在砌筑过程不致因为墁干活而露脏。

3）如果砖的尺寸较宽，需要裁去一些时，可不必全部裁去，这种做法叫做“倒嘴”或“退嘴”。

4）五扒皮必须砍磨准确，否则将摆不出好的干摆墙来。

5）注意安全，加工的工具虽然不大，但仍有可能伤手，操作时应小心仔细。

复习思考题

1. 砖雕工艺的过程有哪些？雕刻过程中要注意什么问题？
2. 砖砍磨的基本程序是什么？要注意哪些方面的问题？
3. 砖加工的质量基本标准有哪些？
4. 砖加工应预控的质量问题有哪些？

第四章

古建筑墙体的砌筑

培训学习目标 通过本章的学习，熟悉古建筑墙体的类型和应用，掌握各种古建筑中砖的组砌；通过技能训练，能做墙面砌筑门口、门窗套，掌握古建筑砖券、山墙、廊心墙、槛墙、后檐墙、影壁的砌筑及有细砖漏窗的几种常见墙体的砌筑。

第一节 古建筑墙体砌筑的相关知识

一、墙体名称

古建筑墙体的名称一定要熟悉。

古建筑墙体因做法不同、做法近似而位置不同或做法近似但功能不同等原因而产生了许多不同的名称。在了解古建筑墙体砌筑以前，有必要介绍各种墙的名称。

1. 按不同位置确定的名称

（1）山墙 房屋两侧的围护墙，处于桁檩端头下方位置。

（2）檐墙 处于檐椽下的围护墙。后檐位置的为后檐墙，前檐位置的为前檐墙（较少见）。露出椽子的，叫“老檐出”或“露檐出”，不露出椽子的，叫“封护檐”或“封后檐”。

（3）槛墙 窗户槅扇之下的墙。

（4）廊墙和廊心墙 处于廊子部位的内墙侧。廊墙上身做落膛墙心装饰的，叫廊心墙。由于廊墙多指墙体的内侧部分，因此外侧往往又是其他墙面，如山墙、看面墙、檐墙等。

(5) 囚门子　木构架为排山柱做法的山墙内侧部分，并且做成落膛墙心装饰者。

(6) 夹山　又叫隔断墙或截断墙，是与山墙平行的内墙。

(7) 扇面墙　又称金内扇面墙，泛指金柱间的墙体，主要指前、后檐方向上的金柱之间的墙体。

(8) 院墙　院落的界墙。

(9) 卡子墙　两个房屋之间距离较近时，卡在两房之间的墙，常作为院墙使用。

2. 按墙体表面艺术形式或平、立面造型特点确定的名称

(1) 看面墙　装饰形式与影壁基本相同，但一般不做须弥座式的下碱（下肩）。看面墙与其说是一种墙体，不如说是一种装饰形式，它常用于垂花门两侧的墙体上、需要装饰的卡子墙上及门楼两侧的院墙上。

(2) 花墙　又叫花墙子，包括花瓦墙和花砖墙，即以瓦或砖摆成透空图案的墙体。

(3) 云墙　墙顶立面作曲线变化的墙体。

(4) 罗汉墙　剖面作规律性凹凸变化的墙体。

(5) 八字墙　平面呈“八字”形的普通墙体。

(6) 罗圈墙　平面呈圆弧形的墙体。

(7) 影壁墙　用影壁作为院墙者。

3. 按墙体的功能确定的名称

(1) 拦土墙　用以挡土的墙体。

(2) 迎水墙　用以挡水的墙体。

(3) 泊岸　又叫驳岸，水池、人工湖泊的护岸。无水地段高低不同的地面临界处的矮拦土墙，也可引申为泊岸。

(4) 护身墙　具有护身栏杆功效的矮墙。

(5) 夹壁墙　双层墙，中间可作为暗室、暗道等。

(6) 城墙　城市的边界、护卫用墙。

(7) 宇墙　用于划分界限、区域的墙体。宇墙的特点是比较矮，视线可以通过。宇墙多用于庙宇门前、祭坛四周及陵寝中宝城的区域限定。

(8) 女墙　俗称女儿墙，是砌在平台屋顶上或高台、城墙上的比较矮小的墙体。

(9) 影墙　俗称影儿墙，是平顶式铺面房上的装饰性砌体，其做法类似影壁上身做法（不做瓦顶和下碱）。

(10) 平水墙　带半圆拱券的砌体中，拱券的起始水平线以下的部分。

(11) 月墙　带门框的半圆拱券中，门上坊至券底用砖砌筑的半圆部分。

(12) 余塞墙　又叫鱼腮墙，是如意门的门框至山墙之间的墙体。

(13) 金刚墙　位于某砌体背后并以直槎相接的墙体或某些较隐蔽的墙体，如博风砖的背后砌体、台基陡板石的背里砌体、单面露明的花瓦墙中花瓦的背后砌体、天沟中用砖砌成的远檐、陵寝建筑中用土掩埋遮挡的墙体等，都可以叫金刚墙。

认真学习墙体的类型和应用。

二、墙体的砌筑类型及其应用

砖墙体常因房屋的重要程度不同，使用不同的砖料进行砌筑，一般有以下几种砌筑类型。

1. 干摆墙

干摆墙是指用经过加工的五扒皮砖，除第一层和墙身背里外，其他部分都不允许挂铺灰浆，即用“磨砖对缝”做法，一层层干摆而成。这种做法常用于较讲究的墙体下碱或其他较重要的部位，如梢子、博风、檐子、廊心墙、看面墙、影壁、槛墙等。山墙、后檐墙、院墙等体量较大的墙体，上身部分一般不采用干摆砌法，但在极重要的建筑中，也可同时用于上身和下碱，叫做“干摆到顶”。干摆砌法多使用城砖或小停泥砖，分别叫做“大干摆”和“小干摆”。大干摆做法适用范围较广，小干摆一般不用于府第、衙署等规模较大的建筑中。除了大、小干摆以外，有时也用大停泥干摆、方砖干摆、斧刃砖陡板贴砌干摆、方砖陡砌干摆等。干摆砌法用于出挑部分时，应叫做“干推儿”，如干推儿的冰盘檐、干推儿的梢子等。干摆墙大多用停泥砖，如用砂滚砖摆砌者，叫做“砂干摆”；干摆墙要用“五扒皮”砖，如用“膀子面”者，也叫做“砂干摆”，总之，砂干摆是干摆中的简易做法，故工匠中有“砂干摆，不对缝”的说法。

2. 丝缝墙

丝缝墙做法就是灰缝口很小（常不超过2mm）的一种墙体，所以又叫做细缝、撕缝，俗称缝子。丝缝做法是可与干摆做法相媲美的一种砌筑类型，但丝缝做法大多不用在墙体的下碱部分，而是作为上身部分与干摆下碱相组合。丝缝做法也常用于砖檐、梢子、影壁心、廊心等。用于墙体上身时，丝缝砌法大多使用小停泥砖，但也可根据需要使用大型砖料。砖檐、廊心等常使用方砖。丝缝砌法多使用老浆灰，以求得灰砖青缝的效果；地方建筑中常使用白色灰膏，讲究灰砖白缝的效果。丝缝墙一般用停泥砖摆砌，如用砂滚砖者，叫做砂子缝；丝缝墙用砖一般应砍成“膀子面”，如用“三缝砖”者，也叫“砂子缝”；也有人认为，丝缝墙应使用“五扒皮”，使用“膀子面”的，即为砂子缝做法，总之，砂子缝是丝缝墙中的简易做法。

3. 淌白墙

用经过简易加工的砖和月白灰进行砌筑的墙体，古建筑中砖墙的砌筑类型如果以砖料是否经过砍磨加工来分，可归纳为细砖墙和糙砖墙两大类，淌白墙是细砖墙中最简单的一种做法。淌白做法可在下列三种情况中采用：

1）投资有限，但建筑物仍要求有细的感觉。

2）为了造成主次感、变化感，常与干摆、丝缝相结合。如墙体的下碱为干摆做法，上身的四角为丝缝做法，上身的墙心为淌白做法。

3）追求粗犷、简朴的风格。如府第、宫殿建筑中具有田园风格的建筑、边远地区的庙宇等。

淌白做法所用的砖料，大式以城砖、大开条、大停泥为主，小式以大开条、四丁砖为主。从另外一个角度淌白墙又可分为三种做法：第一种是仿丝缝做法，又叫“淌白缝子”。这种淌白做法的特点是灰缝较细，力求做出丝缝墙的效果。淌白缝子所用的砖料应为淌白截头（细淌白）。第二种是普通的淌白墙，这种淌白做法是最常见的，所用砖料可以是淌白截头，也可以是淌白拉面（糙淌白）。墙面效果可以是灰砖灰缝，也可以是灰砖白缝。第三种是淌白描缝，由于砖缝经烟子浆描黑，所以墙面对比很强烈。描缝做法所用砖料与普通淌白墙相同，砖料截不截头均可。

4. 糙砖墙

凡砌筑未经砍磨加工的整砖墙都属糙砖墙类。如按砌砖的手法可分为带刀缝（又叫带刀灰）和灰砌糙砖两种做法。带刀缝做法是小式建筑中不太讲究的墙体做法中最常见的一种类型，由于这种做法的灰缝较小，故多用于清水墙。带刀灰做法除可用于整个墙面外，还可用于下碱、墀头、墙体四角、砖檐部分，与碎砖抹灰等做法相组合。带刀灰做法所用的砖料以开条砖为主，有时用四丁砖代替。灰砌糙砖墙常用于建筑的基础部分、墙体的背里部分、宫殿建筑上身的混水墙（外抹红灰），以及不太讲究的大式院墙。用于大式院墙时，多以城砖为主。用于基础或混水墙时，施工中可改用红机砖和砂浆砌筑。灰砌糙砖与带刀灰做法的主要区别是：

1）带刀灰的铺灰方法是将灰拴在砖的四边上，即“打灰条”，而灰砌糙砖是满铺灰浆。

2）带刀灰的灰缝较小（5～8mm），灰砌糙砖的灰缝较大（8～10mm）。

3）带刀灰以深月白灰为材料，灰砌糙砖做法所用灰浆的颜色不限，但多以白灰膏为主。

4）带刀灰多以开条砖等小砖为主，灰砌糙砖所用砖料规格不限。

5. 碎砖墙

碎砖墙为碎砖或规格不一的整砖加灰泥的砌筑做法。这种做法见于小式建筑中，用于不讲究的墙体、基础等，也常用于上身或墙心，与其他做法的下碱或整砖“四角硬”相组合。碎砖墙还可用于“外整里碎”墙的背里部分。

三、各种砌筑类型的摆砌方法

1. 干摆墙

干摆墙的外露部分一般多使用五扒皮，可以用糙砖做背里。其施工步骤与现代做法基本纲领相似，但在工艺名称上有很大区别，摆砌过程中有专人“打截料”，随时补充砍砖中未尽事宜。具体步骤如下：

（1）弹线、样活　先将基层清扫干净，然后用墨线弹出墙的厚度、长度及步子的位置和形状等。根据设计要求，按照砖缝的排列形式（如三顺一丁）进行试排，即“样活”。当然，为决定五扒皮砖的规格，真正的样活应在砍砖之前进行，此时的样活只是为了验证和进行适当的调整。

（2）拴线、衬脚　在两端拴的两道立线，叫做“拽线”，拽线之间要拴两道横线，下面的叫“卧线”，上面叫“罩线”（“打站尺”后拿掉）。砌第一层砖之前要先检查基层（如台明、土衬石等）是否凹凸不平，如有偏差，应以麻刀灰抹平，叫做“衬脚”。

（3）摆第一层砖、打站尺　在抹好衬脚的台明上进行摆砌，砖的立缝和卧缝都不挂灰，即要“干摆”。遇有柱顶石时，砖要随柱顶鼓镜的形状砍制，具体方法是，把砖放在砌筑的位置上，然后把矩尺张开，一边顺着柱顶滑动，一边在砖上划出痕迹来，然后按划出的痕迹由打截料者砍制。要用石片垫在砖的后口下面，即“背撒”。背撒时应注意石片不要长出砖外，即不应有“露头撒”；砖的接缝即“顶头缝”处一定要背好，即一定要有“别头撒”；不能用两块重叠起来背撒，即不可有“落落撒”。摆完砖后要用平尺板逐块进行“打站尺”。打站尺的方法是，将平尺板的下面与基础上弹出的砖墙外皮墨线贴近，中间与卧线贴近，上面与罩线（又叫站尺线）贴近，然后检查砖的上、下棱是否也贴近了平尺板，如未贴近或顶尺，必须纠正。打站尺还可以横向进行，并可以多打几层，以确保有一个好的开端。

（4）背里、填馅　干摆可在里、外皮同时进行，也可只在外皮进行。如果只在外皮干摆，里皮要用糙砖和灰浆砌筑，叫做“背里”。如里、外皮同时干摆，中间的空隙要用糙砖填充，即“填馅”。无论是背里还是填馅，均应注意下列几点：第一是应尽量与干摆砖的高度保持一致，如因砖的规格和砌筑方法不同而不能做到每一层都保持一致时，也应在3~5层时与外皮砖找平一次，这一点实际上在确定背里材料的规格和确定砍砖尺寸时，就应注意到，免得给施工带来麻烦；第二点是背里或填馅砖与干摆砖不宜紧挨，要留有适当的“浆口”，浆口的宽度应为10~20mm。

（5）灌浆、抹线　灌浆要用桃花浆或生石灰浆，极讲究的做法用江米浆。浆应分三次灌，第一次和第三次应较稀，第二次应稍稠。灌浆之前可对墙面进行必要的打点，以防浆液外溢，弄脏墙面。第一次灌浆时一般只灌1/3，叫做“半口浆”。第三次叫“点落窝”，即在两次灌浆的基础之上弥补不足的地方。灌浆既应注意不要有空虚之处，又要注意不要过量，否则会把砖撑开。点完落窝后要用刮灰板将浮在砖上的灰浆刮去，然后用麻刀灰将灌过浆的地方抹住，即“抹线”，又叫“锁口”。抹线可以防止上层灌浆往下串而撑开砖，所以这是一道不可省略的工序。

（6）刹趟　在第一次灌浆之后，要用“磨头”将砖的上棱高出的部分磨去，即为刹趟，也叫做刹趟墁干活。刹趟是为了摆砌下一层砖时能严丝合缝，故应同时注意不要刹成局部低洼。

（7）逐层摆砌　以后每层除了不打站尺外，砌法都应按上述要求做。此外，还应注意下列几点：第一点是摆砌时应做到“上跟绳，下跟棱”，即砖的上棱以卧线为标准，下棱以底层砖的上棱为标准；第二点是摆砌时，砍磨得比较好的棱应朝下，有缺陷的棱朝上，因为缺陷可在刹趟时去掉；第三点是最后一层之上如果需退“花碱”（“墙肩”），应使用膀子面砖（膀子面朝上）；第四点是摆砖时如发现明显缺陷，应重新砍磨加工，露明部分的四个角若不在同一个平面上，允许将一个角凸出墙外，即允许“扔活”，但不得凹入墙内，否则将不易修理；第五点是干摆墙要“一层一灌，三层一抹，五层一墩”，即每层都要灌浆，但可隔几层抹一次线，摆砌若干层以后，可适当搁置一段时间（一般要经过半天）再继续摆砌。

（8）打点修理　干摆墙砌完后要进行修理，其中包括墁干活、打点、墁水活和冲水。

墁干活：即用磨头将砖与砖接缝处高出的部分磨平。

打点：即用砖面灰（砖药）将砖的残缺部分和砖上的砂眼填平。

墁水活：即用磨头沾水将打点过的地方和接着干活的地方磨平，再沾水把整个墙面揉磨一遍，以求得色泽和质感的一致。以上过程可随着摆砌的进程随时进行。

冲水：即用清水和软毛刷子将整个墙面清扫、冲洗干净，显出“真砖实缝”。冲水应安排在墙体全部完成以后，拆脚手架之前进行，以免因施工弄脏墙面。打点修理时严禁用青浆或深月白浆等涂刷墙面。

干摆墙表面的特殊处理：重要的庙宇、宫殿的干摆墙表面可刷红浆，但应注意浆汁不应太稠，不要破坏了干摆墙“真砖实缝”的效果。重要的宫殿墙面可“上亮”。上亮的做法是先刷生桐油一遍，再用麻丝擦一遍灰油（一种古建油漆材料），然后刷一道熟桐油，最后刷一道花靛光油（熟桐油加广靛花），灰油和光油的熬制方法参见有关古建筑资料内容。南方有一种“刷色罩亮”做法，用于讲究的宅院中。其做法是：用近似砖色的纸筋灰将墙面缺损处补平，灰干后刷2~3遍轻煤水（类似青浆），再刷2~3遍淡轻煤水，干后将墙面扫净，待墙面干透后用丝棉沾白蜡反复擦磨，直至墙面发亮。

2. 丝缝墙

古建施工中有这样一句话：“乱干摆，细缝子”，强调了丝缝的摆砌比干摆还要细致和困难。丝缝与干摆的砌筑有许多共同之处，此处不再重复，不同之处在于：

1）丝缝墙的砖与砖之间要铺垫老浆灰。灰缝有两种做法，一种是越细越好，最大不超过2mm；另一种灰缝较宽，一般为3~4mm。挂灰的方法如下：一手拿砖，一手用瓦刀把砖的露明侧的棱上打上灰条；在朝里的棱上，打上两个小灰墩，称为“爪子灰”，这样可以保证在灌浆时，浆汁能够流入；砖的顶头缝的外棱处也应打上灰条；砖的大面的两侧既可以抹灰条，也可随意打上灰墩（叫做“板灰”）。上述这些操作，都应在砖的朝下的一面上进行。为了确保灰缝的严实，还可在已砌好的砖层外棱上也打上灰条，叫“锁口灰”。

砖砌好后要用瓦刀把挤出砖外的余灰刮去，但不必划缝。

2）丝缝墙与干摆墙不同，要使用膀子面砖。摆砌时，习惯上应将砖的膀子面朝下放置。

3）丝缝墙一般不背撒，也不刹趟。

4）如果说干摆砌法的关键在于砍磨得精，那么丝缝砌法要注重灰缝的平直、厚度一致以及砖不得“游丁走缝”。

5）丝缝墙砌好后要“耕缝”。

3. 淌白墙

淌白墙有三种，即淌白缝子（仿丝缝）、普通淌白墙和淌白描缝。

（1）淌白缝子　做法与丝缝做法近似，主要不同之处是：第一，淌白缝子不墁干活和水活，也不用水冲，但应将墙面清扫干净；第二，淌白缝子做法所用的砖料应为淌白截头砖；第三，应注意砖棱的朝向问题，砌“低头活”和“平身活”时，砖的好棱应朝上，当砌筑“抬头活”时，好棱应朝下；第四，在耕缝之前，应将砖缝过窄处用扁子作“开缝”处理。

还有一种淌白缝子做法，其特点是砌筑时灰缝可稍宽。耕缝之前先要把砖缝用灰抹平，灰干后的颜色应与砖色相近，然后把整个墙面刷2~3遍砖面水。在灰未干之前，用平尺板贴近砖缝位置，并用耕缝的专用工具“溜子”顶着平尺板在灰缝处耕出宽2~3mm的假砖缝，再用毛笔沾烟子浆沿假砖缝描黑。总之，淌白缝子是模仿丝缝墙面外观效果的一种做法，也是各种淌白墙面中的细致做法。

（2）普通淌白墙　普通淌白墙与淌白缝子的不同之处在于：第一，普通淌白墙可以用淌白截头砖，也可用淌白拉面砖；第二，普通淌白墙一般用月白灰；第三，普通淌白墙砖缝厚度大于淌白缝子，一般应为4~6mm；第四，普通淌白墙砌完之后，可以“耕缝”，也可以“打点缝子”。

（3）淌白描缝　与普通淌白墙一样，也是先打灰条，灰缝厚4~6mm，然后灌浆，继而打点灰缝。不同之处在于：第一，要用老浆灰或深月白灰；第二，要用毛笔沾黑烟子浆沿平尺板描缝。

4. 糙砖墙

糙砖墙有带刀缝和灰砌糙砖两种。

（1）带刀缝　带刀缝做法与淌白墙做法近似，也是先在砖上用瓦刀抹好灰条，即抹上“带刀灰”，然后灌浆。不同之处是：第一，带刀缝的灰缝较大，一般为5～8mm；第二，带刀缝墙的砖料不经砍磨（一般为开条砖或四丁砖）；第三，带刀缝所用灰为月白灰或白灰膏；第四，带刀缝砌筑完毕后不用小麻刀灰打点缝，但要用瓦刀或溜子划出凹缝，缝子应深浅一致。

（2）灰砌糙砖　灰砌糙砖的特点是不打灰条，而是满铺灰浆砌筑，灰缝8～10mm。砌好后也可再灌浆加固，浆的种类根据不同的用途从白灰浆、桃花浆到江米浆等均可。如为清水墙做法，灰缝要用小麻刀灰打点勾缝，颜色可为深月白色或白色。灰砌糙砖除了可用素灰砌筑外，也可以用掺灰泥砌筑，泥缝厚不超过25mm。现代也有用砂浆砌筑的。无论用什么材料砌筑，勾缝做法一般应按传统做法。

5. 碎砖墙

碎砖墙指用碎砖（包括规格不一的整砖）和掺灰泥（又叫插灰泥）砌筑的墙。由于砖的规格、种类很多，形状差异较大，因此给碎砖墙的砌筑带来了不便。有人认为碎砖墙似乎只是“破砖压烂泥，有手的就能砌”，其实要做到速度快、质量好、外观美并非那么容易。要想砌得一手好碎砖，不但要善于在快速的操作中不停地动脑筋，随时根据砖形的主要规律决定砌法，使各种规格的砖都能各得其所，还要练就一双好眼力，瞬间就能从砖堆里选中合适的砖。砌筑时还应注意以下几点：

1）碎砖墙与其他类型的墙体相结合时（如四角硬软心做法或下碱整砖墙上身碎砖墙等），碎砖墙应比其他类型的墙体退进少许（退花碱），如为碎砌抹灰，还要再加灰的厚度，这些尺寸在拴线时就应注意留出。

2）掺灰泥内石灰粉应经充分熟化，以免墙面起拱。

3）为了提高碎砖墙的质量，可做灌浆处理，尤其是四角硬做法，交接部位更应灌浆。

4）在砌筑过程中，泥或砖极易将立线（拽线）顶出，以致整个墙面歪闪，应随时注意。

5）顶头缝处不放泥，就是说，碎砖墙的泥缝只应有卧缝不应有立缝。

6）里、外反砖要互相咬拉结实，凡整砖要尽量“丁”着用。

7）要适当添配整砖“拉丁”，即砌丁砖，具体砌法既可每隔1m左右砌一层丁砖，也可分散使用。

8）碎砖墙虽可“游丁走缝”，但通缝不应超过3层。

9）要与四角整砖咬拉结实。

10）砖可砌成甃砖，但不可砌成陡板。

11）泥缝厚度不得超过25mm。

12）砌到柁或檩底时应“背楔”砌实。

13）四角宜放置2~3道钢筋勾尺。

14）填馅砖应与里、外皮同层砌筑、咬拉结实，不可随意放置。填馅时既不应不放泥，也不能以泥填馅。

15）雨季施工应尽量用干一些的砖，泥缝要小，填馅时要少放泥。当墙歪闪时，经用砖撞击直顺后，要及时用小砖碴在泥缝处背好。每天收工之前，要用泥把最后一层抹住，即“抹线”。

16）提高墙体的强度。提高墙体强度的有效办法除了可以在泥内增加白灰的比例以外，还要加强对墙体的养护，而最简便有效的办法就是提高砖的含水率。善于砌碎砖的老艺人们常说：“六月砌墙六月倒，六月不倒站到老。”就是说，由于雨季的砖、泥都很湿，墙很不容易砌好，但砌筑时只要不出问题，质量比其他季节砌筑的好得多。这就说明了含水率的多少与墙体的强度有很密切的关系。因此在砌筑时，如遇砖较干时，一定要用水浇湿后再使用。碎砖墙如为不抹灰的清水墙做法，还应注意以下几方面：第一是每层砖的高度应一致，砖的层次应分明；第二是要抹泥缝，碎砖墙的砌筑很讲究抹出漂亮的泥缝，这首先要从备料就加以注意。掺灰泥所用的黄土应为亚粘性土，不可用“落房土”（碴土），如为粘土，可适当掺入落房土或沙性土；泥内要适当多放灰，一般应为3:7或4:6（灰土比）；要使用质量较好的小型瓦刀，瓦刀表面应很光亮，无锈蚀，瓦刀头部宽度仅为 20 ~ 30mm；泥要闷至 8h 以上并以调成硬中见软（含水不多但和易性好，柔韧好用）的成色为好；抹出的泥缝要深浅一致、光亮、无裂缝，泥缝要与砖抹平，不可抹成上口凹向墙里的八字形；最后要用扫帚认真清扫墙面。

四、墙面勾缝

1. 砖墙的灰缝形式

灰缝有平缝、凸缝和凹缝三种形式，凸缝又叫鼓缝，凹缝又叫洼缝。鼓缝又可分为带子条、荞麦棱、圆线，洼缝又分为平洼、圆洼、燕口缝（较深的平洼缝）、风雨缝（八字缝），如图 4-1a ~ d 所示。

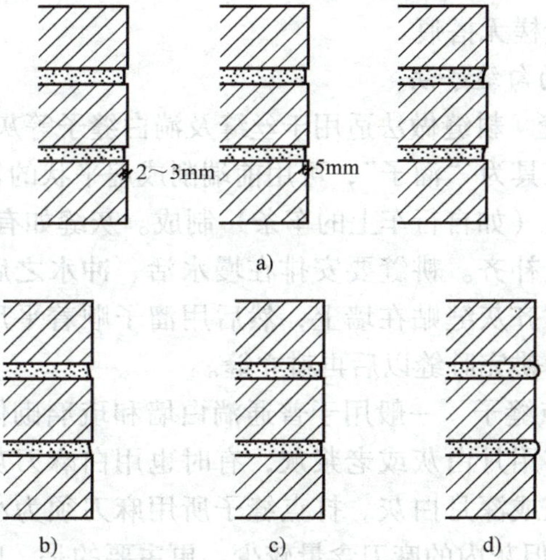

图 4-1　灰缝的形式

a）洼缝　b）风雨缝　c）平缝　d）圆缝

2. 灰缝的色调

灰缝色调多与砖墙一致，故多以月白灰、老浆灰等深灰或灰色调的灰浆为主，但有时也追求灰墙黑缝或灰墙白缝的对比效果。琉璃砖墙的灰缝应根据琉璃的颜色定，黄琉璃应使用红灰，绿色等其他颜色的琉璃墙用深月白灰或老浆灰。

3. 墙面勾缝的统一要求

墙面勾缝做法虽然很多，但在操作要求上有许多共同之处，现统一说明如下：

1）除丝缝墙外，凡砖缝有缝隙过窄、砖棱不方等明显缺陷者，要用扁子“开缝”。

2）凡墙面较干，担心灰附着不牢者，须事先用水将墙面洇湿。

3）灰缝勾完后，要用刷子、扫帚等将墙面清扫干净。有经验的工人常说：“三分砌七分勾（缝），三分勾七分扫”形象地说明了清扫墙面的重要性。

4）灰缝的质量要求：灰缝应横平竖直；深浅应一致；灰缝应光顺；接槎自然；无裂缝、缺灰、“嘟噜灰”、后口空虚等明显缺陷；卧缝与立缝接槎无搭痕。

4. 常见的勾缝手法

（1）耕缝　耕缝做法适用于丝缝及淌白缝子等灰缝很细的墙面。耕缝所用的工具为“溜子”，可用前端削成扁平状的竹片或有一定硬度的细金属丝（如自行车上的车条）制成。灰缝如有空虚不齐之处，事先应经打点补齐。耕缝要安排在墁水活、冲水之后进行。耕缝时要用平尺板对齐灰缝贴在墙上，然后用溜子顺着平尺板在灰缝上耕压出缝子来。耕完卧缝以后再耕立缝。

（2）打点缝子　一般用于普通淌白墙和琉璃砌体中。用于普通淌白墙时，多用月白灰或老浆灰，有时也用白麻刀灰；用于琉璃砌体时，用红灰或深月白灰。打点缝子所用麻刀须为小麻刀灰，所谓“小”者，不但灰内的麻刀含量较少，更主要的是，麻刀应剪短，故又称为“短麻刀灰”。用于重要的宫殿建筑，常用江米灰。用于浅淌白墙时，常以锯末灰或纸筋灰代替小麻刀灰。

打点缝子的方法是用瓦刀、小木棍或钉子等顺砖缝镂划，然后用溜子将小麻刀灰或锯末灰等“喂”进砖缝。灰可与砖墙“喂”平，也可稍低于墙面。缝子打点完毕后，要用短毛刷子沾少量清水（沾后甩一下）顺砖缝刷一下，叫“打水茬子”，这样既可以使灰附着得更牢，又可使砖棱保持干净。

（3）划缝　划缝做法主要用于带刀缝墙面，也用于灰砌糙砖清水墙，有时还用于淌白墙。划缝的特点是利用砖缝内的原有灰浆，因此也称做“原浆勾缝”。划缝前要用较硬的灰将缝里空虚之处塞实，然后用前端稍尖的小木棍顺着砖缝划出圆洼缝。

（4）弥缝　弥缝做法用于局部的墙体中，如灰砌墀头中的梢子里侧部分、某些灰砌砖檐等。具体做法是：将与砖色相近的灰用小抹子或鸭嘴分两次堵平砖缝，即“弥”住，然后打水茬子，最后用与砖色相似的稀月白浆涂刷墙面，弥缝后的效果以看不出砖缝为好。

（5）串缝　串缝做法只用于灰缝较宽的墙面，故多用于灰砌城砖（糙砖）清水墙中。串缝所用灰一般为月白麻刀灰或白麻刀灰（只用于部分砖墙）。串缝时用小抹子或小鸭嘴挑灰分两次将砖缝堵平（或稍洼），串轧光顺。

（6）描缝　用于淌白描缝墙面。描缝所用材料为烟子浆，描缝方法如下：先将缝子打点好，然后用毛笔沾烟子浆沿平尺板将灰缝描黑。为防止在描的过程中，墨色会逐渐变浅，每两笔可以相互反方向描，如第一笔从左往右描，第二笔从右往左描（两笔要适当重叠），这样可以保证描出的墨色深浅一致，看不出接茬。描缝时应注意修改原有灰缝的不足之处，保证墨线的宽窄一致、横平竖直。

（7）抹灰做缝　第一种是抹青灰做假砖缝，简称“做假缝”，用于混水墙抹灰，特点是远观有干摆或丝缝墙的效果。做法是先抹出青灰墙面，颜色以近似砖色为好。现代施工中，也可抹水泥砂浆，再刷青浆轧光；趁灰未完全干的时候，用竹片或薄金属片（如钢锯条）沿平尺板在灰上划出细缝。第二种是抹白灰刷烟子浆镂缝，简称“锓活”，多用于廊心墙穿插当、山花象眼等处。常见的形式不仅有砖缝，还可锓出图案花卉等。其方法是先将抹面抹好白麻刀灰，然后刷上一层黑烟子浆；等浆干后，用錾子等尖硬物镂出白色线条来。根据图面的虚实关系，还可轻锓出灰色线条。第三种是抹白灰（或月白灰）描黑缝，简称“抹白描黑”，偶见于庙宇中的内檐或无梁殿的券底抹灰。做法是先用白麻刀灰或浅月白麻刀灰抹好墙面，按砖的排列形式分出砖格，用毛笔沾烟子浆或青浆顺平尺板描出假砖缝。

五、各种砌筑类型的组合方式、等级与主次概念

1. 各种砌筑类型的组合方式

（1）单一型　用一种砌筑手法将墙体完成，具体见各种墙体的介绍，如干摆、丝缝等。

（2）组合型　组合原则是“主细次粗”，即较细致的砌筑类型用于主要部位，主要部位指下碱、墀头、台明、梢子、墙的四角、槛墙、冰盘檐等。

2. 等级与主次关系

（1）同一墙体内各部分的主次关系　主指下碱（下肩）、梢子、槛墙、上身中的方砖心，这些部位如同在一个墙体中，一般应使用一种砌筑类型（局部有石活者除外）；次指墀头上身、墙体四角、整砖“过河山尖”、倒花碱，上述部位一般应采用同一砌筑类型，也可与主要部分采用相同的类型；再次指上身中间部位，可使用淌白做法，但这部分也可同墙体上身及四角做法相同。

（2）砖的品种、规格的主次与等级　重要宫殿用金砖、琉璃砖、城砖等；宫殿及大式建筑用城砖、方砖及其他各种砖；讲究的小式建筑用城砖（限于下碱等处）、小停泥、方砖，以上砖均要砍磨；一般建筑用方砖、开条砖、四丁砖、碎砖。除了用不同品种相区别以外，同一品种中还可用不同规格和加工的粗细程度来区别。

（3）建筑群体中的主次关系　主要院落为主，中轴线上的建筑为主，正房为主，门楼为主，影壁、看面墙等装饰性、标志性较强的建筑小品和构筑物为主，前檐做法为主。

第二节　古建筑墙体的砌筑施工

砖的组砌形式要掌握。

一、砖的排列、组砌形式

古建墙体砖的摆置方式有卧砖、陡板、甃砖 、空斗和线道砖（又叫线直灰、马尾做法或麻衣砌法）几种（图 4-2a ~ f）。其中

以卧砖墙最常见，其砖缝形式也最多，有十字缝（图 4-3a）、三顺一丁（又叫三七缝）、一顺一丁（又叫丁横拐或梅花丁）、五顺一丁、落落丁和多层一丁等几种 。现代常见的“满丁满条”即一层顺砖一层丁砖的墙面做法不是古建墙面的砌筑形式，应注意不要混同。

十字缝做法的特点是，砖全部以长身面露明（转角处除外），因此不但省砖，而且墙面灰缝少。干摆砌法的墙面效果讲究要做成“一块玉儿”(即看不出灰缝)，十字缝的特点有利于这种墙面效果，

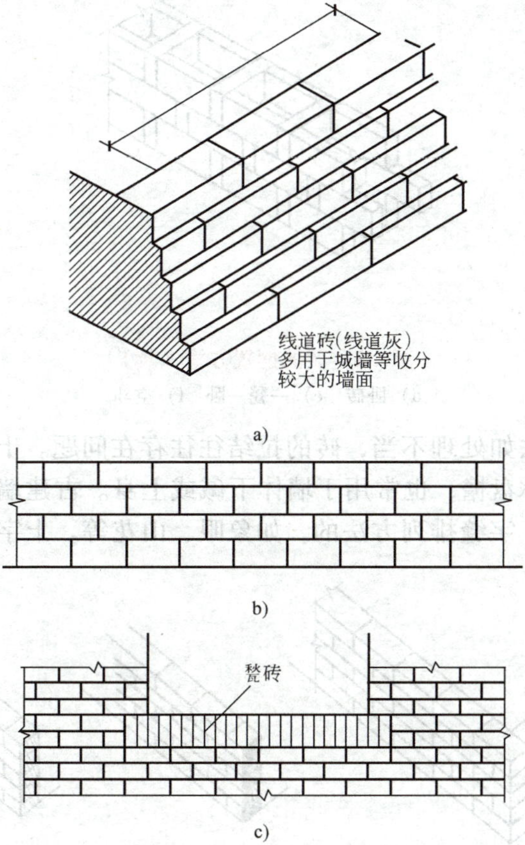

图 4-2 砖的摆置方式

a）线道砖 b）陡板 c）甃砖

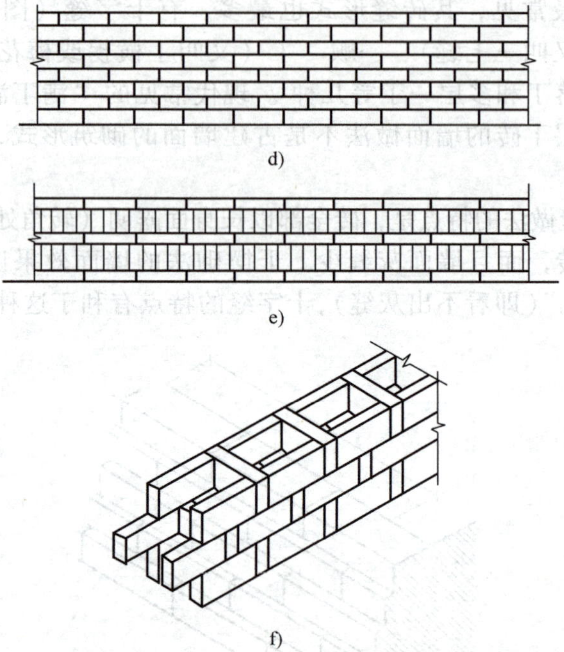

图 4-2　砖的摆置方式（续）

d）卧砖　e）一甃一卧　f）空斗

但十字缝做法如处理不当，砖的拉结往往存在问题。十字缝做法多用于槛墙、冰盘檐，也常用于墙体下碱或上身。古建墙体中有些部位是必须用十字缝排列方法的，如象眼、山花等。十字缝的剖面形

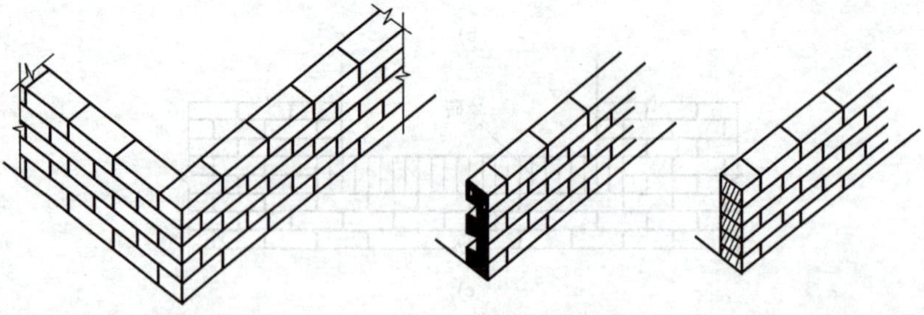

a)　b)　c)

图 4-3　十字缝及其两种剖面形式

式有两种处理方法，见图 4-3b、c。

三顺一丁又称“三七缝”，这种形式的墙体拉结性较好，墙面效果也比较完整，因此三顺一丁的应用也十分普遍。三顺一丁有三种排活方法，其中一种为“顺起”，另两种为“丁起”，见图 4-4a ~ c。无论使用哪种摆法，丁头砖必须安排在上、下层“三顺”的中间，不可“偏中”。事先应经“样活”（试摆），以能排出“好活”为准。如赶不上好活时，细砖墙可在砖的长度上相应调整，糙砖墙或淌白不截头做法的墙面可用一个“一顺一丁”调整，但这个“一顺一丁”应安排在墙的中间。在样活试摆时，绝不可用“七分头”进行调整（转角小拐做法除外）。

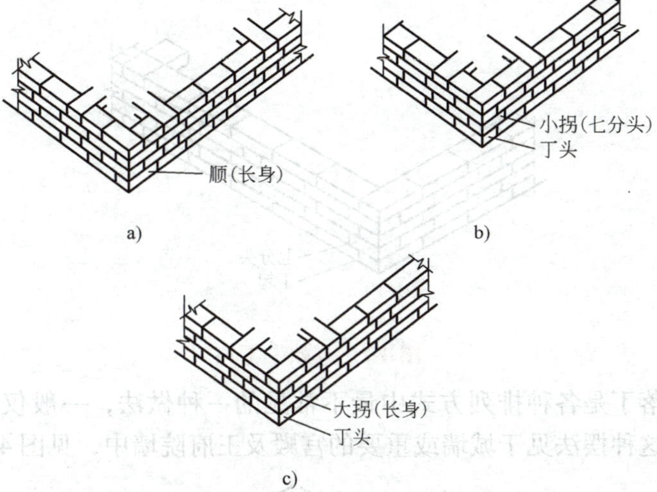

图 4-4　三顺一丁

一顺一丁又称为“丁横拐”或“梅花丁”，是明代建筑中常用的手法，清代建筑中已不多用，但城墙的砌筑有时还保持这种排列方式。此外，宫殿、王府院墙中也常用此种排列方式。一顺一丁做法的特点是拉结性好，但比较费砖，见图 4-5。

多层一丁是指砌筑几层或十几层顺砖，再砌筑一层丁砖的做法，这种做法多见于地方建筑，如图 4-6 所示。

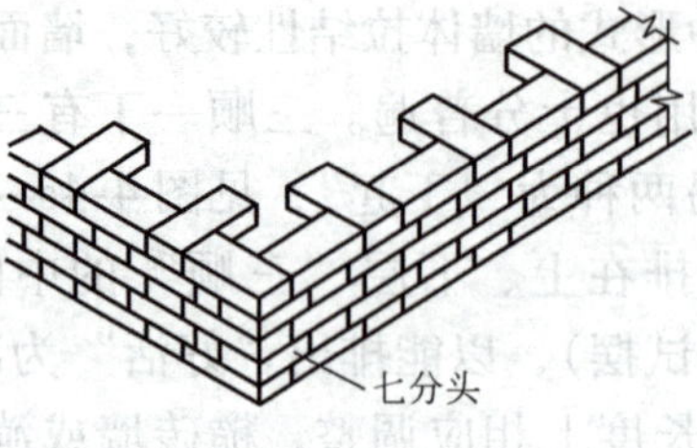

图 4-5　一顺一丁

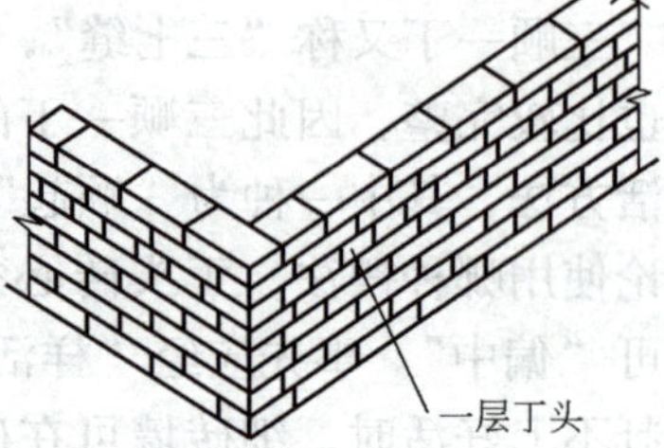

图 4-6　多层一丁

五顺一丁实际上是三顺一丁与十字缝的结合形式，兼有二者的特点，但这种排列方式很少使用，如图 4-7 所示。

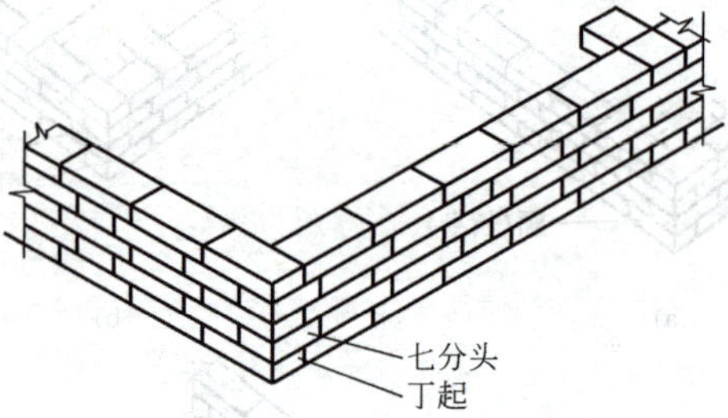

图 4-7　五顺一丁

落落丁是各种排列方式中最不常见的一种做法，一般仅用于糙砖墙，这种摆法见于城墙或重要的宫殿及王府院墙中，见图 4-8。

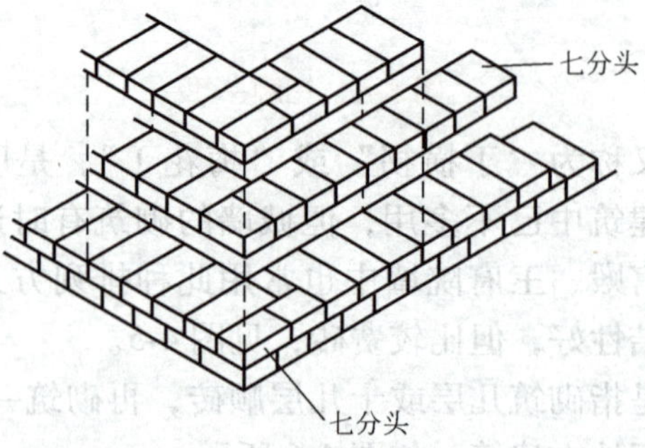

图 4-8　落落丁

二、墙面的艺术处理

在砌筑墙体中，为了增加墙面的艺术效果，或采用了节约用砖措施，又要保持墙面整洁美观，需要对墙面的砌砖进行一些艺术处理，常见有以下的艺术形式：

1. 落膛的做法

指在砖墙面上做成凹进去一方块（即落膛），形成一个砖圈框的一种装饰做法，落膛周边的砖圈统称为枋子，宽面的叫“大枋子”，窄面的叫“小枋子”，圈框以内叫“墙心”或“落膛心”。落膛的做法一般是硬心做法，即用整砖而不抹灰，一般多用方砖心，偶尔做十字缝条砖硬心；但某些部位（如廊心墙）必要时也可采用软心做法，即落膛砖面抹灰。在廊心墙的落膛上常做砖雕，用在槛墙时有时也做砖雕，有的还有陡砖做装饰。在做落樘时要注意，枋子外侧有两种处理方法，当木柱和梁等相挨时，枋子的外侧要砍成八字形式，竖向的叫“立八字”，横向的叫“卧八字”，当与砖墙相挨时，外侧不做八字，但无论哪种做法的枋子，里侧都要做倒棱处理，倒棱倒成核桃棱或窝角棱，落膛两个下角转角处，应做成“拐子”，两个上角，既可以做拐子也可做“搭脑”；在线枋子交角处，必须做割角。落膛主要用在廊心墙上身、槛墙、砖匾、铺面墙影墙和王府门垛等处。

2. 砖圈的做法

砖圈的做法是落膛的简化形式，它的砖心部分与落膛一样，只是外圈用砖立砌。

3. 五出五进的做法

指在墙的转角处，以五层砖为一组，做成凸出凹进交错的一种墙面形式，凸出和凹进之差为半块砖长，如此循环砌筑，除个别情况外，五出五进做法应从下碱以上开始，上端可一直砌到砖檐下皮，也可再砌几层倒花碱或过河山尖。当墙较矮时（如槛墙），可将五出五进变化为“三出三进”。五出五进的墙心部分采用低一档次的砖墙砌体，如细砖做法的五出五进的墙心可作淌白或糙砖墙面等。如果墙心采用混水抹灰者，称为“软心做法”，相对软心做法，四角可称为“五出五进四角硬”。五出五进不能与下碱的砖缝形成齐缝，因此，在计划下碱摆砖时要有所考虑，下碱最后一层的第一块必须是丁头。每组砖的摆砌方法有五种，即工匠师傅常叫的“个半、一个”，“个半、俩”，“俩半、俩”“俩半、仨”，“仨半、仨”。

“个半、一个”是指五出组每层总长度为一砖半长，五进组每层总长度为一砖长，即出个半，进一个。

“个半、俩”是指五出组每层总长度，从墙角端算起为两个长身砖长，五进组每层总长度为一个长身砖加一个丁头砖长，即一砖半长。

“俩半、俩”如上所述原则，出长为两砖半长，进长为两砖长。其他叫法依此类推。

采用何种摆法可根据下列原则进行：

1）墙长4.5m以内，可选择“个半、一个”摆法；墙长4.5~6m，可选择“个半、俩”或“俩半、俩”摆法；墙长6~7m，可选择“俩半、俩”摆法；墙长7~10m以上，可选择“俩半、俩”或“俩半、仨”摆法；墙长10m以上，可选择“俩半、仨”或“仨半、仨”摆法。

2）当墙角的两个面都露明且要同时采用五出五进做法时，这两个面的摆法是不一样的，应在较长的一面采用较长的摆法。

3）两露明面的，应以主要的一面为主决定摆法，如山墙和后檐，常以山墙为主，当后檐临街时，又常以后檐面的视觉效果为主决定采用那种摆法。

在做五出五进做法时要注意事项有：

1）第一组必须是五出。

2）五出这一组中，第一层的最后一块砖不能砌丁头，否则会与五进形成齐缝。

3）五出五进不能与下碱的砖缝形成齐缝。

五出五进做法主要用于普通建筑的山墙和后檐上身，有时也用于院墙和槛墙以及下碱和其他砌体。

4. 圈三套五的做法

圈三套五做法是五出五进做法的改进，它是用一个砖圈作边，圈住三层平砌砖，但还是套用五出五进的做法，它与五出五进的主要不同之处为：

1）如果说五出五进是出于装饰和造价两个方面的考虑，那圈三套五则主要是出于对装饰方面的考虑，因此圈三套五做法更讲究和细致，五出五进以淌白或糙砖做法为主，而圈三套五则采用细砖做法。

2）圈三套五的墙心虽然也比墙角做法稍微粗糙，但一般不采用软心做法，甚至也不采用糙砖做法，其墙心部分多采用淌白做法，墙心部分不退花碱，而与四角保持在同一平面上。

3）五出五进的出与进都是五层，但圈三套五的出是三层，而出与进的圈的立边均为五层砖的厚度（包括灰缝）。

4）出与进的相差不止半块砖，即圈的横边应等于半砖加砖圈立边厚度，交角处应以“割角交圈”。

5）圈三套五做法可从下碱做起，以求整体效果。下碱与上身的砌筑类型仍可有所区别，但规格应以小停泥为准，如下碱为小停泥干摆，上身则为小停泥丝缝。

5. *砖池子——海棠池与方池子*

在古建筑墙面或石活构件中，凡四周做成矩形边框（中间部分一般应略凹进一些）的装饰可统称为“池子”做法。“池子”交角为直角者叫做“方池子”，交角为两条弧线相交者，取其形似海棠花而称之为“海棠池”。“池子”两侧以砖腿或砖垛为框，下端以下碱为框，上端以倒花碱或整砖过河山尖为框，形成池子的四周大框。大框的内侧，往往要再贴砌一个砖圈，砖圈多为细砖做法，看面宽55～65mm。海棠池砖圈交角处的艺术形式分带雕刻与不带雕刻两种，方池子的交角应以割角相交。无论哪种池子做法，砖圈内侧的砖棱均应做成核桃棱或窝角棱。做法简单的建筑，也可略去砖圈。在墙体池子做法中，以带砖圈的海棠池做法居多，不带砖圈的方池子次之（但一般不用于槛墙），带砖圈的方池子较少见，不带砖圈的海棠池就更少见了。池子心用硬心或软心做法均可。池子应退进5～10mm的花碱尺寸（不包括软心的抹灰厚度）。硬心一般为普通的卧砖砌法，极少数讲究的池子心也可用方砖“膏药幌子”做法，但此种做法一般只用于槛墙等小面积墙体。池子做法（主要是海棠池）多见于山墙、后檐院墙，偶见于槛墙。用于槛墙时，池子心应为硬心做法，心内可做砖雕装饰。

6. 方砖和条砖的各种陡砌形式

用方砖或条砖陡砌成各种艺术形式的做法多见于墙心或局部墙体，用于官式建筑时，常用于影壁心、廊心、看面墙心或槛墙心、门垛心等，用于地方建筑时，还用于山花、象眼、斗拱当等，各种陡砌的艺术形式偶而也用于整个墙体。方砖和条砖的常见陡砌形式有陡墁方砖（膏药幌子）、斜墁条砖、拐子锦、龟背锦、人字纹和其他各种仿花做法，陡砖装饰根据所在的相应位置或做法常有相应的名称，如廊心墙的叫廊心，影壁的叫影壁心，方砖做法叫方砖心等。

7. 花墙子的做法

花墙子是在墙体的局部或大部分使用花砖或花瓦摆成各种图案，对墙面进行装饰的一种手法，花墙子中花瓦的做法多于花砖的做法，用于小式建筑多于大式建筑，青砖瓦多于琉璃。花墙子主要是装饰性强，具有透空的特点，恰当地使用花墙子能使建筑具有新的功能和形式。

花瓦做法中瓦号的大小应根据位置的高低、面积的大小决定，总的说来是宜小不宜大，所以一般不宜使用1号瓦。花瓦可一面露明，也可两面露明，一面露明的，背后应砌金刚墙并抹装饰白灰，双面露明时宽出墙部分要砍去。花瓦分糙和细两种，迎面和拼缝处磨平者为细摆，不经过加工为糙摆，无论是糙细都要事先“套瓦”，即以样瓦或制子逐块套审，选规格相同者。摆瓦之前应拴立线和卧线，摆瓦时应大头朝前，后口适当垫灰。

花砖做法的砖料也可分为糙细两种，图案多用条砖直接摆出，讲究的做法可用方砖或城砖凿出透空的花案。花砖装饰可两面露明，也可单面露明，单面露明的应在背后抹金刚墙。

花墙子一般用在园林墙、院墙的上部，有时也出现在廊心墙上。

8. 什锦墙的做法

什锦墙是着意将门窗洞口做成各种不同的形状来装饰墙面，由于洞口的形状各异，图案性很强，故称为“什锦墙”，有哑巴框做法、砖券做法和圈口贴脸做法。

(1) 哑巴框做法　根据设计意图制作样板，然后按样板钉成“盒子”，由于盒子不露明，故又称为“哑巴框”或“哑巴口”。砌筑时将哑巴框放在墙上，四周砌墙，迎面钉木贴脸或砌砖挂落，侧壁钉筒子板或贴面砖。

(2) 砖券做法　什锦墙除可采用“哑巴框”做法外，也可采用砌砖券的方法（参见砖券一节）。砖券的四周仍砌墙，迎面一般不做贴脸，但也可再贴一层砖挂落。侧壁做法随迎面做法。

(3) 圈口贴脸　贴脸主要分为木贴脸和砖挂落两种，砖挂落又可分为素砖与花活（砖雕）两种。圈口侧壁应随迎面贴脸做法，如为筒子板，可直接钉在哑巴框上；如为砖圈口，可用银锭榫形式固定在哑巴框上。

什锦墙面活泼美观，因此常用于园林建筑中的内墙、后檐墙、游廊墙上。小式建筑的四合院中也常采用这种形式，其位置多在垂花门两侧、临街的后檐或花园的墙体中。

9. 墙面的形体变化

一个在形体上有较大变化的墙面，既使做法平平，也常能创造出一种新的艺术形式。如同样是最普通的卧砖做法，做云墙则轻盈飘逸，做叠落墙则参差错落，做罗汉墙则敦庄厚重。

10. 砖料与灰缝的感观作用

古建墙面十分讲究砖与灰缝的感观作用，即使是最普通的卧砖墙面，往往也要“块块过斧”。砖与灰缝，或和谐如一，或对比鲜明，真是一砖一缝都要苦心经营，可见匠心无所不至。国外建筑和现代建筑所用的砖料，经制坯烧成后，一般就不再经二次加工，而中国古建筑所用砖料，往往要经过二次加工，这就使得砖与墙面具有了表面洁净平整、棱角完整、质感细腻、规格准确的特点。“磨砖对缝”、“水磨青砖”的感观，即由此而生。古代匠师对灰缝的经营调理更是游刃有余，使得本来并不起眼的灰缝，对墙面的感观效应变得举足轻重。综其手法，可归纳如下：

1）力求与砖融为一体，使墙面产生“一块玉儿”的感观效果，或将灰缝做得极细，远观“一块玉儿”，近观“缝如丝”。

2）讲究灰缝本身的形状、凹凸变化，为墙面增添情趣。

3）缝子排列形式多变，如十字缝、三七缝、丁横拐、落落丁等形式的使用，使灰缝变化入微、耐人寻味。

4）砖缝做疏密变化，用大砖缝子疏朗，用小砖则缝子细密。不同的排列形式也有不同的疏密程度，如十字缝最疏，落落丁最密。疏密的变化有致常能打破感观上的沉闷。

5）砖缝做粗细对比，如下碱缝细上身缝粗，四角缝细墙心缝粗等。以粗缝相衬，细缝才更见精致。就整体而言，这种变化还会带来质感上的对比。

6）大多数情况下，灰缝用近似砖色的色调，以求得和谐统一的感观效果。但有时也用对比色，造成缝与砖的强烈反差，如灰墙白缝、白墙黑缝、黑墙白缝等，这种手法可获得引人注目、对比强烈的感观效果。

砖券的砌筑是考核的内容。

三、砖券的砌筑

1. 砖券的种类

砖券又作“砖璇”、“砖碹”。按其形状可分为平券（又称“平口券”）、半圆券、车棚券（又叫枕头券或穿堂券）和木梳背券等，除此而外，砖券还应用于门窗什样锦中，因此产生了圆光券、瓶券、多角券及其他异形券（图 4-9a ~ d）。

2. 砖券的名词术语与着面形式

砖券的砌筑叫“发券”。砖券中立置者称为“券砖”，卧砌者称为“伏砖”，统称为“几券几伏”，如一券一伏、三券三伏等。平券大多只做券砖不做伏砖，木梳背券大多为一券一伏做法，半圆券、车棚券和锅底券大多为两券两伏以上做法。糙砖的平券或木梳背券，可占用少许砖墙尺寸，被占用的部分叫做“雀台”。平券和木梳背券两端“张”出的部分叫做“张口”。细作砖券的砖料应经过放样，砍制成上宽下窄的形状，叫做“铺模”。糙砌的砖券所用的砖料不需砍磨，可直接使用。券正中的砖叫“合龙砖”或“龙口砖”，合龙砖的灰缝叫“合龙缝”。如图 4-10a、b 所示。

砖券的看面形式有甃砖、马莲对、狗子咬和立针券。两券两伏以上做法或者车棚券、锅底券多用甃砖形式。

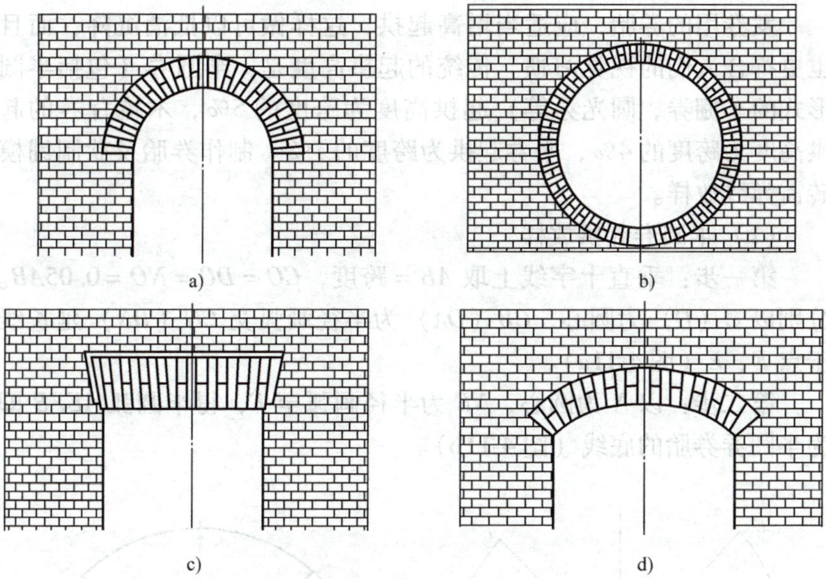

图 4-9　砖券的平面形式

a）半圆券　b）圆光券　c）平券　d）木梳背

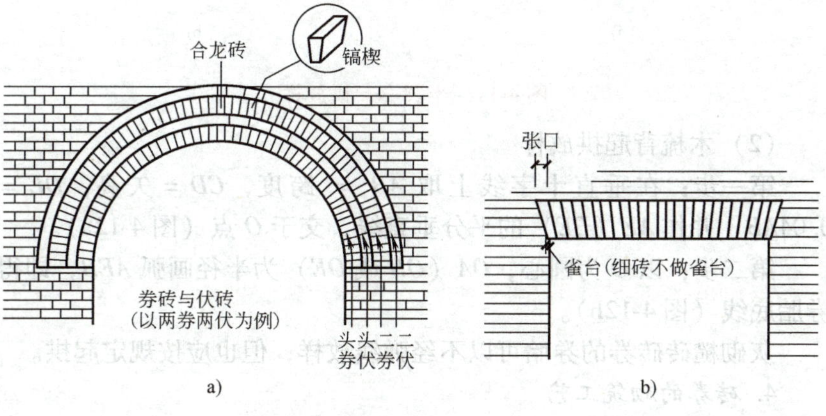

图 4-10　砖券的细部名称

3. 券的起拱和砍砖放样

发券用的券胎，应适当增高起拱，这样做可以抵消沉降，而且也更符合人们的视觉习惯。传统的起拱高度是：半圆券（包括半圆形式的车棚券、圆光券等）起拱高度为跨度的5%，木梳背券的起拱高度为跨度的4%，平券起拱为跨度的1%。制作券胎及砍制铺模砖需弹线放样。

（1）半圆券起拱放样

第一步：垂直十字线上取 AB = 跨度，$CO = DO = NO = 0.05AB$。分别以 C（D）为圆心，CB（DA）为半径画弧交 CN（DN）延长线于点 F、E（图 4-11a）。

第二步：以 N 为圆心，NE 为半径画弧至 F，得半圆弧 $AEFB$ 即为半圆券券胎的底线（图 4-11b）。

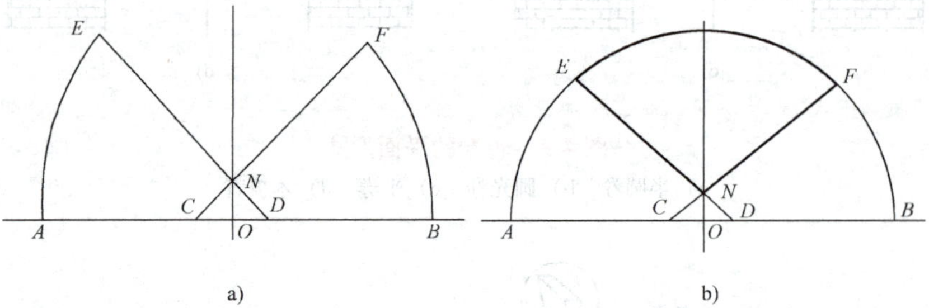

图 4-11　半圆券起拱放样

（2）木梳背起拱放样

第一步：在垂直十字线上取 AB = 跨度，CD = 矢高，$DE = 0.04AB$。并作 AE（BE）的平分垂直线，交于 O 点（图 4-12a）。

第二步：以 O 为圆心，OA（OB 或 OE）为半径画弧 AEB，即得券胎底线（图 4-12b）。

灰砌糙砖砖券的券胎可以不经弹线放样，但也应按规定起拱。

4. 砖券的砌筑工艺

准备工作→摆样做胎模板→砌筑→修理成活。

5. 砖券的操作要点

（1）摆砌规则　券砖应为单数；看面形式为马莲对的合龙砖应

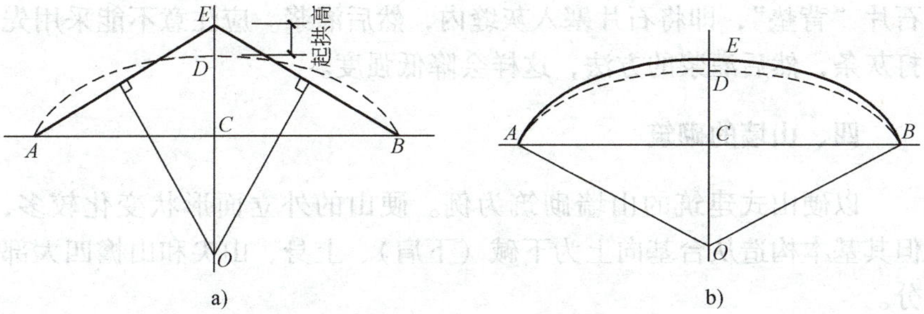

图 4-12　木梳背起拱放样

以“长身”露明；如为细作砖券，不应留有“雀台”；平券的高度不小于跨度的25%。

（2）券胎制作　发券应在券胎上进行，券胎可由木工制成木券胎，也可用砖搭成大致形状，然后用灰抹出券的形状和起拱。大型券（如城门洞车棚券）多用杉篙支搭券胎满堂红架子，然后在架子上铺板支成券胎。半圆券、木梳背、车棚券的木券胎应经放大样制成，其他券胎也应以样板为标准支搭。异形券应先按形状做成样板，下半部一般可不做券胎，上半部则需按样板制作木胎或支搭砖胎。下半部为圆形的（如圆光券），可先在圆心部位用砖砌一个砖垛，然后用一根木杆作为半径指针，叫做“抡杆”，将钉子钉入抡杆的一端，并钉在圆心位置上，砌筑时旋转抡杆，根据抡杆指示的位置就可以确定砖的准确位置。

（3）操作注意事项　灰砌糙砖者，灰缝应上宽下窄，砖的块数是用跨度除以砖厚（包括灰缝厚）得到的，灰缝厚度应按下口宽度计算，合龙砖的灰缝为两份，此处的灰缝厚度应加倍。由于发券从两端开始，最后放合龙砖，为保证看面形式和砖缝排列的正确，应从合龙砖开始往两端排活，经排活确定了两端砖的摆法后再开始发券，如马莲对形式的券，龙口砖确定为长身露明，龙口两侧的砖应为丁头露明，所以两端的砖应为长身露明。在实际操作中，为避免误差，可将计算后确定的每块砖的准确位置画在券胎上。发券时应拴卧线，厚度较大时，可拴两道以上。砖与灰浆的接触面应达到

100%，为保证灰浆的密实，可用瓦刀轻轻砸砖。砌完后应在上口用石片“背垫”，即将石片塞入灰缝内，然后灌浆。应注意不能采用先打灰条，然后灌浆的方法，这样会降低强度。

四、山墙的砌筑

以硬山式建筑的山墙砌筑为例。硬山的外立面形状变化较多，但其基本构造从台基向上为下碱（下肩）、上身、山尖和山檐四大部分。

（1）下碱　下碱又叫下肩或裙肩，其高度可按檐柱高的3/10定。里皮靠柱子的砖要砍成六方八字形状，两块八字砖之间叫“柱门”，柱门最宽处应与柱径同宽。下碱应使用最好的材料和最细致的做法，并常带有石活。下碱砖的层数应为单数。

（2）上身　上身应比下碱稍薄，退避的部分叫做“花碱”。上身砌法和用料一般应比下碱稍糙。干摆、丝缝或淌白墙面为三顺一丁做法的，在中间正对正脊的地方宜隔一层砌一块丁头，叫“座山丁”，糙砖墙可不必拘泥此法。小式建筑中，经常采用“五出五进”、“圈三套五”及“池子”做法。里皮的用料和砌法比外皮粗糙，如里皮用碎砖，叫做“外整里碎”。里皮下碱如果也是抹灰做法，上身不退花碱。山墙砌筑用的卧线拴在墀头曳线上。如果后檐没有墀头，应在交角处拴三道立线，即“一角三线”，一道是角线，两道是供拴卧线用的曳线。山墙上升的大小与建筑类别有关，如在悬山、庑殿歇山中升的大小按悬山、庑殿、歇山山墙的有关规定取定。“五出五进”软心的外皮曳线应比四角和下碱退进10～15mm。山墙里皮的曳线一般不要正升，如有排柱，山柱与金柱之间的山墙里皮叫做“囚门子”，囚门子的做法可以和普通山墙里皮做法相同，也可以同廊心墙做法相同，即采用落膛做法，如采用落膛做法，又叫“棋盘心”或“圈套子”。

（3）山尖　大式山墙的山尖拔檐以下与上身做法相同。为了防止木架糟朽，在山尖正中，柁与柁之间的位置上，应砌一两块有透雕花饰的砖，叫做“山坠”，又叫“透风”。带琉璃博风的山墙一般都放两块有透雕花饰的琉璃砖，叫“满山红”。小式山墙的上身如果是碎砖墙心，山尖外皮也可全部用整砖砌筑，叫做“整砖过河山尖”。“过河山尖”应从挑檐以上或荷叶墩同层开始，也可以根据“五出五进”以能排上整活为准。过河山尖的缝子形式须同下碱一致。如采用“三顺一丁”摆法，山尖中间正对正脊的地方须隔一层砌一块“座山丁”。山尖排活方法与下碱正好相反，须以座山丁为中心往两端排三顺一丁（十字缝摆法也应从中间开始），“破活”应赶排到两端。山尖的里皮线在梁（柁）以上时，瓜柱之间的矩形空当叫“山花”，瓜柱与椽子之间的三角部分叫“象眼”。山花与象眼部分的砌筑称为“点砌山花、象眼”，简称“点砌山花”。山花和象眼与梁下的内墙不同，它们的里皮线应退进一些。当山花、象眼露明（无天棚）时，里皮线的位置一般可按柱中线加出1寸算，当山花、象眼不露明（有顶棚）时，里皮线可按柱中线定位。山花、象眼露明时，应采用较细致的做法，形式有三种，第一种是丝缝墙面做法，砖缝应为十字缝；第二种是做软活，即抹灰镂出假砖缝，砖缝应为十字缝，四周应做成砖圈（详见廊心墙象眼部分）；第三种是抹灰后刷烟子浆，镂出图案花纹。

决定了山尖的砌筑方法并且排好砖缝以后，就可以砌筑了。因为山尖呈三角形，所以每一层两端都应比下面的一层退进若干，退成的角度应与屋面坡度相符，并应留出拔檐砖和博风砖的位置。山尖也应有正升，山尖正升随山墙上身正升。

在退山尖的基础上，进一步把山尖每层两端的砖砍成“砖伐”，然后砌筑，以求同山尖坡度的吻合，这道工序即为“敲山尖”，也叫“敲楼子”。砌（俗称“下”）山墙拔檐、砌（“熨”）博风、下披水砖檐或排山勾滴水，以及它们位置的合适与否及囊的柔美程度，全凭敲楼子的好坏所决定，所以这是一道很重要的工序。敲楼子要拴一道立线和两道楼子线，这三道线合称“葫芦线”。在脊檩或扶脊木上皮正中顺檩钉一根平尺板，将立线拴在平尺板和上身下端之间。从腿子正面看，这道立线应与山墙曳线在同一平面上，从山墙正面看，立线应从座山丁的正中垂直通过。在实际操作中，可以在未砌上身之前就拴好这道立线，这样可以使上身和山尖的座山丁的位置很容易确定。

拴椤子线时先从前后坡脑椽交点上皮往上翻活，算出望板、灰背（或泥背）、脊瓦的总厚度，这样就可以找到前后坡底瓦垄的交点。因为披水砖檐（或排山勾滴的滴子瓦）与屋面底瓦的高度是一致的，所以就确定了前后坡披水砖檐（或滴子瓦）的交点位置，然后再从这个位置往下翻活，除去博风及拔檐砖的厚度，就是两边椤子线上端的交点。在实际操作中，应在立线上做出标记，然后把椤子线拴在这个地方。椤子线的下端，拴在头层盘头的底棱（如不是干摆，还应除去灰缝）。

后檐如有墀头，其拔檐位置与前檐拔檐位置相同（见山墙椤子线的确定）。如为封后檐式无墀头，山墙拔檐与后檐砖檐有两种结合方式（俗称“交待”方法）。当博风高加两层拔檐砖厚恰好等于后檐砖檐总厚度时，山墙的两层拔檐应与后檐砖檐的头、二层檐交圈。但上述这种情况不太常见，常见的情况是，拔檐与后檐的砖檐不交圈，拔檐的下端以靴头形式结束，博风头应比砖檐高一个瓦口（即博风头的上皮应与滴子瓦的底棱在同一个水平线上）。从正面看，博风头应能挡住砖檐。博风头下脚可与同层的砖檐出檐一致，也可以不出檐。靴头安放在博风头的下脚。

（4）封山下檐熨博风　敲完山尖后做下檐子，可用灰将山尖的囊抹顺，然后开始下拔檐砖，砖檐的用料和砌法与山墙相同，这两层拔檐在墀头梢子与两层盘头交圈。如系尖山，砖檐在脊中应“前坡压后坡”，下完砖檐后要用麻刀灰将砖檐抹密实，叫做“苫小背”，此工序可以增加山墙的防水性能及砖檐与山墙的整体性，应认真做好。在拔檐砖之上博风后口，应砌几层混水砖墙，叫“窜金刚墙”，金刚墙应比博风略低，砌好后要在上面抹一层麻刀灰，即“苫小背”，金刚墙的坚固程度直接影响到山墙的坚固程度，因为只要墙顶不进水，墙体一般不容易倒塌，所以应十分重视这项隐蔽工程的施工与验收。接着是熨博风，博风两端是博风头，脊中要根据山墙的形式决定具体做法，尖山用宝剑头，圆山用活顶中和木梳背或扇面。如后檐是封护檐墙，后坡博风头的斜度应随后檐砖的出檐斜度，并应砍制靴子头一份，博风头和博风砖铲一个面，过两个肋，这两个肋应互成直角，一个肋在砌筑时应朝山尖放置，另一个肋朝下，并应将这个肋的两端稍微磨去一点，以能适应砖檐的囊度。博风砖的块数（不包括脊中分件）是用比椽子通长稍微短的尺寸除以博风砖宽得到的，余下的尺寸为两边“插钎”的尺寸，插钎应待熨完博风后砍制。博风的高度应准确，否则会影响到墀头梢子和瓦面的施工。博风的砌筑类型等级同山墙下碱，一般用干摆或丝缝做法，熨博风时所用的线因无法绷紧，所以又叫“浪荡线”，浪荡线只作为出檐标准而不做高低标准。熨博风时先将博风头和脊中分件稳好，博风头上棱与前后檐瓦口平，从正面山墙看，连檐和戗檐都应被博风头挡住，然后熨博风砖，砖与砖之间应严丝合缝，施工中用方尺先代替砖试摆，然后对砖打料砍制，也可用矩尺量，用矩尺比较准确。博风砖砍磨适合后，稳在拔檐砖上和金刚墙旁，用钉子钉在椽子上，再用铅丝把钉子与博风砖上的眼连接起来，熨完博风后应灌浆并用麻刀灰把上口抹平，最后打点整齐并擦干净。如果垂脊为披水排山做法，应在博风之上砌一层砖檐，披水头的两端出檐与屋顶瓦檐一致，披水砖在山墙侧的出檐不应小于披水砖宽的一半，下完披水檐后应在后口苫小背，最后进行打点修理，具体做法同干摆墙。以上为方砖博风做法，还有大三才博风、小三才博风、陡板博风和散装博风。大、小三才博风是尺四尺二方砖博风高度的一半，陡板博风即用停泥和四丁等小型条砖陡砌，散装博风的博风头用方砖砍制，但博风一般用大开条砖带刀灰砌法，按十字缝形式分层砌筑，层数按博风头高度及开条砖的厚度定，要成单数。前后坡相交附近的砖要用宽度为1/2砖宽的“条头砖”砌筑，以求得曲线的柔和。散装博风的囊应注意要自然适度，砖与砖之间不应出现死弯。

（5）墀头　墀头又称为“腿子”，是硬山山墙两端檐柱以外的延续墙体。硬山式建筑的前、后檐都是“露檐出”（又叫老檐出）时，则前、后都有墀头；后檐墙不露出椽子为“封后檐”时，则后檐无墀头，只前檐有墀头。

1）了解墀头的尺寸：墀头有三个面，一是外侧面，它与山墙外立面共一个面；二是看面，即迎端面，是墀头的主看面；三是内侧面，即山墙背里方向的一个面，对有廊硬山来说，该面檐柱以里就是廊心墙。墀头的三个面与山墙一样，都分别由三部分组成，由下而上为下碱、上身、盘头。墀头的尺寸包括高、长、宽。

① 墀头高：可由木构架所安装的尺寸决定，是指从台明上皮至望板上皮的垂直距离，即：

樨头高 = 古镜高 + 檐柱高 + 平水高 + 檩径 + 檐椽飞椽的加斜厚度

② 墀头长：是指侧面部分山墙墙体延续到挥头迎看面的长度，它与山墙连接成为一个整体，故一般没有明显的分界线，只要按“下檐出 - 小台尺寸”计算出迎看面的位置即可，或者从大连檐里皮的垂直线减去天井尺寸，再加花碱。小台尺寸一般为 0.4 ~ 0.8D（D 为檐柱径），但小式建筑不小于 2 营造寸、大式建筑不小于 4 营造寸。天井尺寸由每层出檐决定，详见盘头所述。

③ 墀头宽：是指迎看面的横向尺寸，一般先按 1.6D（檐柱径）匡算，然后再选定排砖砌筑方式确定具体尺寸。墀头的排砖砌筑方式有六种，即单条沟（又叫担子勾）、勾尺咬（又叫狗子咬）、马莲对、三破中、小联山和大联山。其中单条沟为一整砖与一条砖勾搭；勾尺咬是一整砖加一丁头砖；马莲对是一层整砖和一层两块半砖配对砌筑；三破中是一层两块整砖，另一层中间为整砖两边为半砖配对砌筑；小联山为两块半砖；大联山为三块砖和两整两半配对砌筑。

2）墀头操作：墀头操作包括下碱操作、上身操作和盘头操作。

① 墀头下碱操作：下碱又称下肩，是山墙下碱的延续部分，一般在同一建筑中用最好的砌筑方法和材料，如干摆、丝缝等。比较讲究的建筑，转角处多用角柱石，石顶用压面石续接山墙腰线石。摆砖砌缝要与山墙砖缝平直一致，所以施工时应与山墙连成整体统筹考虑。下碱的里、正、外三面砌法一样，如果里侧有廊心墙，廊心墙部分的下碱按廊心墙要求另行砌筑。

② 墀头上身操作：墀头上身是指从下碱上皮至盘头下皮的距离，按下碱每边退进一个花碱尺寸确定。在砌筑之前，应先根据已计算出的盘头尺寸，计算上身的高度来安排摆砖层数。摆砖砌法应与下碱相匹配，如下碱用马莲对，则上身用勾尺咬；如下碱用勾尺咬，则上身用三破中；如此类推。在里侧与檐柱的连接处，由于柱子不是笔直的，其差距可砌“砖伐”。墀头的看面一般不完全垂直，从山墙面看，略向里倾斜，即“仰面升”，“仰面升”一般为上身高

的3/1000~5/1000。当盘头为雕凿花活时，上身在紧挨盘头的一块砖，应用方砖凿成花活，称为“垫花”，垫花的浮雕部分略高出墙面。

③ 盘头操作：盘头即“梢子”，是指墀头上身以上挑出至大连檐的部分，但也有的只将除戗檐外的部分叫做“梢子”。一般盘头分为五层盘头和六层盘头两种，六层盘头的构造由下而上为荷叶墩、半混、炉口、枭、头层盘头、二层盘头，再上就是戗檐，五层盘头较前者少一层炉口。这些分件一般用方砖砍制，其中，头、二层盘头可用一块方砖斜砍成两个三角块，再将三角块两侧按山墙外侧面拔檐砖交圈尺寸和挥头内侧面砌砖位置剔凿出来，以保证砌筑时相互咬口连接。其他荷叶墩、半混、炉口、枭砖等用不同宽度的方砖或条砖砍制，以保证外、内两个侧面的砌筑灰缝相互错开，所以砍制时应按实际量出尺寸进行加工。戗檐砖用方砖砍制，选料尺寸的高可约等于博风高，宽等于墀头宽加拔檐挑出尺寸减去博风砖厚，顶棱可不加工，底棱砍成抹边蹬脚。如果一块方砖不够宽，可再加一条砖。盘头的分件在砌筑时层层挑出，挑出的总尺寸为“天井”，其中包括戗檐砖的倾斜距离即“扑身”。清《工程做法则例》对五层盘头做法分为大、中、小三才砖，其挑出尺寸按规定取，但在实际操作中，由于用做干摆盘头的方砖厚度不一样，因此挑出尺寸也有一定变化。一些比较讲究的建筑，墀头梢子常用挑檐石，不做半混、炉口、枭砖这三层砖，挑檐石的出檐为1.2倍本身厚。但有的仿照挑檐石做法砌一圈挑檐砖圈，形成“梢子后续尾”，其中砖圈挑出砍成45°角，圈内的砖面与角棱齐平。墀头里侧面中，荷叶墩至枭砖这几层的立缝，允许与墀头里侧的立缝错缝。在枭砖以上的部分，称为“腮帮”，砌筑腮帮称为“点腮帮”，采用十字缝清水墙砌法叫做“清点腮帮”，采用抹灰镂划缝叫做“混点腮帮”。清点腮帮的砖缝应与梁头对齐，但紧挨梁头下面的一层砖不能与梁头齐缝，而应使梁头端线处在这块砖的中间。由此，腮帮的砌砖层数应先行计算一下，按“单整双破”进行砌筑，单整是指计算层数为单数者，砌腮帮第一层砖应用一块整砖，即按梁头长加1/2砖长砍制，使梁头处在该砖中间；双破是指计算层数为双数者，砌腮帮第一层砖按梁头

长砍制，使砖缝与其对齐。靠戗檐的砌砖，可按实际进行“砖伐”。

五、廊心墙的砌筑

带廊子山墙的里侧面，墀头转角内侧檐柱与金柱之间的山墙面是廊心墙的位置。在古建园林建筑中，一般都很重视廊心墙面的装饰效果。

1. 廊心墙的构造

廊心墙由下碱、上身和象眼三部分组成，如图4-13所示。

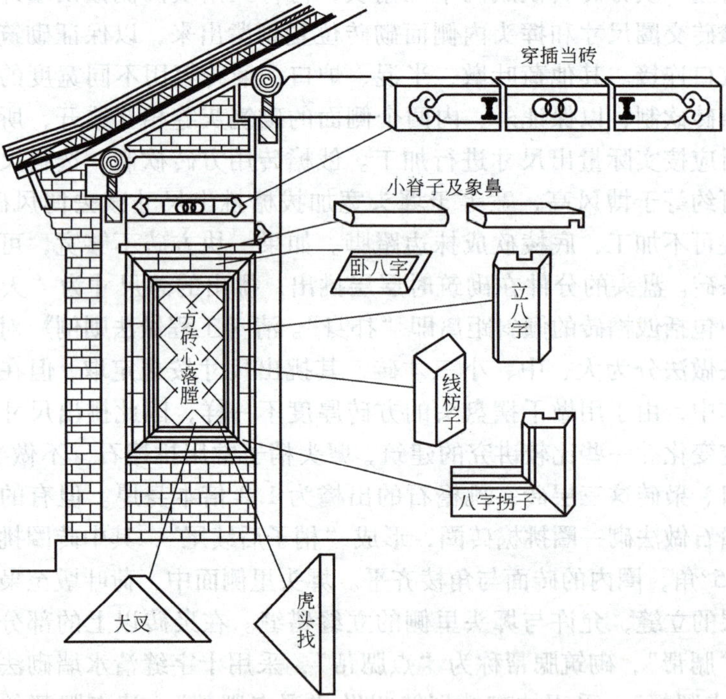

图4-13　廊心墙的构造

廊心墙下碱外皮与山墙里皮在同一直线上，下碱高与山墙下碱高相近，具体要以廊心的方砖心能排出好活为准。下碱的用料和砌筑方式均与山墙下碱相同，砌缝形式须为十字缝。下碱两边与檐金柱连接的砖，要砍成六方八字形，但与槛墙连接时可不留八字，直接接槎即可。

廊心墙上身可用糙砌抹灰做法，这种做法虽然简单但等级较高，因此多用在大式建筑中，也可用细砌落膛做法，用于廊心墙时通常称为廊心做法，这种做法比较常见，尤其在小式建筑中。无论是大下式建筑，廊心建筑上身都不得采用卧砖墙面做法。

2. 廊心墙施工

(1) 用料　廊心的方砖、穿插当、大叉、蝴蝶叉、立八字、搭脑及拐子用方砖砍制，线枋子和小脊子用停泥砖砍制。线枋子和立八字要起线，线的两端距离约等于花碱尺寸，穿插当高等于穿插枋至抱头梁之间的距离，并按穿插枋进深分三段砍制和雕刻。小脊子应砍制成圆混形式，两端要雕象鼻子，高为 1/2 立八字的宽，可用一块或两块停泥砖叠在一起砍制，其下层有“瓦条”，叫“小脊沟”，瓦条用斧刃砖砍制，高度为斧刃砖厚的 1/2。在实际操作时，方砖心、穿插当、小脊沟和小脊子都可以用抹灰的方法来代替，即做软活，当然软活属于简易做法。

(2) 砌法　廊心墙砌筑所用的拽线应在檐柱和金柱上，拽线应与柱子外皮平行，廊心墙背后可用碎砖填充（填馅）。如为细缝砌法，细砖要用泼浆灰稳定好，最后用木仁卡在细砖后口凿好的缺口上，并用砖将木仁压住。每层砌完后都应灌浆，最后修理打点。小脊子要用黑烟子浆刷色。穿当的外皮不应超过穿插枋，穿插当的表面多做雕刻装饰，常见的为阴纹雕刻，讲究的用浮雕，如无方砖可采用抹灰镂缝的方法做“软活”。穿插枋至抱头梁之间的空档叫“穿插当”，抱头梁以上的空档称为“象眼”，象眼做法墀头象眼做法，但如是抹灰做假缝，应在四周做砖圈，也可在抹灰的表面刷烟子浆，然后镂住图案花纹。如果廊心墙恰在游廊的通道上，叫做“廊门桶子”或“闷头廊子”。一般常用木板圈成一个矩形门洞，称“吉门”，在吉门上方做成小落膛心叫“灯笼框”。廊心墙的做法如图 4-14a～c 所示。

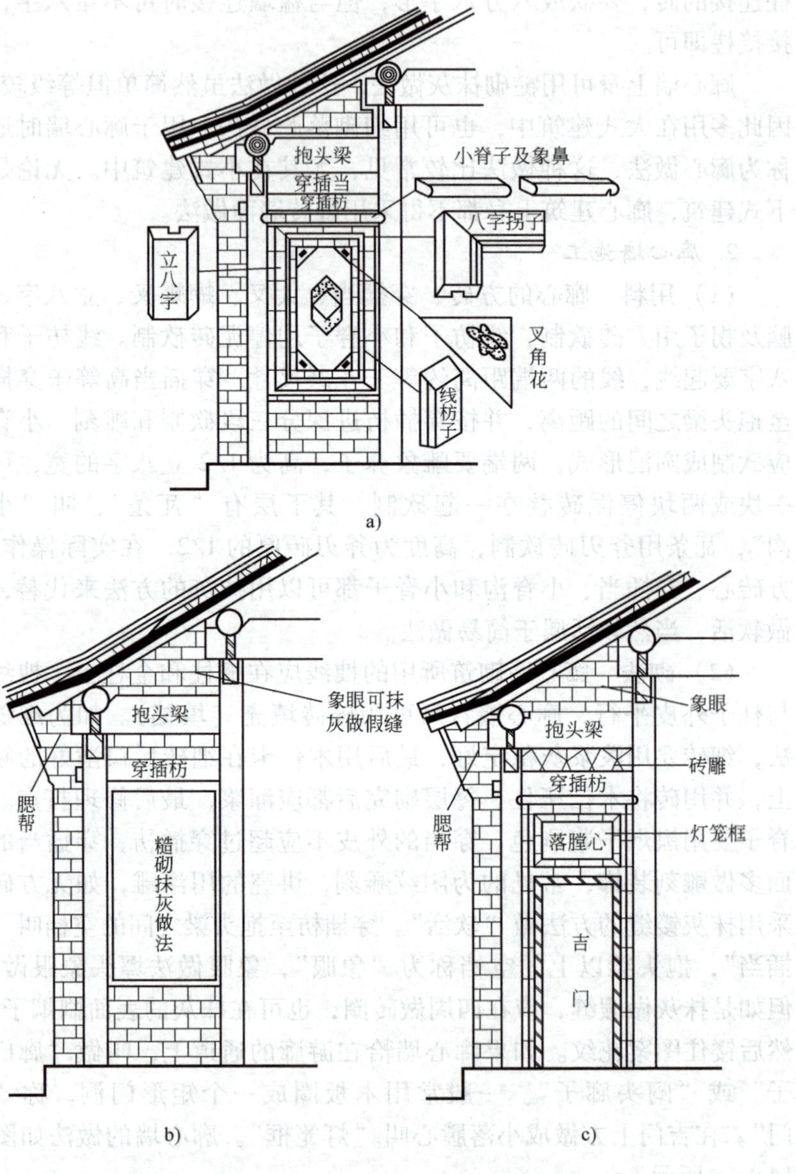
抱头梁
穿插当
穿插枋
小脊子及象鼻
八字拐子
立八字
叉角花
线枋子
a)
象眼可抹灰做假缝
抱头梁
穿插枋
腮帮
糙砌抹灰做法
b)
象眼
抱头梁
砖雕
穿插枋
腮帮
灯笼框
落膛心
吉门
c)

图 4-14　廊心墙的做法

六、槛墙的砌筑

槛墙可以说是前檐部分的下碱墙体，因为，在一般古建园林建筑中，房屋的前檐墙主要是由槛框内的门窗和窗下墙所组成，门窗为木装修工程，除去门窗外，剩下的就只有槛窗下的墙体，这是前檐部分惟一的一种墙体，该墙体就称为“槛墙”。槛墙厚一般等于或稍大于檐柱径，即里、外包金各为1/2檐柱径，若为重要建筑，里、外包金可再加大1/4檐柱径；槛墙高依槛窗高低而定，如果先砌墙后做窗者，槛墙高可取3/10檐柱高；槛墙长为柱子与柱子之间距离。槛墙与柱子接触处，里、外皮都要砍成八字“柱门”，但与山墙或廊心墙交接处不留“柱门”而直接交槎连接。槛墙用料和砌法有三种：

1）与山墙下碱一致，砖缝要为十字缝。

2）落膛心形式做法。

3）砖池子海棠池做法

比较讲究的建筑，常采用琉璃槛墙，琉璃构件有圈口线砖及圈口线砖转头、圈口八字线砖及圈口八字线砖转头、龟背纹贴面砖等。

七、后檐墙的砌筑

一般建筑的后檐墙有两种，一种是檐墙不砌到屋顶，只砌到檐枋下皮，露出椽子的叫“露檐出”或“老檐山”；另一种是檐墙砌至屋顶，不露出椽子的叫“封户檐”或“封后檐”。这两种不同的后檐墙的主要区别就在于有无墀头，露檐出式的后檐墙有墀头，即后檐墙外皮与墀头里端相交；而封后檐式的后檐墙无墀头，即后檐墙外皮与山墙外皮相交。除墀头和檐口部分外，这两种后檐墙的墙体结构完全相同。后檐墙的墙体由下碱、上身、檐口三部分组成。

1. 后檐墙的下碱

后檐墙下碱的高与山墙下碱一致，里包金宽等于1/2檐柱径加花碱尺寸（高大建筑加1/4檐柱径），外包金宽等于7/6檐柱径（高大建筑还可稍大）。其用料和砌法也与山墙下碱相同。后檐墙的背里与柱接触处，应留“柱门”。

2. 后檐墙的上身

后檐墙上身的里、外皮，应与山墙一样退花碱，用料和砌法可与山墙相同，也可稍糙。老檐出式上身墙，可做成抹灰软心、海棠池和五出五进等，此时砖檐以下可砌 3 ~ 5 层砖，叫“倒花碱”；当设有窗户时，应在窗口两侧和下边砌砖檐圈，叫“窗套”。

3. 后檐墙的檐口

对于老檐出式后檐墙的檐口上端，应砌成抹肩形并带一层拔檐叫“签尖”，签尖高约等于外包金尺寸，签尖形式有馒头顶、宝盒顶、道僧顶、抹灰八字等；封后檐式后檐墙的檐口不做签尖，而做成不同形式的砖檐，砖檐的形式有菱角檐、鸡嗉檐、抽屉檐、冰盘檐等。封后檐式后檐墙与山墙拔檐博风的交圈方式有两种，一种是后砖檐与拔檐博风等高，此时正好交圈；另一种是两者不等高不能交圈；此时山墙拔檐端头砖应用靴头砖。

（1）菱角檐　一般为三层挑檐，以第二层菱角（即等腰三角形）而得名，由下而上为头层檐、菱角檐、盖板，如图 4-15a 所示。

（2）鸡嗉檐　也为三层挑檐，以第二层半混（形似鸡嗉）而得名，由下而上为头层檐、半混檐、盖板，如图 4-15b 所示。

（3）抽屉檐　也为三层，以第二层挑出方椽砖（形似抽屉）而得名，由下而上为：头层檐、抽屉檐、盖板，如图 4-15c 所示。

（4）冰盘檐　这是砖檐中最讲究的一种做法，它由多种形式的檐砖层层挑出而成，一般可做成四至八层，如图 4-15d ~ i 所示。

四层冰盘檐为头层檐、半混、枭、盖板。

五层冰盘檐为头层檐、半混、炉口、枭、盖板。也有不用炉口而改用砖椽子的。

六层冰盘檐为头层檐、连珠混、半混、炉口、枭、盖板。也有不用炉口而改用砖椽子的。

七层冰盘檐是在六层冰盘檐的基础上，多加一层砖椽子。

八层冰盘檐是在七层冰盘檐的基础上，多加一层飞椽。

砖檐的用料可用方砖、停泥砖、开条砖、城砖等进行砍制。

砖檐的位置应通过翻活确定。先算出砖檐的总出尺寸，按这个

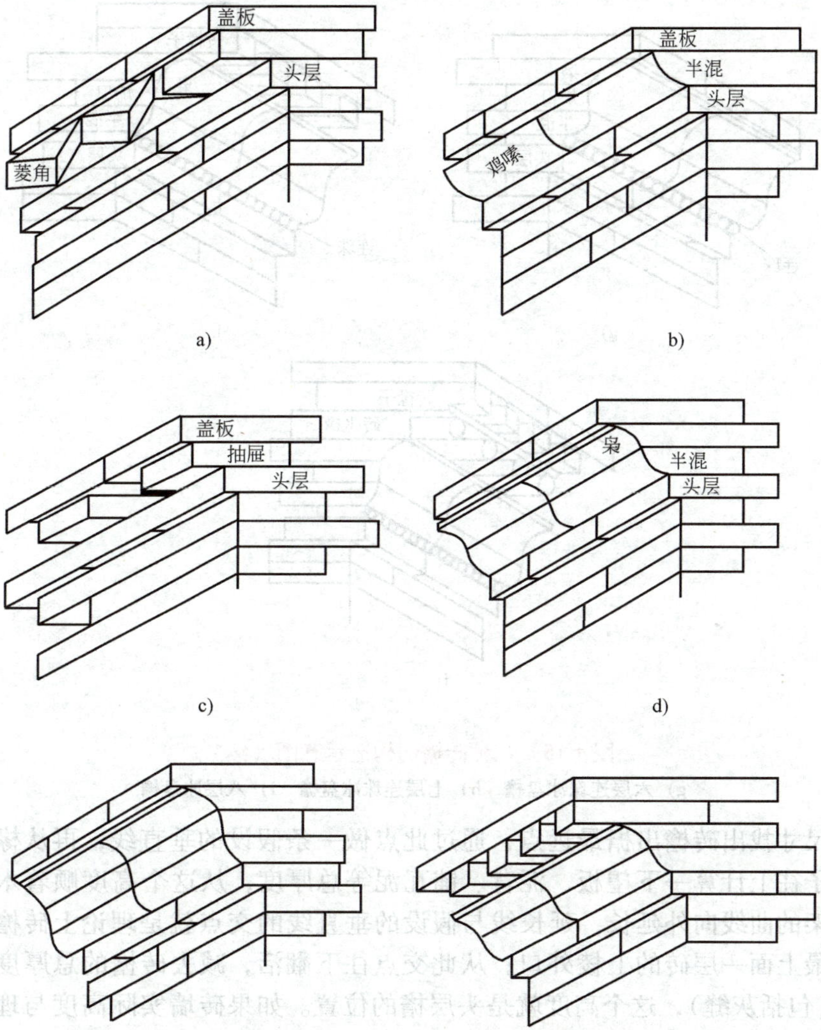

图 4-15　几种砖檐的构造示意图

a）三层菱角檐　b）三层鸡嗉檐　c）三层抽屉檐

d）四层冰盘檐　e）五层冰盘檐带炉口　f）五层冰盘檐带砖椽子

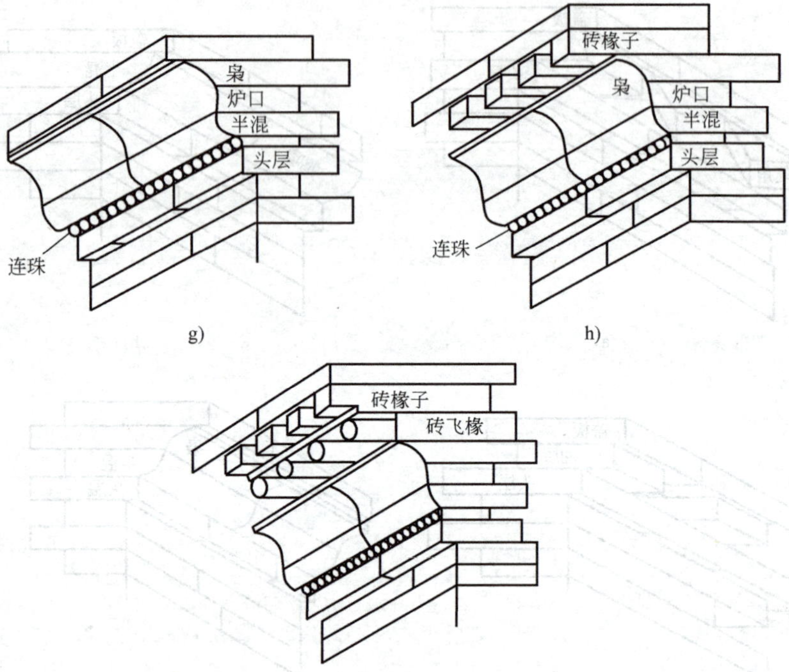

图 4-15 几种砖檐的构造示意图（续）

g）六层连珠冰盘檐 h）七层连珠冰盘檐 i）八层冰盘檐

尺寸找出砖檐出檐最远点，通过此点做一条假设的垂直线，再从椽子往上计算一下望板、泥背、铺瓦泥等总厚度，从这个高度顺着木架的曲线向外延长，延长线与假设的垂直线的交点就是理论上砖檐最上面一层砖的上棱外口；从此交点往下翻活，减去砖檐的总厚度（包括灰缝），这个高度就是头层檐的位置。如果砖墙实际高度与理论上的高度不能相符时，可以高于理论上的高度但不能低于理论上的高度。“俏（巧）做山，冒做檐”，意思就是山尖要做得优美、合适，而封护檐的砖檐要高一些。在实际操作中，可以用方尺和平尺板找出头层砖檐的位置。由于砖檐的高度往往与山墙的拔檐和博风高度不相同，因此后檐墙与山墙的转角部位应根据不同的情况分别处理。无论是后檐墙还是山墙，凡到柱子的位置，应砌置一块有透雕花饰的砖，叫做“透风”，透风的作用在于使柱子根部附近的空气流通而使柱根不易糟朽，一般只设在下碱外皮的下部，透风与柱子之间不砌严。宫殿的墙体，还可在上身外皮再砌一块透风，带双透风的墙体，上、下透风之间的墙内，要砌成“胡同”，以使空气在上、下透风之间形成对流。

八、影壁的砌筑

1. 影壁的分类

按照材料的不同，可将影壁分为普通青砖影壁和琉璃影壁。石影壁很少见，但砖影壁中常在局部使用石活。小式建筑的影壁中一般只用压面石和角柱石，大式建筑的影壁除用石须弥座以外，有时甚至将柱子、大坊子、上、下槛等构件也用石料制成。

影壁的名称根据位置和平面形式而定，有座山影壁、一字影壁、八字影壁和撇山影壁等。座山影壁位于大门内与大门相对的山墙上，一半露明，一半座落在山墙上；一字影壁大多位于大门外，与大门相对而建，院内无法“座”山的时候，也需按一字影壁修建，此外，园林景点中的独立的影壁也多为一字影壁；八字影壁位于大门外，与大门相对，平面呈八字形；撇山影壁位于大门外两旁，根据平面形式的不同，又分为普通撇山影壁和“一封书”撇山影壁，其中一封书撇山影壁又叫“雁翅影壁”。

2. 影壁做法

（1）青砖影壁做法　图 4-16 所示为悬山一字影壁。

1）下碱（下肩）：青砖影壁的下碱，多采用干摆做法。如果院内外自然地坪大致相同，下碱以下只用一层露明的土衬石，土衬金边宽可按土衬露明高的 1/3 确定。如院外地坪很低，土衬石以下应再加砌若干层露明的台基，影壁土衬上皮应与门楼台基土衬上皮平。大式青砖影壁的下半部位常采用须弥座形式，须弥座有三个部分：束腰以上、束腰、束腰以下，这三个部分各约占须弥座总高度的 1/3，如束腰以上和束腰以下需增加尺寸，可占用一定的束腰尺寸，但束腰尺寸最小不可小于两层砖的厚度。须弥座各层出檐尺寸可参照冰盘檐的出檐尺寸。束腰除用卧砖砌法外，还可用方砖或城砖陡

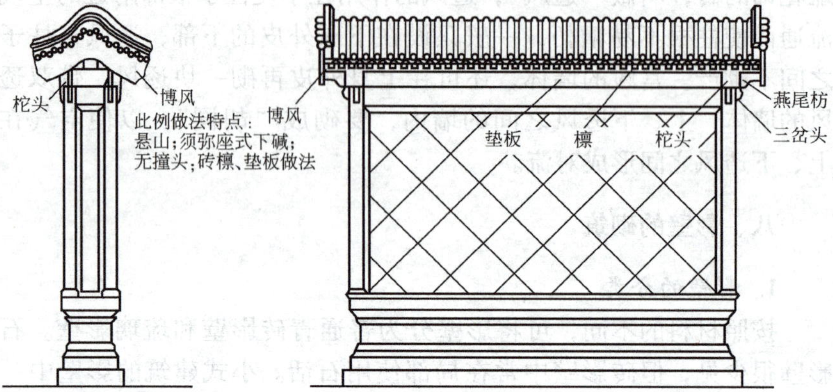

图 4-16　悬山一字影壁示意图

砌。束腰的中间和两端可以雕刻花饰，如果雕花饰，两端应雕成“玛瑙柱子”。须弥座的土衬和盖板常用石活。

2）上身：影壁上身的做法有着固定的模式，即所谓的“影壁心”做法。影壁心以方砖心做法为主，四周仿照木构件做出边框装饰，边框之外还可以砌一段墙，叫“撞头”。无撞头者，砖柱可做成圆柱形，柱子的三岔头应改做耳子；有撞头者，柱子表面可为素平或圆洼两种形式，不论取哪种形式，砖棱均应倒成“窝角棱”。柱头正面的耳子，可为花瓶形式（叫做“瓶耳子”）；下端只有线枋子，没有大枋子，这与落膛做法不同，须特别注意。墙心多为方砖硬心做法，因方砖立置的方式形似旧时中药铺的幌子，故俗称“膏药幌子”。墙心上也常做砖雕花饰，构图方式多为中心四岔。

进行方砖心分位的计算时，须考虑以下因素：第一是根据建筑物的等级、规模、硬心的面积大小等因素决定方砖的规格，大式建筑多用尺四或尺七方砖，小式建筑多用尺二方砖。第二是初步确定方砖心的总高和总宽（不包括线枋子），方砖心的总高和总宽，应以每块方砖的斜长（即对角线的长度）为模数，称为“×个高”或“×个宽”。第三是在初步确定了方砖心的总尺寸后，还要试定一个方砖斜长（如尺四方砖砍净尺寸可定为 500～580mm）。第四是用总高和总宽分别除以方砖的斜长，得数须为整数，如不能整除时，应适当调整砖的长度，必要时，也可适当改变方砖心的总尺寸。

影壁上身的砌筑方法与廊心墙的砌筑方法大致相同。里皮为糙砖墙体（金刚墙），影壁心一般为干摆做法，撞头一般为丝缝做法。方砖心、箍头枋子、柱子等立置砖件的后口，要用“木仁”与金刚墙相连，木仁的一端卡在砖的缺口上（事先凿好），另一端压在金刚墙内。木仁可用木料、铁料或瓦料制成。方砖心应比线枋子退进若干，线枋子又应比柱子退进若干，大枋子应与柱子砌平。如有“撞头”（柱子外侧的部分），撞头应比柱子退进若干，退进的尺寸应以能露出线角为宜。每层砌完后都应灌浆，最后修理打点。如无撞头，影壁侧面做法同正面做法。

3）上身至瓦顶之间：硬山影壁的上身至瓦顶之间多做冰盘檐，而且大多为带砖椽的冰盘檐，两山为“小红山”做法；悬山影壁的上身至瓦顶之间自箍头枋子以上，应按木梁架的形式做出砖垫板、砖檩、砖飞椽等构件，山面还要做出三岔头、砖燕尾枋、砖博风等。

4）瓦顶：青砖影壁的瓦顶一般是筒瓦做法，具体可参见各种屋顶的做法。

（2）琉璃影壁做法（图4-17）

1）下碱：琉璃影壁的下碱除可采用普通整砖下碱外，更多的情况是采用须弥座形式。琉璃影壁的须弥座可为石头须弥座或琉璃砖须弥座（土衬、角柱和盖板也常为石活）。

2）上身：上身的主要构件是磉科（即马蹄磉）、柱子、槛砖（即下槛）、替桩（即上槛）、额枋、中心花和岔角、额枋、耳子，必要时可用由额垫板、由额（小额枋）、霸王拳等。琉璃影壁上身常采用的有以下几种做法，第一是糙砖软心刷红土浆；第二是局部用琉璃饰面砖（如中心四岔做法），花饰以外的空当仍采用软心刷红浆做法；第三是局部用花饰砖，花饰以外的空当用普通卧砖做法，第四是全部用卧砖；第五是用琉璃方砖心。

3）砖檐或斗拱：琉璃影壁的砖檐大多为四层或五层冰盘檐，也可用琉璃斗拱代替冰盘檐。斗拱及桁檩椽望的主要构件有平板枋、平身科斗拱、角科斗拱、垫拱板、机拱（挑檐枋）、黄虚错角（宝瓶）、挑檐桁、起翘（枕头木）、板椽（椽子带望板）、斜椽、盖斗

图 4-17　琉璃影壁立面

板、角梁。

4）瓦顶：琉璃瓦顶大多采用庑殿顶或歇山顶，屋面铺瓦及挑脊做法参见屋面的有关内容。

这里就介绍以上几种代表性的墙体，其他还有别的墙体，如院墙等，学员可参考有关古建筑书籍，本教材不再叙述。

第三节　古建筑墙体砌筑的质量和安全问题

一、古建筑墙体砌筑的质量要求

1）砖块加工尺寸必须符合要求。

2）墙面排砖无“破活”，墙面处理的排列和组合应符合传统的习惯和风俗。

3）灰浆配合比准确，使用种类合理，灰缝饱满。

4）墙面外观无缺棱掉角的缺陷和打点过多的现象，接活无痕迹。

5）用2m 托线板检查垂直平整度：干摆砖偏差不大于1mm，丝缝砖偏差不大于1.5mm，淌白砖偏差不大于3mm。

二、古建筑墙体砌筑应注意的质量问题

1）加工好的砖应保管好，在运输中应轻拿轻放，防止砖棱角碰破造成砌后墙面难看，还要进行修正，有的修正后效果不一定理想。

2）立线拴得不紧造成水平缝不直，这必须经常用眼穿看挂的水平线，并用平尺勤检查。

3）砌筑前的排砖很重要，防止墙面出现“破活”，通过排砖进行砖的加工和打截料。

4）灌浆时必须防止过快过急，灰浆的稀稠程度必须由有经验的师傅掌握。

5）一定要注意“抹线”这道工序，防止遗漏造成灌浆下流，撑开已砌好的墙面。

三、古建筑墙体砌筑的安全注意事项

安全上的注意事项与现代砌砖墙一样，可参阅初中级砌筑工培训教材。应注意的是脚手架不能搭支在木构架上，以防止木构架移动，造成架子偏斜影响施工安全。由于原形砖较大，脚手架上的堆料应注意控制在 $270kg/m^2$ 以内。

第四节 古建筑墙体砌筑的技能训练

• 训练1 古建筑墙体的砌筑（含砖细）

1. 训练内容

砌筑一堵仿古影壁砖墙，有下碱，墙上身有影心或海棠池（保证有砖细出现），做硬山式样顶。

2. 基本训练项目

（1）砌筑准备

1）工具准备：瓦刀、大铲、抹子、刨锛、鸭嘴、平尺、方尺、刨子、斧子、扁子、煞刀、磨头、錾子、矩尺、灰板及质量检测工具钢卷尺、托线板、线锤、水平尺、皮数杆等。

2）材料准备和施工前准备：准备砌筑砂浆和勾缝砂浆；根据墙面的大小准备方砖，一般规格有尺四方砖（440mm×440mm×45mm）、尺二方砖（380mm×380mm×40mm）或一尺方砖（320mm×320mm×35mm），把砖进行干燥，方法是搭棚防雨、架空风干，然后在干砖中选砖，要选择边角整齐、表面细腻、无砂眼及粗粒、色泽均匀、同一批烧制的颜色相同无明显色差的砖；同时准备砌筑时挂勾的木勺，长约200mm、宽30mm、厚20mm，头部做成拐头，最好用柏木做成，也可用毛竹制，其他木材容易朽烂；还要准备油灰作为砖缝的粘接和防雨。施工前准备主要是按图样上需要做墙面的大小进行定位，量出高低、宽窄，最好绘制有同比例的翻样图，根据图样去掉镶边算出砖的块数和选用砖的大小。

3）砖料加工：加工同砖雕中的砖料加工。

4）技术准备：按要求制作或检查皮数杆，皮数杆要考虑各墙段的留设，即下碱，上身及顶部的做法及尺寸比例关系；对砌筑使用的脚手架进行安全和质量的检查。

（2）墙体砌筑　外部砖细影壁必须和内部粗砖墙同时砌筑，一般影壁在墙高1/3以上开始出现，影壁部分两边的墙一般先砌到一定高度，砌时应先立好皮数杆（这种皮数杆和普通皮数杆不同）。先把影壁两侧与粗砖墙相接的镶边砌好、挤紧，然后量查影壁两头镶边的尺寸，再进行砖细的排砖，其尺寸允许偏差不大于±1mm；影壁底的墙面必须找平找直，才能坐砌底镶边及底排砖，坐底要用1～2mm厚的油灰。砌时要拉水平线，线要拉紧，使砖细上棱跟线，砖的侧面要披油灰，两砖挤紧，缝小于1mm。砖背离粗砖墙约8～10mm，以避免粗砖墙拱出而影响砖影壁面的平整。砖缝挤油灰是为了防止雨水渗入墙面。第一皮砖细立砌排好以后，在后面槽内安上木勺并砌入粗砖墙内拉结牢固，砌好后用平尺检查砖面的垂直平整度。按第一皮砌法，在两边镶边砌第二皮，依此类推。砌完三块砖高一般可用托线板检查垂直平整度。砌到影壁顶后再砌顶镶边，镶边上再做粗砖压住，也可做檐头装饰。

（3）修整清理　全部砖细影壁面砌完后，应进行全面检查。对砂眼和缝道处，用砖药补磨和对缝，再将油灰用竹篾补嵌，达到美观的效果，然后用水清洗到底交活。

3. 训练注意事项

1）清水墙砌筑要求组砌正确，竖缝通顺，刮缝深度适宜、一致，棱角整齐，墙面清洁美观。

2）为了防止出现摆墙的对缝不严现象，加工时应认真检查，尺寸一致，后面勺槽要有楔口，表面平滑。

3）在砌筑前应坐底找平，并用铁水平直尺检查，如不平处用水泥砂浆找平，以免造成上部的不平。

4）操作时应拉线，并勤检查，避免砌成的缝不直，确难跟线的可用细竹篾垫一下加油灰找直。必须选用好的新鲜油灰，并披好挤密砌筑，如有空缝在修整时用竹篾披嵌密实。

• 训练 2 圆光券的砌筑

砌筑如图 4-18 所示的圆光券，其砌筑方法和训练 1 的砌筑影壁墙基本相同，只要区别圆券要起拱就可以了。下半部用抡杆，上半部用券胎，券胎起拱为跨度的 2% 左右，也可按古建筑增 1 寸计算。

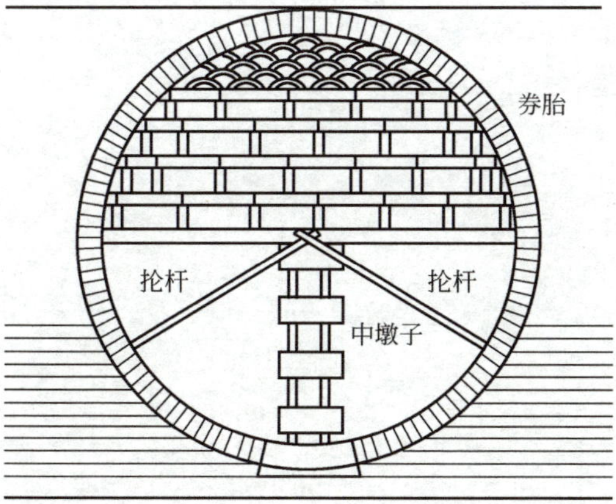

图 4-18 圆光券示意图

复习思考题

1. 古建筑墙体的名称有哪些？
2. 不同的砌筑类型各适用何种情况？
3. 古建筑墙面一般的艺术处理有哪几种做法？
4. 砖券的砌筑有何要求和步骤？
5. 山墙的构造和施工步骤有哪些？
6. 廊心墙的构造和施工步骤有哪些？
7. 后檐墙的构造和施工步骤有哪些？
8. 影壁墙的构造和施工步骤有哪些？
9. 古建筑墙面砌筑时应预控哪些质量问题？

第五章

砖墁地面的铺筑

培训学习目标 通过本章的学习，了解古建筑砖墁地面的类型和应用，熟悉其铺排方式；通过技能训练，掌握砖的计算并能确定其铺排形式，能进行地墁的基层处理和古建筑砖地墁的铺筑。

第一节 古建筑墁地铺筑的相关知识

一、古建筑地面的分类

在古建筑工程中，对地面工程的施工统称为“墁地”，包括室内地面、室外散水甬路和海墁等的施工。

从材料方面来分：古建筑地面以砖墁地做法为主，砖墁地包括方砖类和条砖类两种。方砖类包括尺二方砖、尺四方砖、尺七方砖以及金砖等。条砖类包括城砖、地趴砖、停泥砖、四丁砖等，城砖和地趴砖可统称为“大砖地”，停泥和四丁砖可统称为“小砖地”。

石活地面也是古建地面的常见形式，包括条石地面、仿方砖形式的方石板地面、毛石地面、碎拼石板（冰裂纹）地面和卵石地面（石子地）等。

北方部分地区流行焦渣地面做法，这是古代利用废料作为建筑材料的范例。

夯土地面是历史上最早的地面做法，最初以纯净的黄土为材料，后来发展成灰土地面。至清代，由于砖的大量生产，一般建筑已很少使用了，但在做法简单的建筑中仍继续沿用。至今日，夯土地面已很少见了。

二、砖墁地面的做法分类

用砖铺装的地面是室内外用得比较广泛的一种，在具体施工中，常根据施工的精确程度或要求的等级进行分类，一般分为细墁地面、淌白地面、金砖墁地面、粗墁地面等。

1. 细墁地面

细墁地面做法的特点是，砖料应经过砍磨加工，加工后的砖规格统一准确、棱角完整挺直、表面平整光洁。地面砖的灰缝很细，表面经桐油浸泡，地面平整、细致、洁净美观、坚固耐用。细墁地面多用于大式或小式建筑的室内，做法讲究的宅院或宫殿建筑的室外地面也可用细墁做法，但一般限于甬路、散水等主要部位，极讲究的做法才全部采用细墁做法。室内细墁地面一般都使用方砖，按照规格的不同，有“尺二细地”、“尺四细地”等不同做法。小式建筑的室外细墁地面多使用方砖，大式建筑的室外细墁地面除方砖外，还常使用城砖。细墁地面所用的砖料一般应达到“盒子面”的要求，不太讲究者可使用“八成面”。

2. 淌白地

可视为细墁做法中的简易做法。淌白地的主要特点是，墁地所用的砖料仅要求达到“干过肋”，不磨面，也有人认为，用只磨面但不过肋的砖墁成的地叫淌白地。总之，淌白地面的砖料的砍工程度不如细墁地用料那么精细，墁地的操作程序可与细墁地做法相同，也可稍微简化一些（如不揭趟）。淌白地墁好后的外观效果与细墁地面相似，因此，除去比较重要的建筑或重要的部位用细墁外，其他一般多用淌白地面。

3. 金砖墁地

金砖地面可视为细墁做法中的高级做法，其砖料应使用金砖，做法也更加讲究，多用在重要宫殿建筑的室内。

4. 糙墁地面

糙墁地面的做法特点是砖料不需砍磨加工，地面砖的接缝较宽，砖与砖相邻处的高低差和地面的平整度都不如细墁地面那样讲究，相比之下，显得粗糙一些。大式建筑中，多用城砖或方砖糙墁，小式建筑多用方砖糙墁，普通民宅可用四丁砖、开条砖等条砖糙墁。糙墁地面多用于一般建筑的室外。在做法简单的建筑及地方建筑中糙墁做法也用于室内地面。

三、地面的部位名称

地面可分为室内地面和室外地面。室外地面根据所处的不同位置又有相应的名称，如甬路、散水、海墁等。甬路是庭院的道路，重要宫殿前的主要甬路用大块石料铺墁的叫“御路”。散水用于房屋台明周围及甬路两旁。海墁地面是指室外除了甬路和散水之外的所有空地全部用砖铺墁的地面。四合院中，被十字甬路分开的四块海墁地面俗称“天井”。

四、砖缝的排列形式及用途

地面砖的排列形式较多，如图 5-1 所示。方砖十字缝是常见式样，条砖十字缝、拐子锦和条砖斜墁多用于小式建筑，方砖斜墁用于较讲究建筑，城砖陡板十字缝多用于宫殿，城砖直柳叶、城砖斜柳叶多用于宫殿室外，人字纹、席纹、柳叶人字纹、套方（八锦方）等多用于民居，卍字锦多用于民居室外，一顺一横、两顺一横、中字别、龟背锦河山、八卦锦等多用于园林，车轮辖用于园亭地面。

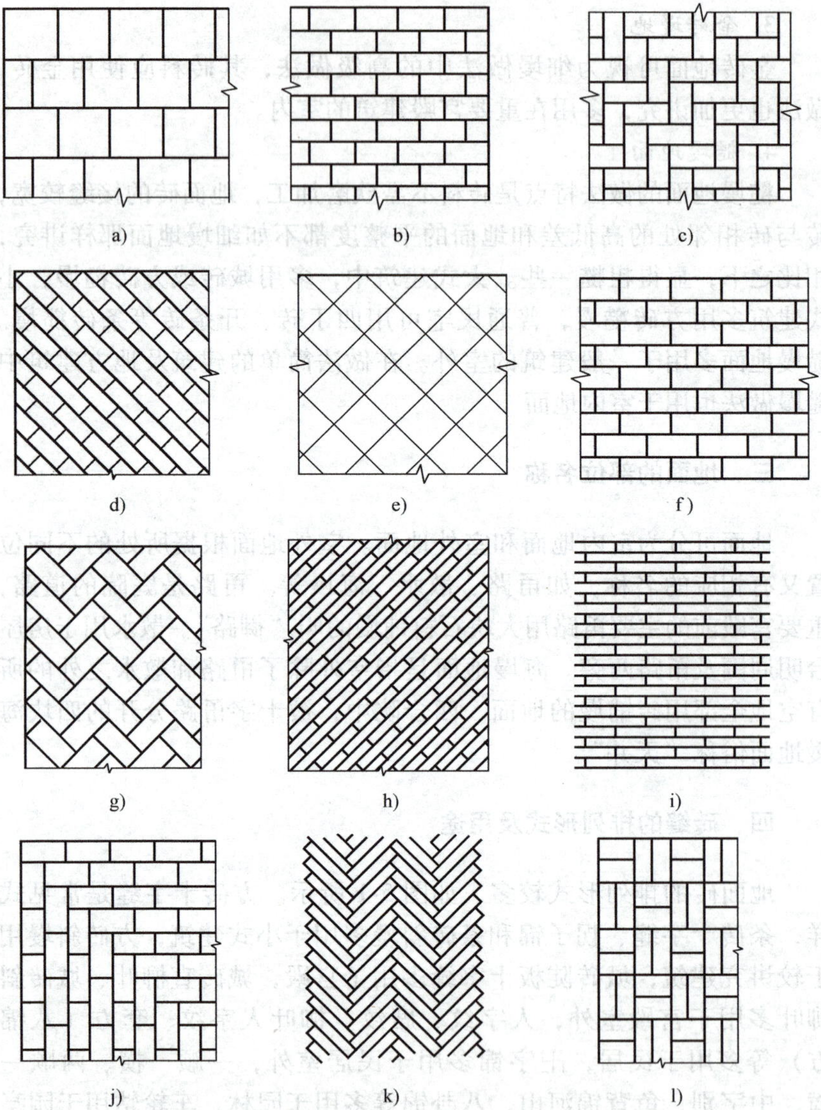

图 5-1　地面砖的排列形式

a）方砖十字缝　b）条砖十字缝　c）拐子锦　d）条砖斜墁
e）方砖斜墁　f）城砖陡板十字缝　g）人字纹　h）城砖斜柳叶
i）城砖直柳叶　j）席纹　k）柳叶人字纹　l）卍字锦

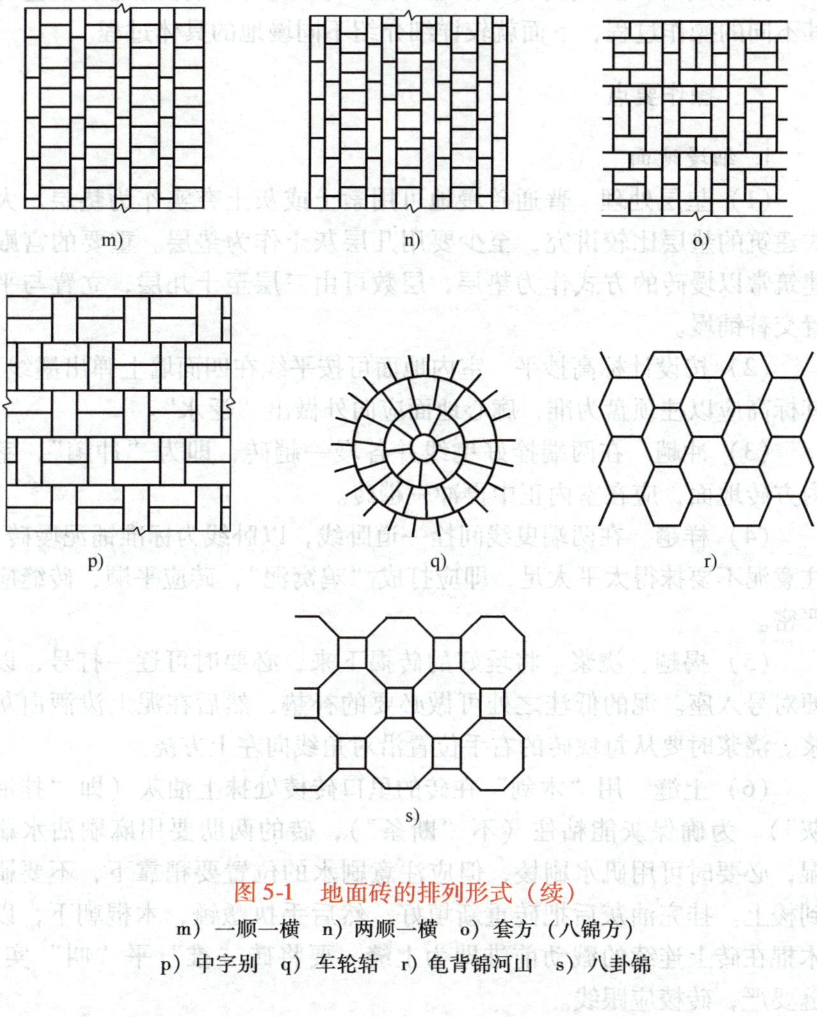

图 5-1　地面砖的排列形式（续）
m）一顺一横　n）两顺一横　o）套方（八锦方）
p）中字别　q）车轮轱　r）龟背锦河山　s）八卦锦

第二节　古建筑墁地的铺筑施工

一、墁地的一般程序

古建筑砖墁地面的操作工艺一般可概括为：准备工作→砖料加

工→排砖试铺→正式铺筑→修理打点→收尾。但具体的铺筑工艺有其不同的操作过程，下面就较详细介绍不同墁地的具体过程。

二、操作要点

1. 细墁地面

（1）垫层处理　普通砖墁地可用素土或灰土夯实作为垫层。大式建筑的垫层比较讲究，至少要用几层灰土作为垫层。重要的宫殿建筑常以墁砖的方式作为垫层，层数可由三层至十几层，立置与平置交替铺墁。

（2）按设计标高抄平　室内地面可按平线在四面墙上弹出墨线，其标高应以柱顶盘为准，廊心地面应向外做出“泛水”。

（3）冲趟　在两端拴好曳线并各墁一趟砖，即为“冲趟”，室内方砖地面，应在室内正中再冲一趟砖。

（4）样趟　在两端曳线间拴一道卧线，以卧线为标准铺泥墁砖。注意泥不要抹得太平太足，即应打成“鸡窝泥”，砖应平顺，砖缝应严密。

（5）揭趟、浇浆　将墁好的砖揭下来，必要时可逐一打号，以便对号入座。泥的低洼之处可做必要的补垫，然后在泥上泼洒白灰浆。浇浆时要从每块砖的右手位置沿对角线向左上方浇。

（6）上缝　用“木剑”在砖的里口砖棱处抹上油灰（即“挂油灰”）。为确保灰能粘住（不“断条”），砖的两肋要用麻刷沾水刷湿，必要时可用矾水刷棱，但应注意刷水的位置要稍靠下，不要刷到棱上。挂完油灰后把砖重新填好，然后手执蹾锤，木棍朝下，以木棍在砖上连续的戳动前进即为上缝。要将砖“推”平“叫”实，缝要严，砖棱应跟线。

（7）铲齿缝　又叫墁干活，用竹片将表面多余的油灰铲掉即“起油灰”，然后用磨头或砍砖工具斧子将砖与砖之间凸起的部分（相邻砖高低差）磨平或铲平。

（8）刹趟　以卧线为标准，检查砖棱，如有多出，要用磨头磨平，以后每一行都如此操作，全部墁好后，接着做下道工序。

（9）打点　砖面上如有残缺或砂眼，要用砖药打点齐整。

(10) 墁水活并擦净　将地面重新检查一下，如有凹凸不平，要用磨头沾水磨平，磨平之后应将地面全部沾水揉磨一遍，最后擦拭干净。

(11) 钻生　钻生即钻生桐油，做法如下：第一步是先在地面完全干透后，在地面上倒桐油，油的厚度可为30mm左右，钻生时要用灰把来回推搂，钻生的时间因具体情况可长可短，重要的建筑应钻到喝不进去的程度为止，次要建筑可酌情减少浸泡时间，这道工序也叫"钻生"；第二步是将多余的桐油用厚牛皮等物刮去，叫"起油"；第三步是呛生，呛生又叫"守生"，在生石灰面中掺入青灰面，拌和后的颜色以近似砖色为宜，然后把灰撒在地面上，厚约30mm左右，2~3d后，即可刮去；第四步是擦净，将地面扫净后，用软布反复擦揉地面。如果条件有限，可用麻刷沾油仅将地面刷抹一面，这叫"刷生"。刷生虽然能节省桐油，但砖表的强度远不如钻生后的强度。宫殿建筑可采用"钻生泼墨"做法，具体详见金砖墁地。极讲究的细墁地面可采用"使灰钻油"做法。具体做法是在干透了的地面上刷生桐油1~2遍，再用麻丝搓1~2遍灰油，最后刷1~2遍光油。

灰油熬制方法是将土籽灰与樟丹混合后放入锅内加火翻炒，至水分消净后倒入生桐油，加火熬煎，熬油时要不断搅拌，以防樟丹和土籽灰沉在锅底。至油开锅时用油勺轻轻扬油放烟，以既能将烟放净又避免油热起火为准，故一般应将油温控制在180℃以下。当油表面呈黑褐色时即可试油是否成熟，试油方法是将油滴于冷水中，如油入水不散，凝结成珠即为熬成。灰油出锅放凉即可使用。灰油中桐油、土籽灰和樟丹的重量比春、秋季为100∶7∶4，夏季为100∶6∶5，冬季为100∶8∶3。

光油熬制方法是用二成苏子油八成生桐油放入锅内熬炼（名为二八油），熬至八成开时，将整齐而干透的土籽放入勺内，浸入油中颠翻浸炸。100kg桐油放入土籽3kg左右，冬季可增至5kg。土籽炸透后，倒入锅内，油开锅即将土籽捞出。再以微火炼油，同时用油勺扬油放烟（油温不超过180℃）。在适当时候要试其火候，方法是将油舀出一些，用一块铁板沾油，然后将铁板投入冷水中，凉后取出，震掉水珠，以手指将油搜集到一起，再以手指尖粘油，看丝长短，长者油稠，短者油稀，用于涂刷砖表面的光油以稀一些较好。油的火候合适后即可出锅，继续扬油放烟，油温降低后（稍有温度），加入黄丹粉，盖好存放备用。油与黄丹的重量比为100:2.5。

2. *金砖墁地*

金砖墁地的操作方法与细墁地面大致相同，不同的是：

1）金砖墁地一般不用泥，而用干砂或纯白灰。如砂子或白灰过多时，可用铁丝将砂或灰轻轻勾出。

2）如果用干砂铺墁，每行刹趟后要用灰“抹线”，即用灰把砂层封住，使砂不外流。

3）将钻生改为“钻生泼墨”做法，在钻生之前用黑矾水涂抹地面。黑矾水的制作方法是把10份黑烟子用酒或胶水化开后与1份黑矾混合，将红木刨花与水一起煮熬，待水变色后将刨花除净，然后把黑烟子和黑矾倒入红木水中一起煮熬直至变为深黑色为止。趁热把制成的黑矾水泼洒在地面上（分两次泼），待地面干透后再钻生。钻生后还可以再烫蜡，即将四川白蜡熔化在地面上，然后用竹片把蜡铲去，并用软布将地面擦亮，金砖墁地在泼墨后也可以不钻生而直接烫蜡。

3. *糙墁*

糙墁地面所用的砖是未经加工的砖，其操作方法与细墁地面大致相同，但不抹油灰、不揭趟（称为“坐浆墁”）、不刹趟、不墁水活、不钻生，最后要用白灰将砖缝抹严扫净。

4. *石活仿方砖地面*

仿方砖的石板多为青白石，以颜色与质感近似方砖者为宜。其做法与细墁地面做法相似，但不刹趟、不墁水活，也不钻生。如果石板本身的平整度较差，影响到接缝的平整时，可用磨头将接缝处磨平。现代施工常用干硬性的水泥砂浆代替传统的灰泥墁石板地面，效果也很好。重要的宫殿建筑中可采用花石板（俗称“五音石”）做法，花石板地面的表面可做烫蜡处理。

5. *砖雕甬路*

砖雕甬路俗称“石子地”，指甬路两旁的散水墁带有花饰的方砖，或镶嵌由瓦片组成的图案，空当处镶嵌石子，有些则用十色石砾摆成各种图案。

（1）方砖雕刻法　先设计好图案，然后在每块方砖上分别雕刻可用浅浮雕及平雕手法。雕刻完毕后按设计要求将砖墁好，然后在花饰空白的地方抹上油灰（或水泥砂浆），油灰上码放小石砾，最后用生灰粉将表面的油灰揉扫干净（水泥砂浆者要将其用水刷净）。方砖雕刻用于地面应仅限于局部，不适宜大面积使用。

（2）瓦条集锦法　将甬路墁好并栽好散水牙子砖以后，在散水位置上抹一层掺灰泥，然后在抹平了的泥地上按设计要求画出图案，将若干个瓦条依照图案中的线条磨好。如果个别细部不宜用瓦条磨出（如鸟的头部等），可用砖雕刻后代替。然后用油灰把瓦条粘在图案线条的位置上，用瓦条集成图案。瓦条之间的空当摆满石砾，下面也用油灰粘好，最后用生灰面揉擦干净。

（3）花石子甬路　花石子甬路做法与瓦条集锦法大致相同，不同的是用石砾直接摆成图案。图案以外的部分，用其他颜色的石砾码置。

三、砖墁地的注意事项

1. 室内地面

1）在室内正中拴两道互相垂直的十字线（冲趟后撤去）。拴十字线的目的是为了使砖的走向与房屋轴线保持平行，并将中间一趟砖安排在室内正中。

2）砖的趟数应为单数，如有“破活”必须打砖时，应安排到里面和两端，门口附近必须见整活。

地面的方砖分位如图 5-2a、b 所示。

2. 散水

1）散水的位置如图 5-3a ~ d 所示。

2）散水的操作称为“砸散水”，工序包括“栽牙子”、“攒角”和埋砖。

3）房屋周围的散水宽度应根据出檐的远近或建筑的体量决定，从屋檐流下的水最好能砸在散水上。

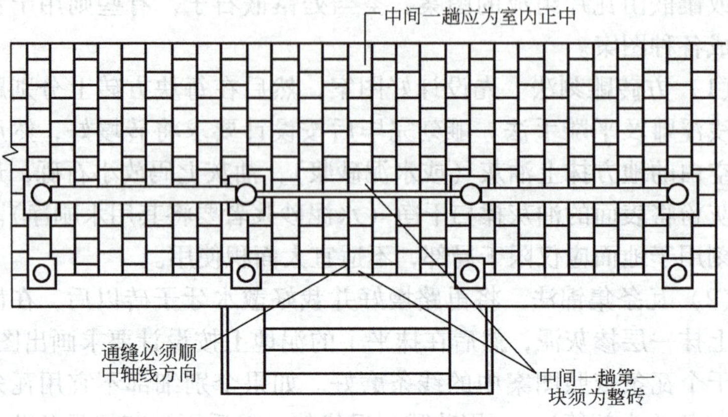

a)

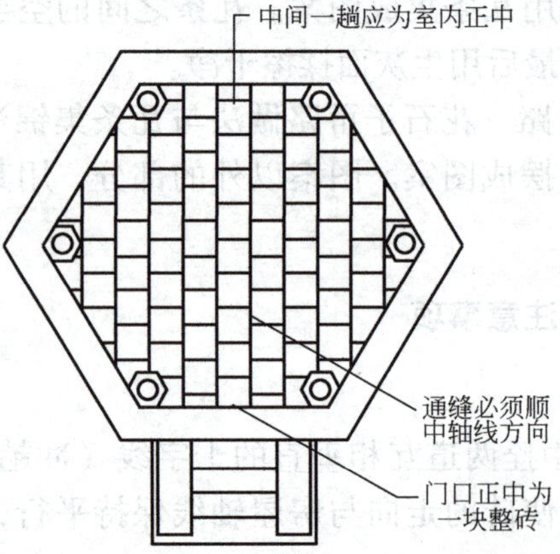

b)

图 5-2　室内及廊子方砖分位

4）散水要有泛水，即所谓“拿栽头”。里口应与台明的土衬石找平，外口应按室外海墁地面找平。由于土衬石为水平而室外地面并不水平，因此散水的里、外两条线不是在同一个平面内，即散水两端的栽头大小不同，此点应予以注意。

5）建筑物散水砖的排列式样和甬路散水砖的排列式样都有相应的规则，铺筑时注意多参考成熟的做法，甬路散水砖的排列如图 5-4a ~ i所示。

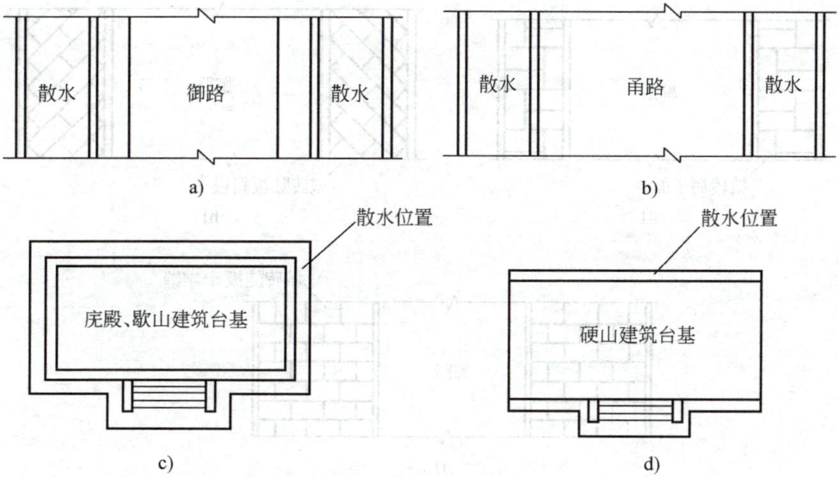

图 5-3　散水示意图

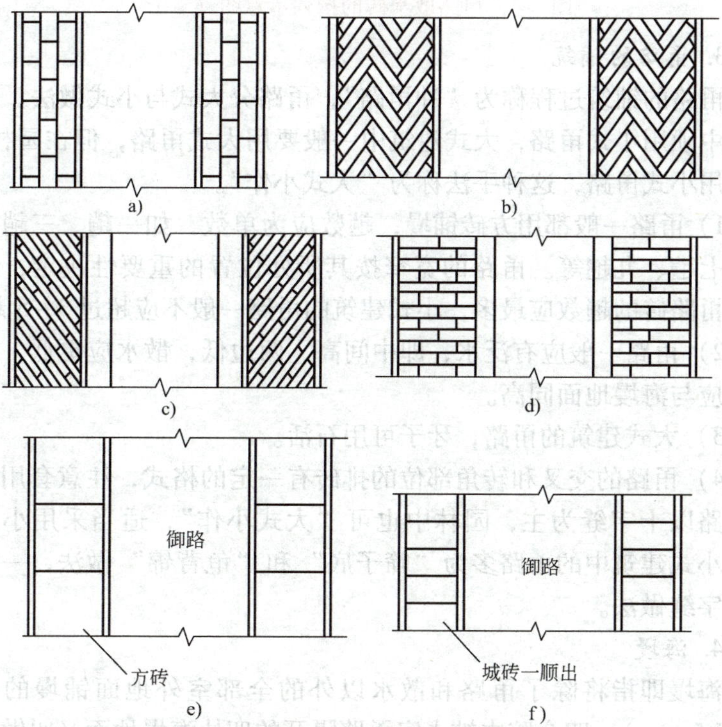

图 5-4　甬路散水砖的排列示意图

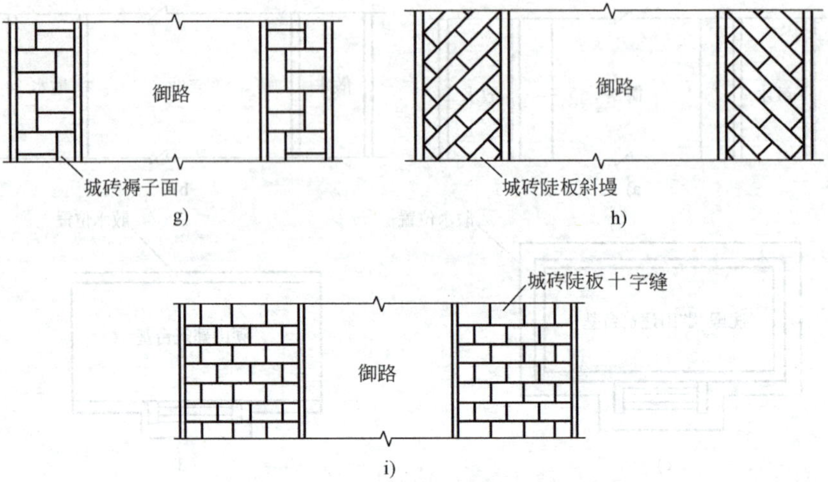

图 5-4　甬路散水砖的排列示意图（续）

3. 甬路的铺筑

甬路的铺筑过程称为“冲甬路”，甬路分大式与小式做法。小式建筑中须用小式甬路，大式建筑中一般要用大式甬路，但在园林中，也可用小式甬路，这种手法称为“大式小作”。

1）甬路一般都用方砖铺墁，趟数应为单数，如一趟、三趟、五趟、七趟、九趟等。甬路的宽窄按其所处位置的重要性决定，最重要的甬路砖的趟数应最多，小式建筑的甬路一般不应超过 3 ~ 5 趟。

2）甬路一般应有泛水，即中间高、两边低，散水应更低，散水外侧应与海墁地面同高。

3）大式建筑的甬路，牙子可用石活。

4）甬路的交叉和转角部位的排砖有一定的格式，注意套用。大式甬路以十字缝为主，园林中也可“大式小作”，适当采用小式做法。小式建筑中的甬路多为“筛子底”和“龟背锦”做法，一般不用十字缝做法。

4. 海墁

海墁即指将除了甬路和散水以外的全部室外地面铺墁的做法（图 5-5a ~ e）。四合院中被十字甬路隔开的四块海墁地面又叫做“天

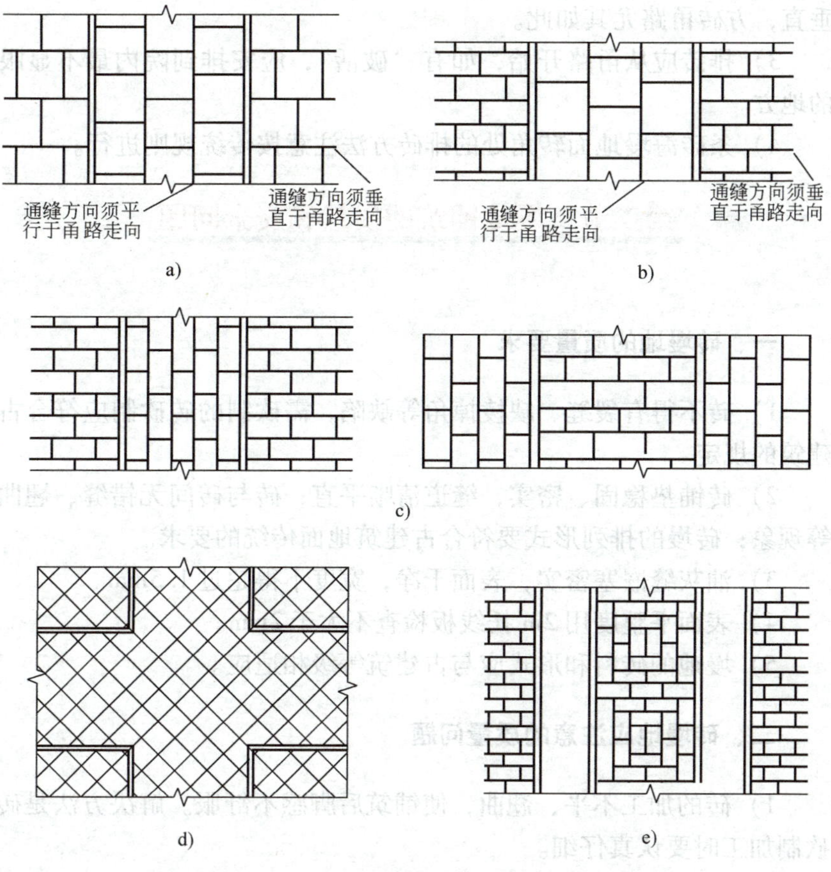

图 5-5　海墁地面示意图

a）方砖甬路方砖海墁　b）方砖甬路条砖海墁　c）条砖甬路条砖海墁
d）方砖斜墁甬路方砖斜墁海墁　e）步步锦甬路十字缝海墁

井”，其铺墁过程称做“装天井”。室外墁地的先后顺序应为：砸散水，冲甬路，最后才做海墁。

海墁地面应注意如下几点：

1）海墁应考虑到全院的排水问题。

2）方砖甬路和海墁有“竖墁甬路横墁地”之说，即甬路砖的通缝一般应与甬路平行（斜瓩者除外），而海墁砖的通缝应与甬路互相垂直，方砖甬路尤其如此。

3）排砖应从甬路开始，如有“破活”，应安排到院内最不显眼的地方。

4）条砖海墁地面转角处的排砖方法注意按传统规则进行。

第三节　墁地铺筑的质量和安全问题

一、砖墁地的质量要求

1）砖不得有裂缝、缺棱掉角等缺陷，需砍制的砖砍制应符合古建筑的规定。

2）砖铺垫稳固、密实，缝道清晰平直；砖与砖间无错缝、翘曲等现象；砖墁的排列形式要符合古建筑地面传统的要求。

3）油灰缝嵌塞密实，表面干净，宽度不得超过1.5mm。

4）表面平整度用2m托线板检查不大于2mm。

5）墁地的砖料和形式应与古建筑等级相适应。

二、砖墁地应注意的质量问题

1）砖的加工不平、翘曲，使铺筑后脚感不舒服。解决方法是砖砍制加工时要认真仔细。

2）泼浆时造成表面污染。解决方法是在分趟时对其他砖面进行保护，如已经污染则应马上进行洗磨。

3）砖缝不均匀。主要原因是排砖时未考虑好和线拉得不紧，克服的方法是随铺筑随时检查调整，嵌缝后的油灰应清理干净，使砖缝宽窄一致，外观上具有均匀感。

三、砖墁地应注意的安全问题

墁地时主要注意的安全问题就是在搬运砖料时防止砸脚，并用手套防止磨破手。

第四节　古建筑墁地铺筑的技能训练

• 训练　室内方砖砖细墁地

1. 训练内容

在砂土（正规古建筑用素土，考虑完工后重复使用方便和清理方便用砂土）垫层上墁方砖（做砖细），图案为“人字形”（或“席纹”或“拐子锦”），也可采用另一种方式即正方、斜方、六角、八角的任一种。地面4m宽，5m长。

2. 基本训练项目

（1）铺砌准备

1）工具准备：瓦刀、大铲、抹子、刨锛、鸭嘴、平尺、方尺、刨子、斧子、扁子、煞刀、磨头、錾子、矩尺、灰板及质量检测工具钢卷尺、水平尺等。

2）材料准备：主要根据墙面的大小准备方砖，一般规格有尺四方砖（440mm×440mm×45mm）、尺二方砖（380mm×380mm×40mm）或一尺方砖（320mm×320mm×35mm），把砖进行干燥，方法是搭棚防雨、架空风干，然后在干砖中挑选砖，要选择边角整齐、表面细腻、无砂眼及粗粒、色泽均匀、同一批烧制的颜色相同无明显色差的砖；同时准备砌筑时挂勾的木勺，长约200mm、宽30mm、厚20mm，头部做成拐头，最好用柏木做成，也可用毛竹制，其他木材容易朽烂；还要准备上缝用的油灰。

3）铺砌准备：在铺设前，先查看地面设计的铺排方式，决定用“人字纹”还是其他形式（也可用正方、斜方、六角、八角等）；接着查看房间内的垫层是否合格，表面是否足够平整，按房间向门口有7%的泛水；再检查房间的四角是否方正，对角线是否一致，有偏差应在边趟加工砖调整；弹好砖面的标高线，在中间对准屋脊和墙面打十字坐标线，使砖缝与房屋轴线平行；计算好砖数量，把好活留在明处，破活留在“暗处”。

4）砖料加工：加工的程序大概为粗刨→细刨→磨光→找方→锯

刨边→磨平缝→背后做勺口，另外做镶边的还得断料、线脚刨、刨边磨光等。砖加工时，操作人员先用眼睛将砖侧过来察看，面上高出部位先用粗刨刨去，再观察，如基本平整，则用刨子细刨，可从左至右一刨接一刨把砖刨平，然后用平尺检查平整，进行找方或锯角，再磨四边，最后对砖面和砖边磨光细作，检查尺寸偏差不得超标。

（2）地面砖的铺砌

1）冲趟：根据计算筹划的设想，按标高线在房间长向左右各先墁一趟砖，即冲趟，冲趟和墁地用砂灰土（正规的古建筑是黄土石灰三七比例），按标高线检查上平及用托线板检查平直。铺时先虚铺砂土后放砖，并用木锤敲实。中间的砖在两端冲趟的砖位拉线铺设，方法与现在铺石板地面相仿。铺完一趟检查一趟，以达到平整的要求。

2）揭趟：是将铺好的砖揭下来，并逐块做记号，然后在泥灰上泼洒石灰浆，并用毛扫帚沾水把砖边肋润饰。

3）上缝：用竹片刀在砖的里口抹上油灰，按编号在原来位置把砖再墁墩好，并用木锤轻拍使浆坐实。

4）铲齿缝：用竹片把面上多余的油灰铲除刮净，并用磨头把砖与砖之间的凸起地方磨平。

5）刹趟：拉线检查，如发现砖棱有多出，用磨头磨平。

6）收尾：房间全部墁好后，应打点、墁水活和擦净地面。打点用的砖药自己配制，墁水活参看墙体内容。

3. 训练注意事项

1）铺砌时对砖要认真选择，质量、尺寸规格不合格的砖一定不能用。铺砌时要砸实，防止出现地面凹凸不平的现象。

2）铺砌时要认真地核对检查地面的标高，发现偏差，及时纠正。

3）铺砌时在边缘的一行砖应与其他砖不同，并与地坪边缘紧密连接。铺砌时，相邻两行要错缝或平缝应整齐。

4）在铺砌时，要严格按照弹线进行，注意留好灰缝，灰缝的宽窄要一致。

5）铺砌时砖的表面平整度、缝格平直、接缝的高低差及砖块间隙应该符合允许偏差的要求。

复习思考题

1. 墁地砖材料有哪些？
2. 简述砖墁地的构造层次。
3. 简述不同砖墁地的适用范围。
4. 细墁地面的操作程序和注意事项有哪些？
5. 室内砖墁地的做法规矩是什么？
6. 什么叫海墁？海墁时应注意哪些问题？
7. 如何处理好基土层和垫层？
8. 砖墁会发生哪些质量问题？怎样解决？

第六章

砌筑工程的施工方案

培训学习目标 通过本章的学习能够选择合理的砌筑施工方案，根据施工方案合理地布置施工现场，并组织劳动力进行分段分层流水施工；能够按工期、质量、安全的要求，编写施工方案。

第一节 施工组织设计的相关知识

一、施工组织设计概述

1. 施工组织设计的内容

建筑施工是一项非常复杂的生产过程，为了保证工程开工后施工的顺利进行，加强质量和安全的控制措施，必须有一份用来指导施工全过程各项活动的技术、经济和组织的综合性文件，这个文件就是施工组织设计。就目前施工现状而言，它一般要详细地写出以下九个方面的内容：

（1）施工项目的工程概况　它所叙述的是工程的性质、名称、用途、工期、造价、建筑面积、高度、层数、总宽总长、结构类型等建设和建筑设计方面的内容，同时还交代地点特征和现场的施工条件等方面的内容。

（2）施工部署或施工方案的选择　它所要叙述的是施工流向和

施工顺序、主要分部、分项工程的施工方法和施工机械选择、主要的技术措施等方面的内容。

(3) 施工准备工作计划 它主要叙述的是为保证工程顺利开工和施工正常进行，现场人员的准备、成品和半成品等施工材料的准备、图样设计等技术方面的准备等内容。

(4) 施工进度计划 它主要叙述的是为保证工程顺利进行直到如期竣工，对各分部、分项工作应在何时完成，并在此时段内为完成某工作在人员、材料等方面的配备情况。

(5) 施工现场平面布置图 主要表现在一张图上，图中对将要施工的现场标出道路及其宽度走向、拟建房屋的位置、垂直运输机械的位置、材料及仓库的位置、其他临时设施如办公和生活场所的位置、水管电线的布置走向等。

(6) 各种资源需用量计划 主要交代各种材料的总需要量及分阶段的需用量和进场时间。

(7) 质量安全等技术组织保证措施 它主要叙述的是按现行的规范和行业标准，本着平均先进的水平对施工中的分部、分项工程如何控制质量和应达到的质量标准、管理上采取哪些措施等内容。

(8) 各项技术经济指标分析 简单说一下总造价、单方造价、机械使用率、工程各方面节省的比率等内容。

(9) 环保等方面的保证措施 从文明施工的要求出发，对各种可能产生环境污染的废料、废气、废水、噪声等的防治措施，以及本着以人为本的人文精神，对施工人员的关爱措施。

2. 施工组织设计的意义

(1) 从建筑产品及其生产的特点来看 由建筑产品及其生产的特点可知，不同的建筑物或构筑物均有不同的施工方法，就是相同的建筑物和构筑物，因建造的地点不同，其施工方法也不尽相同，根本没有完全统一的、固定不变的施工方法可供选择，应根据不同的工程项目，采用不同的施工方法，编制不同的施工组织设计。所以，必须认真详细地研究工程的特点、地区环境和施工条件，从施工的全局和技术、经济的角度出发，遵循施工工艺的要求，合理进行施工过程的空间布置和时间安排，科学的组织物资资源供应和消耗，把工程中的各部门、各专业班组以及各施工阶段之间的关系更好的协同起来，这就需要在工程开工之前进行统一部署，并通过施工组织设计的方法科学地表达出来。

（2）从建筑施工在工程建设中的地位来看 基本建设包括计划、设计和施工三个阶段。计划阶段是确定拟建工程的性质、建设规模和建设期限；设计阶段是根据计划的内容编制实施建设项目的技术、经济文件，把建设项目的内容、建设方法和投产后的经济效果具体化；施工阶段是根据计划和设计文件的规定制定实施方案，把主观的设想变成客观的现实。根据基本建设投资分配可知，在施工阶段的投资占基本建设总投资的60%以上，远高于计划和设计阶段的投资总和，因此施工阶段是基本建设中的最重要的一个阶段。认真地编写好施工组织设计，为保证施工的顺利进行和实现预期的效果，意义非常重要。

（3）从施工企业的施工生产投入、产出和施工组织设计的关系看 建筑产品的生产和其他工业产品的生产一样，都是按要求投入生产要素，通过一定的生产过程，而后生产出产品。建筑施工企业目标的实施就是从承担工程任务开始到竣工验收交付使用为止的全部施工过程的计划、组织和控制投入、产出的管理，基础就是科学的施工组织设计。按照基本建设计划、设计图样规定的工期和质量，遵循技术先进、经济合理、资源少耗的原则，拟定周密的施工计划，确定合理的施工程序，科学地投入人力、技术、材料、机具和资金等要素，达到速度快、质量好、经济效益高的三大目标，可见施工组织设计是统筹安排施工企业生产的投入、产出的关键。

（4）从施工企业的现代化管理与施工组织设计的关系看 施工企业的现代化管理主要体现在经营管理素质和经营管理水平两个方面，施工企业的经营管理素质主要是竞争能力、应变能力、赢利能力、技术开发能力和扩大再生产的能力，经营管理素质和水平是企业经营管理的基础，也是实现企业目标的保证，同时施工组织设计又是发挥企业的经营管理素质和水平的关键过程。所以无论是企业经营管理素质的威力，还是企业经营管理水平的智能，都必须通过施工组织设计的编制、贯彻、检查和调整来实现，由此充分体现了施工组织对施工企业的现代化管理的重要性。

二、确定单位工程的施工顺序

1. 确定施工顺序的基本原则和方法

单位工程施工顺序应遵循“先地下后地上，先主体后围护，先结构后装饰，先土建后设备”的总原则。在特殊情况下，应视具体情况决定，如在冬期之前应尽可能完成土建主体和围护结构，以方便施工中的防寒保暖；又如厂房中的大型设备基础应先施工，可给设备安装提供条件，使厂房早日投产。

按基建程序办事，必须做好施工准备工作，完成“三通一平”工作，材料、机具和劳动力的准备能满足连续施工的要求时，才能开工。

根据拟建工程的建筑、结构、设备等特点及施工方案和条件，将拟建工程划分为若干施工段，如单层建筑平面内的分段、多层建筑的分层又分段，确定每个施工阶段的施工内容、要求和彼此搭接配合的关系，同时确定每个施工段的起点，划分流水段和确定施工流向，但必须注意搭接关系和流水方向应适应主导工程（主导工程是指工程较大或技术上比较复杂、在整个工程中起到主导作用的项目，如装配式厂房的构件预制、拼装和吊装，多层民用砖混结构砌体和楼板的安装和现浇）的合理施工顺序。

不同的承重结构体系有不同的施工顺序，确定施工顺序应符合结构承重体系的要求。例如砖混结构、框架结构、排架结构及其他各种结构体系，都有各自的结构特点，但施工顺序的确定主要取决于该结构工程中主导工程的顺序。

合理确定土建施工顺序，正确选择建筑工程基础和设备基础施工的先后顺序，妥善安排土建施工和水、电、暖、卫、智能化系统布线施工的配合顺序。决定施工过程中的质量、安全、工期和环境卫生保护的措施。根据施工期的气候情况以及冬期、夏季、雨期对施工的影响，合理确定施工的顺序和采取必要的施工技术措施。

2. 确定施工顺序

以建筑工程中常见的几大分部为例，来看一下施工顺序的确定和考虑的要点。

（1）基础工程　民用建筑工程基础的施工顺序：挖土→垫层→基础→回填土（在基础施工阶段应注意地下管道的预埋和连接工作）。

工业厂房基础的施工顺序从以下几方面考虑：

1）一般应先主体结构后设备基础，但有些厂房是设备基础先施工，以便及早提供安装条件，早日投产。

2）设备基础的深度超过柱基础的深度时，设备基础应先施工，两者之间深度相同时，一般宜同时施工。

3）当结构吊装机械必须在跨内行驶又要占据部分设备基础位置时，这些设备基础应后施工，或者只能先做地面以下的部分。室内回填土原则上应在基础工程完成后及时地一次填完，以方便下道工序并保护基础。但是，当工程量较大且工期较短时，可分段与主体结构交叉进行施工，或安排在室内装修施工前进行。

（2）主体工程　一般民用建筑工程施工的顺序是：搭脚手架→砌砖→现浇楼板或安装楼板→砌上一层墙→再浇板或安装板→如此循环砌墙和安板→屋顶板。

一般工业厂房主体工程施工的顺序：柱、屋架等构件的预制和养护柱、基础梁、联系梁、吊车梁、屋架、支撑、屋面板、天窗架、天窗板和天沟板等构件的吊装。吊装顺序根据所选择的施工机具确定，一般有分件吊装和综合吊装两种。

一般框架结构主体工程的施工顺序是：绑扎钢筋→安装柱模板→安装梁板模板→绑扎梁板钢筋→浇灌混凝土→养护拆模。施工过程中要注意楼梯间的搭接施工。

（3）装饰工程　装饰工程一般是待结构工程完成后自上而下进行的，但工期比较紧时或层数较多时，室内装饰可在结构完成几层后，由下而上与上部结构平行施工。如果外装修也采用以上方法，还需要采取成品防污染和安全的措施。室内装饰工序较多，施工顺序有多种方案可行，一般是先做墙面，后做地面、踢脚线；也有先做地面，后做墙面、踢脚线的，应根据实际工程情况确定。

3. 选择施工方法

施工方法的选择是编制施工方案的一个重要内容，拟建工程从开工到竣工，都要经过一个施工过程。由于建筑工程的多样性、结构的复杂性以及施工方法的可选性，每一个单位工程都不是一成不变的，施工企业必须根据工程的建筑和结构特点及现场施工条件来确定施工方法、施工程序和机具的选择等，这些内容就是施工方案。应在拟定的几个可行的施工方案中抓住主要矛盾，进行比较分析，选择最优的方案，选定施工方案前要了解施工组织的一般原则和工程分部、分项的一般顺序。

施工方法的选择，包括单位工程的主要工程及主要分部、分项工程的施工方法的选择。

（1）土石方工程　大量土石方工程，应确定是采用机械施工还是人工施工，并算出相应的工期。确定一般工程的基础槽和基础坑的施工方法、要求以及护壁支架的设置，土石方爆破方法及所需要的机械设备型号和材料，挖、填、运所需机械设备的型号和数量，排除地下水、地表水的方法，以及集水坑和井点的布置和所需的设备。解决大量土石方的平衡调配问题。

（2）混凝土工程　应着重于模板工程的工具化和钢筋、混凝土工程施工的机械化。应根据不同的结构类型和现场条件，确定现浇和预制混凝土用的各种模板和支模方法，并列出采用的项目、部位和数量，明确加工制作及调配的分工；确定隔离剂的选用和外加剂的选用。明确钢筋在加工厂或现场加工的范围，加工、成形和制作的方法，预应力的施工方法，焊接方法以及运输和安装方法，从而提出申请计划。确定混凝土是集中搅拌还是分散搅拌，并确定混凝土的运输方法，选用搅拌机的型号和数量，另外还要选择外加剂的品种和数量，确定混凝土的浇灌顺序、施工缝的位置、工作班次和养护制度等。

（3）结构吊装工程　按构件的外形尺寸、重量和安装高度以及建筑物外形和周围环境，选择所需用的吊装机械型号和数量；确定吊装方法，安排吊装顺序，布置机械位置、机械的行驶路线和构件的制作、拼装的平面位置；确定构件的运输、装卸、堆放方法以及所需要的机具型号、数量和对运输道路的要求。

（4）预制工程　装配式单层工业厂房的柱子和屋架等在现场预制的大型构件，应根据厂房平面尺寸、柱与屋架数量及其尺寸，吊装路线及选用的起重吊装机械的型号、吊装方法等因素，确定柱与屋架现场预制平面布置图。构件现场预制的平面布置应按照吊装工程的布置原则进行，并在图上标出上下层叠浇时屋架与柱的编号，这与构件的翻转、就位次序与方式有密切的关系。在预应力屋架布置时，应考虑预应力筋孔的留设方法，采取钢管抽芯法时留出预留孔钢管及穿预应力筋所需的空间。

（5）装饰工程　主要包括室内外抹灰、门窗安装和油漆、玻璃等的施工方法和顺序。

（6）砖砌体工程　确定组砌方法、外墙大角及内外墙接槎方式；选择砖墙砌体与构造柱边的组砌方法、砖砌体与框架结构钢筋混凝土柱边的连接及组砌方法；选择分段、分层施工流水方案；确定砌墙脚手架；如在特殊季节施工要选定相应的措施和材料，如冬期的抗冻措施、夏季防雨和高温措施等；确定门窗过梁的方案。

（7）特殊项目　确定新结构、新技术和新工艺时要制定以下内容：工艺流程、部位和工程量，施工方法和相应的施工措施，技术要求和安全质量注意事项，材料、构件和机具设备的需用量等。

三、流水施工的基本知识

流水施工是考核的重点，必须掌握。

所谓流水施工就是将拟建的项目分解成若干个施工过程，也就是划分若干个工作性质相同的分部、分项工程或工序，同时将拟建项目在平面上分成若干个劳动量大致相等的施工段，按照相应的施工过程建立相应的专业施工队。各专业施工队按照一定的施工顺序投入施工，完成第一施工段的任务后，在专业施工队的人数和机具材料等不变的情况下，依次连续地投入到第二、第三直到最后一个施工段的施工，在规定的时间内，完成同样的任务，不同的专业施工队在开工时间上最大限度地合理地搭接起来，保证工程项目的施工全过程在时间上、空间上，有节奏、连续均衡地进行下去，直到完成全部施工任务。流水施工具有以下特点：

1）科学地利用了工作面，争取了时间，工期比较合理。

2）施工队和工人实现了专业化施工，可使工人操作技术熟练，更好地保证了质量，提高了劳动生产率。

3）单位时间内投入的资源量较均衡，有利于资源供应的组织工作。

4）为文明施工和实现科学管理现场创造了有利的条件。

下面就先介绍在组织流水时应确定和了解的几个基本参数。

1. 流水施工过程

一个单位工程，从施工开始到工程竣工结束，分几步完成，这就是施工的过程，它是流水作业的基本参数之一，所包含的范围可大可小，即可以划分到分部的细度，也可以划分到分项的细度，如一个民用砖混结构住宅楼，按分部工程划分，则施工过程可分成基坑开挖→基础分部施工→主体分部施工→屋面分部施工→装饰装修分部施工 5 个过程；同样是这样的楼房施工，如果划分得细一些，以分项工程划分的话，则可分为：基坑开挖→基底修整→做垫层→基础施工→基坑回填土→主体砖墙的砌筑→楼板安装→屋面结构板施工→屋面防水层施工→门窗安装→外抹灰→内抹灰→楼面施工→地面施工→细部施工（如扶手、花饰、油漆等）。从上面的划分可以看出，一个工程的过程可粗可细，可根据需要来列，当用于总体安排时，可划得粗一点，如以分部为单位进行划分；如用于项目部指导现场施工、安排班组工作时要划分得细点，可以分项为单位进行，甚至更细些。在流水作业中，施工过程的数目一般用英文字母“N”（n）表示，如上述的民用楼分 5 个施工分部完成，则施工过程 N（n）$=5$。

2. 流水施工段

流水施工的基本概念要清楚。

把拟建工程按工程特点和结构部位划分为若干个施工块，一块一块地施工，这些块就叫做施工段。施工段的划分原则，一是要考虑一个流水段的工作面大小是否符合最小工作面的要求，以及质量保证和安全操作要求；二是利用房屋结构的自然段来划分，如伸缩缝、多层房屋的层数、各个标准单元、高低跨交接处的分段，若有多个房子同时施工，可将每一个房屋作为一个施工段。施工段是流水作业的基本参数之一，在流水作业中一般用英文字母“m”表示，如在工程施工时，将拟建的房屋分成东、西两大块进行，则施工段$m=2$。

3. 流水节拍

一个班组为完成某一个施工段上的工序或分项工程，所花费的时间即流水节拍。如一个砖瓦班组砌筑第二层砖墙的一个单元（假设一个单元为一个施工段）花了1天时间，那么这个单元（一个施工段）砌墙的流水节拍是1d，又比如某层现浇楼板分两块（即两个施工段）进行，其中第一块钢筋的绑扎花了某钢筋班组2天时间，第二块钢筋的绑扎花了某钢筋班组3天时间，则第一块钢筋绑扎的流水节拍是2d，而第二块钢筋绑扎的流水节拍是3d。从理论计算的角度看，流水节拍值=（某工序在一个施工段上的工程量）/（定额值×班组投入的人数），流水节拍值的大小与班组投入人数成反比。流水段的划分和流水节拍值的确定，是采用流水作业组织施工的需要，也有人通俗地叫做搭接施工法。流水作业就是组织各专业工作队伍沿着一定的顺序，依次连续地在各自流水段上完成各自的工序，使施工有节奏地进行。通常用施工进度计划表来表示，施工进度计划表为一个流水作业的施工进度示意图（也称为施工进度横道图），施工现场的办公室都有这种横道图。流水节拍也是流水作业的基本参数之一，它一般用英文字母“t”表示，如上述的砌墙流水节拍是1d，则$t_{砌墙}=1d$；同样第二块钢筋绑扎3d时间，则$t_{绑钢筋Ⅱ}=3d$。

4. 流水步距

流水步距是指在流水作业中相邻两个专业队伍进入同一个施工段的时间间隔，在安排时要满足连续施工、最大限度搭接和保证工程质量的要求，在工程中流水步距一般用英文字母$K_{i,i+1}$来表示，如在墙体施工中，在东一半的施工段上，从第3天砌墙的班组开始动手砌筑，而这段墙紧接着就抹灰，抹灰班组是从第9天开始动手抹灰的，则在东一半施工段上抹灰和砌墙间的流水步距是6d，即$K_{砌墙,抹灰}=9d-3d=6d$。

5. 工期

工期就是工程从开工到竣工结束所花费的时间，如果是一个分部、分项工程的工期，则是指分部、分项工程从开始施工到此分部、分项工程全部完成所花费的时间。工期是流水施工中的一个重要参数，一般可事先按目前的施工水平进行估算或按国家提供的参考定额计算。在此基础上，有的甲方会对工期做要求，一般情况下，只要在合同范围内的合理要求，施工单位都要按甲方的要求工期执行。工期一般用英文大写字母“T”来表示，如一幢民用砖混楼从开工到竣工 210d，则其工期 $T=210$d。流水作业安排好后，一般用一个图来表示，这就是我们常说的施工横道图（水平横道图），在图中至少要交代出：①几个施工过程，一般在表的最左边一列给出；②几个施工段及每段持续的时间，一般用稍稍错开的粗线表示，它是图的主要内容；③施工进度，表示时间的一个一个间隔和总的时间天数，它一般在图中的右上部的水平横行表示。表 6-1 就是一个最简单的水平横道图示意。

表 6-1　某框架结构混凝土柱流水横道图

分项工程名称	施工进度/d						
	1	2	3	4	5	6	7
钢筋绑扎							
支设模板							
浇筑混凝土							

表 6-1 的横道图中施工过程有三个：钢筋绑扎，支设模板，浇筑混凝土；平面上一个楼层分成 2 个施工段，即每一个工序依次有两条黑线。

流水节拍：钢筋绑扎流水节拍是 2d，因有两个施工段，所以前后共 4d（从第 1 天到第 4 天）；支设模板流水节拍是 2d，同样是两个施工段，共花 4d 完成（从第 3 天到第 6 天）；混凝土的流水节拍是 1d，共 2d（从第 6 天到第 7 天）。

流水步距：钢筋绑扎与支设模板之间的流水步距是 2d（因为绑

钢筋从第 1 天开始，支设模板从第 3 天开始）；支设模板与浇筑混凝土之间的流水步距是 3d（因为支设模板从第 3 天开始，浇筑混凝土从第 6 天开始）；按照流水步距的定义想一下，为什么在钢筋绑扎与浇筑混凝土之间就不存在流水步距呢？因为它们不是相邻的施工过程。

工期：本次表示的横道图施工的工期是 7d（从第 1 天绑钢筋开始到第 7 天混凝土浇筑结束）。

在实际施工中，水平横道图反映的内容比表 6-1 要多些，如要列出每一个施工过程的工作量有多少、施工班组是几个、每班组的工作人数是多少、班组负责人是谁等。

第二节　砌筑工程施工方案的编制

编制施工方案实质上是选择施工方案和选择施工方法。选择施工方案应在拟定的几个可行的施工方案中，抓住矛盾，进行分析比较，选择最优方案，从而确定施工方案。选定施工方案前要了解施工组织的一般原则和工程分部、分项的一般顺序。

一、施工方案的概念

所谓施工方案就是从一个总体布局的管理安排角度出发，决定拟建工程项目的施工流向和施工顺序、施工方法和施工机械、流水组织和技术措施等方面的内容描述。

建筑施工是一项非常复杂的生产过程，砌筑施工是建筑施工的一个非常重要的施工过程，砌筑工程的施工方案就是针对砌筑工程的特点，为合理地组织砌筑施工而编制的分部工程的施工方案。根据单位工程的施工组织设计安排，在充分考虑流水施工的基础上，科学合理地组织砌筑施工，并编制施工方案，使施工生产得到合理的安排，对确保砌筑工程的质量和工期、提高经济效益具有非常重要的意义。

二、砌筑工程施工方案的内容

砌筑工程施工方案一般包括以下方面的内容：

1. 工程简单介绍

包括结构形式、建筑面积、建筑层数、建筑层高、建筑全高、建筑全长、建筑宽度、基础采用的砌筑形式和工程量、内外墙体厚度和砌筑工程量、墙体的抹灰要求和抹灰工程量等。

2. 施工方法的选择和技术、安全措施

施工方法的选择是施工方案的核心，它是根据工程量、工期、施工单位的技术水平和机械装备程度，拟定几个可行的施工方法，从中进行分析比较，选用最优方案。对工期起决定性影响的分部、分项工程、技术比较复杂或工人不熟悉的砌筑操作部分，都要写出具体的施工方法，同时提出保证质量及安全施工的技术措施。拟定施工方法应着重解决以下三方面的问题：

（1）砌筑施工程序的确定　指对拟建工程从基础砌筑到最后的抹灰收尾各个分部及分项在平面和空间作业做出合理的安排，以及确定其先后施工的步骤。既要按照砌筑工种本身的客观规律组织施工，也要解决与其他工种之间在时间上的搭接问题，做到充分利用空间、争取时间，实现缩短工期的目的。砌筑施工的顺序是先基础砌筑后主体砌筑、先外墙后内墙、先砌墙后抹灰、先外抹灰后内抹灰，其中工程量大、施工难度大、需要时间长的砌筑分部、分项尽量先安排，零星的填充砌筑进行密切配合。另外，应考虑季节的影响，在雨冬期施工的项目，把室外的先抢先砌筑，室内则安排穿插或配合进行。

（2）拟定施工方法、择优选用　在完成每一个砌筑工程的施工过程中，可以采用多种不同的施工方法，而每一种施工方法都有其各自的优点和缺点。因此，要选择适用于本工程砌筑工种的最先进、最合理、最经济的施工操作方法和流水组织方式，以达到在保证质量、安全和工期的前提下，降低成本和提高劳动生产率，所以说，正确的选择砌筑施工方法是拟定砌筑施工方案的关键。

（3）确定工程施工的流水施工　为了使工程能有节奏、有秩序均衡地进行，要根据拟建房屋的结构特点，把房屋中与砌筑有关的所有分部、分项工程分成若干施工层和施工段，按照一定的施工顺序连续均衡地进行。从基础砌筑到主体砌筑，再到抹灰和零星砌体，保证在大的节奏上呈现出流水的组织方式和特点。

3. 施工进度计划

此计划对拟建房屋从基础砌筑开始，牵涉到砌筑工种的各分部、分项工程的开始及结束时间做出具体的日程安排，如基础砌筑从哪天开始到哪天结束，进一步细化到第一个施工段的基础砌筑是多少天，计划完成工程量是多少，第二个施工段的基础砌筑是多少天，计划完成工程量是多少；第一层墙体砌筑安排多少天完成，第二层墙体砌筑安排多少天完成，直到砌完所有墙体需多少天，各安排在何时进行；抹灰从哪天开始，各段需多少天，共需多长时间等。

4. 材料、半成品、施工机具需用量安排

为保证砌筑工程的顺利按期进行，对各种材料、半成品和施工机具的使用做出具体的安排，如各种砌块和砖的总需要量是多少，在何时进场，每次进场的量是多少；用在砌筑工种中的水泥、砂等材料的总需用量，以及在何时进场，每次进场的量是多少；配备的砂浆搅拌的型号是多大，共几台；垂直运输用何机械，水平的运输又如何进行，运输机械的数量多少等。

5. 劳动力需用量计划

主要概括算下砌筑的工人共多少，分几个班组进行，其中高级工、中级工有多少，做辅助的小工是多少，分别在何时进场等。

6. 施工现场平面图

施工平面布置一般包括以下内容：现场施工范围内一切地上已经有的有关建筑物和地下设施的位置和尺寸；拟建房屋的位置和尺寸；为该建筑物服务的一切临时设施和物品的布置，其中包括施工机械的位置、建筑材料和半成品的堆放、临时供水和供点网的布置等。

三、砌筑工程施工方案的编制方法

1. 确定砌筑工程的施工顺序

1）确定基础砌筑工程的施工顺序

2）确定主体砌筑工程的施工顺序及相互间的搭接施工。

3）确定砌筑工程中的抹灰施工顺序。

2. 砌筑工程方法的选择

确定组砌方法、外墙大角及内外墙接槎方式；选择砖墙砌体与构造柱边的组砌方法；选择分段、分层施工流水方案；确定砌墙脚手架（内或外脚手架）；选择冬期施工时砌体的抗冻措施；确定门窗过梁的方案；确定抹灰的流向和施工段及内外的先后顺序。

四、施工方案的编制实例

前面讲解了施工方案的内容和重要性，在施工组织设计中关键是编好施工方案，有时候一个大的施工方案就等同于一个施工组织设计（尽管在表面内容上有点区别）。为了使学员对施工组织设计有个总体的认识，并能综合应用，现就某公寓工程施工的砌筑工部分的施工方案举例如下。

1. 工程概况

本工程为某单位的职工公寓楼，为四个单元的六层砖混结构，长56m，宽11m，建筑面积2850m²，层高2.9m，总高17.8m，室内外高差0.30m。外墙贴外墙面砖，内装修采用普通砂浆毛坯。外门窗为铝合金门窗，户内无房间门。

2. 结构情况

基础用C10混凝土做垫层，钢筋混凝土条形基础，深度1.9m，防潮层在－0.10m处；上部结构是砖墙承重，墙厚240mm，砂浆用M5，预制空心板，圈梁每层一道。卫生间和楼梯是现浇混凝土C20，楼梯间入口有雨篷。

3. 施工条件

施工前准备工作已经到位，图样会审已结束，人力、材料物资和施工机械已经到场，合同签定，整个工期为185d。

4. 施工方案

本工程为砖混结构，其主导工程及主要分部工程是砌砖和钢筋混凝土楼盖的安装和粉刷。主导工程及分部的施工顺序是（以砌砖为例子）：基础工程→主体结构工程→屋面工程。屋面工程找平层结束后，再做装修工程，其顺序自上而下进行。

流水施工段的划分和流水节拍值的确定：按楼房组成为四个单元户，以两个单元户为一个流水施工段，则基础工程有两个施工段，即施工时按东、西两个施工段流水进行，流水节拍按总计划排定要求，砖基础砌筑每个施工段定为3d。工程量以工程处施工的预算为准进行安排，土方量是1248m^3，混凝土垫层量为74.4m^3，砖基础工程量为88.9m^3，回填土为500.1m^3。

按公式　　流水节拍值 ＝（工程量×时间定额）/人数

因为砖基础流水节拍值已给定为3d，所以计算砖基础工程需要的人数

人数＝［（88.9×0.95）/3］人＝27.5人

综合考虑，最后定为26人，由于是两个施工段，因此每个施工段人数是13人。

挖土流水节拍 ＝（工程量×定额数）/投入人数

＝［（1248×0.258）/40］d≈8d

同样因为是两个施工段，所以每个流水段节拍是4d。

主体结构以每层楼两个单元为一个施工段，6层共12个施工段，每段需砌筑5d，现浇混凝土2~3d，楼板吊装灌缝1d，具体安排见表6-2（表中只列出几个简单的分项工程来说明进度计划表的表达，一个实际工程的进度表中项目要多些；同时表6-2中的时间只列到砌完墙体就没再排下去，望学员看表时注意不要把表6-2理解成工程的总工期）。

表6-2　进度计划表（只列出与砖瓦工相关的部分工作进度）

序号	分部分项工程名称	工程量	时间定额	劳动工日	天数	人数	施工进度（天）								
							10	20	30	40	50	60	70	80	90
1	人工挖土	1248m^3	0.258	320	8	40									
2	混凝土垫层	74.4m^3	1.1	75	3	25									
3	基础	88.9m^3	0.95	78	6	13									
4	回填土	500.1m^3	0.22	100	5	20									
5	脚手架底设														
6	砌墙	985m^3	1.12	1103	60	18									
7	浇混凝土	97.4m^3	4.56	385	35	11									
8	吊楼板灌缝	1324块	0.076	100	10	10									

从表中可看出：安排第1天开始挖土，每个施工段要4d，两个施工段（表中两个黑线段表示两个施工段）共需8d，图中第8天挖土结束。垫层从第9天开始，没有分施工段（表中一个黑线段），一次施工完毕，共3d时间，到第11天结束。第12天开始砌砖基础，两个施工段（两个黑线段），每段3d，共6d，到第17天结束。其余各分部分项工程依此类推。

5. 基础工程施工方法与技术措施

基础工程包括挖土、混凝土垫层、混凝土条基、回填土四个施工过程。基础施工时，要埋设地下部分的上下水管和其他地下管线，室内管头到地面上，上口包封好。人工开挖基槽土方，混凝土应捣实，厚度用小竹签控制，基础的其他标高由皮数杆和水准仪的测量控制。基础两边对称回填土，使用蛙式打夯机分层夯实。挖出的土应堆放在离基槽边2m以外的地方，挖土验收合格后，应立即组织混凝土的垫层施工，垫层养护1d后，基础弹线，做基础主体，混凝土和砂浆的强度等级按设计要求和配比单确定，留试块，并做好隐蔽工程的验收记录。

6. 主体结构工程施工方法和技术措施

施工过程包括砌砖墙、浇混凝土、吊装楼板。经过研究决定采用轻型塔吊，以提高工效，方便施工，节约搬运的人工，塔吊最大回转半径、起吊高度和起重量应满足工程的需要。用钢管搭设双排外脚手架，内墙用可移动的自制脚手钢筋凳。砌墙应立皮数杆，严格控制门窗的位置和标高。现浇混凝土用钢模，并适当配合木模。施工时注意楼梯起步的标高及平台的标高搭接。砌砖墙时，四角大头不准留槎，内外墙交接处及内转角处，尽量少留槎，留的槎尽可能是踏步斜槎，并应加拉结钢筋，拉结钢筋的规格、数量、位置按设计和规范执行。门窗洞的预埋要做好，处理好节点的防水工作。现浇混凝土与吊装楼板的节拍要保证砌墙工作的连续进行，搭设脚手架要配合砌筑砖墙的进度进行，劳动力的调配要保证主体工程流水施工的实现。主体施工时，水电安装要紧密配合，相应跟上节奏。砌墙和楼板灌缝时要检查预埋管的情况。其他质量与安全措施统筹考虑，另见单位工程的施工组织设计。

第三节　砌筑工程施工方案编制的技能训练

• 训练1　施工流水横道图的绘制

1. 训练内容

某三层砖混结构楼，楼板是预制空心板，试按两个施工段进行流水施工安排，画出从基础砌筑到粉刷结束期间的流水横道图。基础砖工程量为48m^3，墙体168m^3，楼板9m^3，室外粉刷300m^2，室内粉刷480m^2，楼地面抹灰360m^2。

2. 基本训练项目

本题要求从砖砌基础开始考虑，施工过程划分为：

1）基底准备工作：内容有检查垫层是否合格、校核基础放线情况、检查材料是否到基坑、基本确定摆砖方法，按半天算。

2）大放脚摆样：在一切准备工作完毕后，在放好的线上试摆大放脚，并最终确定摆砖方法。注意按两个施工段进行，按半天算（和准备工作共用1天）。

3）砌大放脚：两个施工段，每段工程量$48m^3/2=24m^3$，现场安排一个班组，人数为10人，按现行水平则一个施工段需3d。

4）砌墙：完成基础工作后，砌墙组砌第一层第一个施工段的墙体，完成后到第一层第二段墙体去砌筑。三层墙共168m^3，每层墙约$168m^3/3=56m^3$，每段为$56m^3/2=28m^3$，按现行水平，每段约需3d。

5）吊装楼板：吊装第一层楼板，先吊第一施工段，此时第二施工段在砌墙；吊完第一段后吊第二段，依次循环，直到完成封顶。吊板每层约3m^3，安排6人进行，按现有水平每层每段约半天。

6）室外粉刷：从上到下，整层施工，不再按段（因为在室外粉刷阶段不要死守施工段概念，以方便施工、保证质量为前提）。三层按从上到下三个施工段进行，每层约$300m^2/3=100m^2$，安排10人，每层约需1d。

7）室内粉刷（毛坯打底粉即可）：每层约$480m^2/3=160m^2$，安排12人，每层约1d（进度上要紧些，为取整天数方便安排）。

8）楼地面粉刷：每层约 $360m^2/3=120m^2$，安排 6 人，每层约需 1d。

3. 训练注意事项

1）正确理解施工过程与施工段之间的搭接关系。

2）画图内容要全面。

4. 画横道图

表 6-3 即为该工程砖基础砌筑到粉刷段的流水横道图。

表 6-3　某工程砖基础砌筑到粉刷段的流水横道图

项次	工作名称	工程量	工人人数	时间/d	工期（天） 2 4 6 8 10 12 14 16 18 20 22 24 26 28 30 32 34 36 38
1	准备工作			0.5	
2	大放脚摆样		4	0.5	
3	砖基础	$48m^3$	10	6	
4	墙体砌筑	$168m^3$	10	18	
5	吊板	$9m^2$	6	3	
6	外粉刷	$300m^2$	10	3	
7	内粉刷	$480m^2$	12	3	
8	地面	$360m^2$	6	3	

注：图中单粗线和两平行细线是为在图上辨认出施工段，如墙体砌筑共有 6 个施工段（每层 2 个，3 层共 6 个）。

● 训练 2　编制砌筑工程的施工方案

1. 训练内容

某三层砖混结构楼，基础砖工程量为 $48m^3$，试编制砖基础的施工方案。

2. 基本训练项目

按施工方案的编制步骤，编写施工方案。

砖基础的施工方案

（1）工程概况（略）

（2）施工条件　施工准备工作已全部到位，图样会审结束，工期已确定。

（3）确定施工顺序　基坑检查合格→做垫层→基础放线→摆大放脚→砌基础→基础顶收尾。将工程划分为两个施工段，方便组织流水施工。按现行的工人工时标准，$1m^3$ 基础约需要 1.3 个工日，则基础共需工日 48×1.3 个≈62 个，每个施工段为 62 个/2＝31 个，现安排 10 个工人为一个砌筑班组施工，则每个施工段完成需 3d，基础共 6d。

（4）选择施工方法　基础用人工砌筑，机械搅拌砂浆，现场用一个 Z250 型混凝土搅拌机搅拌砂浆（因机械可充分利用，不再专门进砂浆搅拌机）。基底检查合格后，开始人工做垫层，垫层达到强度后，放线砌基础。

（5）垂直运输和水平运输　在基坑上考虑实际情况，水平运输用手推车将砖、砂浆等运至坑边，垂直方向用溜槽将材料滑到坑底，在坑底局部进行二次搬运。

（6）技术保证措施　项目部成立由技术负责人带头、技术员主管的领导班子，控制该分部、分项工作的所有技术问题，确保在技术上不出差错。

先对工人进行技术交底，每次施工前再对各组长进行交底核对工作，对砖的摆放大样统一试摆确认后再进行正式砌筑。部分预埋件和预留孔洞必须预先留好，不得事后开凿破墙。

（7）质量保证措施

1）制度方面：项目部成立由技术负责人带头、技术员主管的质量检查小组，控制该分部、分项工作的所有质量问题，确保在质量上不出差错。执行完备的三级检查制度，即工人自检合格后报班组长、班组长检查合格后报质量检查小组检查。经过三道检查合格后方能进入下一道工序。

2）材料方面：砖、砂、水泥等主要材料必须提前送样，试验合格后方能使用。砖在砌筑前要提前一天左右浇水润湿；水泥应防止受潮，堆放在干燥的仓库中；砂浆的拌制按配合比进行；所有的金属预埋件要有防腐措施。

3）工艺方面：基底要验槽，看土质与设计是否相符、是否可以做受力层，如不符应及时和设计院联系并通知甲方和监理。检查基底标高无误后再进行下道工序。

垫层的混凝土按设计要求的强度等级配制，及时摊铺，表面做到平整，垫层密实，养护到强度后再进行放线工作。

放线前技术负责人与技术员核对图样，各主轴线用 DJ6 经纬仪测放，次轴线用 30m 钢卷尺在主轴线间分量。

砖的组砌要合理，即上下错缝、内外搭接，水平缝厚度控制在 8～12mm之间，随时检查平整度和垂直度；砂浆的搅拌时间要充分，运输工程中要保水，如出现分层离析要重新搅拌，已失去塑性的砂浆，坚决不用。预埋件和预留洞位置要准确，尺寸正确。

总之，要以施工验收规范为标准，施工技术手册为向导，确保质量一次过关合格。

（8）安全措施　对进入现场的所有人员进行安全教育，进入施工现场内必须戴安全帽，各种安全告示牌竖立在入口醒目处，基坑边附近不得堆放大量材料，在坑边运送材料时要先注意坑内是否有人，防止落物伤人。各种电器由取得上岗证的电工操作，并对线头连接处和机械的运转情况定时检查。

（9）施工进度横道图（略）

（10）施工现场平面图（略）

复习思考题

1. 施工组织设计的主要内容有哪些？
2. 流水作业的基本参数有哪些？
3. 什么是施工方案？
4. 施工方案包含的内容有哪些？如何编制施工方案？
5. 如何绘制流水横道图？图中一般应标清哪些内容？

第七章

技能传授及解决疑难问题

培训学习目标 通过本章的学习，掌握应传授给初、中级砌筑工的基本技能和传授方法，了解砌筑工操作中的疑难问题和解决方法。

第一节 高级工的技能传授

一、高级工传授技能的责任

高级砌筑工是砌筑工中技术操作的指导者。在一支建筑队伍中，高级工是较少的技术尖子，他们要带领本工种工人进行施工操作。为了提高操作队伍的整体素质，高级工对初、中级工进行口头的、示范的操作技术传授，是建筑事业发展中所给予高级工的任务。俗话说“长江后浪推前浪”，要使建筑事业不断发展、新旧交接，做到技术上后继有人，形成随着社会的发展出现青出于蓝而胜于蓝的形势，使建筑工艺技术不断地发展提高。

高级工带领指导初、中级工和向初、中级工传授技术，应抱着关心爱护不保守的态度，并能和初、中级工共同研究，推进和提高操作技能。不能因循守旧不接受新事物的发展，也不能抛弃好的传统，通过培训要能够形成一个高带低、低向高学习的良好风气，使建筑技能、技艺不断发展，通过操作队伍素质的提高，使我国建筑业在不断发展中成为国民经济强有力的支柱。

二、高级工主要应传授的基本技能

技能的提高主要是靠操作者自身的努力，要勤于思考、勇于实践。通过高级工的丰富经验和指点，可以加快初、中级工技能的提高，高级工应从以下几个方面对初、中级工进行指导：

1. 根据经验较快地鉴别所用材料的质量

（1）砖的质量　砖的质量好坏可以从外观、敲击声中来鉴别，如砖的外观松疏、颜色发黄、敲击时发哑、一敲即断，那么砖的质量是不会好的，如砖的外观整齐、颜色暗红、敲击时发出清脆声、断开的断面均匀烧透，那么这种砖一般来说质量是合格的。

（2）砂的质量　砂是砂浆的骨料，砂的好坏对砌体强度有很大影响。高级工可以用经验观察判断砂的质量，如用手抓一把砂看看颗粒级配，用手搓搓泥多不多，都可以鉴定砂的质量是否合格，如有怀疑就可以送去试验。

（3）砂浆的质量　砂浆一般应严格计量，搅拌均匀后运到工地使用。但有时由于工作的疏忽也会出现弊病，因此高级工有时凭经验从观察砂浆色泽、稠度判断砂浆质量是否达到要求。如强度等级高的由于用水泥多，色泽接近水泥色，如砂浆中有一滩滩发白色，则说明拌和不均匀。

2. 指导操作手法

高级工在操作手法上对初级工进行指导，可以使初级工在砌砖时对如何摆平砖、砌好砖做到心中有数，从而使砌出来的墙达到表面平整、砂浆饱满、灰缝厚度均匀的要求。而且这种指导要尽早进行，以使初级工养成良好的操作习惯。

3. 指导盘角

盘角在过去要五级以上的砌筑工才能去做，这说明要有一定的操作经验和技能才能完成该项工作。如果高级工能对初、中级工进行指导，也是可以做好盘角的。指导的要点是让初、中级工懂得使用皮数杆，砌盘角时能找方正，能用眼穿看角两侧的墙，砖要摆平，楼要甩直，不翘头不塌头，五皮一吊、十皮一靠，经常对照皮数杆就能盘好大角。

4. 指导发碹

尤其是清水碹，是初、中级工操作时需指导的项目。高级工在指导时要让初、中级工懂得碹的砖数必须为单数，要先按跨度算好砖数，计算灰缝厚度，发碹时要掌握好披灰厚度，最后才能发出缝匀美观的清水碹来。

5. 指导基础大放脚的排砖

高级工对初级工和刚升入中级工的人员指导大放脚的排砖和收退是一项基本技能。主要指导初、中级工如何根据放出的大放脚的墨线，用砖在一个区段中按一砖夹一手指的方法从头排到尾，排出到最后没有小于半砖空隙的“好活”，如略有出入，则在许可的范围内调整。此外，还应给初、中级工指出每一个转角收退要打“七分头”，这样才不会有通缝。最后应指出当大放脚收退至基础墙顶时，要做一次中线或轴线检查，以保证基础墙位置的准确。

6. 指导砌筑清水墙

当清水墙局部竖缝及水平缝狭小或有瞎缝时，要会开缝，用新瓦刀或薄快的扁锥子把狭缝和瞎缝开阔，使缝道均匀，达到勾出的清水墙缝均匀一致，墙面美观的目的。对需要做假砖处，用砖粉调和水泥砂浆，使颜色接近砖色，抹在墙面上，在边上缝道拉线勾出清水墙缝，尽量做到远观有以假乱真的效果。

7. 指导一些非墙体的砌筑工艺

如中级工刚参加烟囱的砌筑时，则要指导其如何摆砖、砍砖、砌异形砖，如何在砌筑中保持中心度和圆度，如何利用十字杆控制标高等。

还有如炉灶的砌筑、小青瓦屋面的筑脊和铺瓦、地面砖的铺筑等，对初次实践的工人来说都离不开高级工在操作工艺上的指导。

第二节　高级工应解决的疑难问题

一、什么是砌筑工操作中的疑难问题

砌筑工操作中的疑难问题是相对的，初学者可能遇到的疑难问

题多些，随着砌筑工艺类型的逐渐增多，经验的不断积累，疑难问题也就相应会少些。此外，一个善于学习、善于思考、容易接受新事物的操作者，疑难问题也相对少些，也比较容易处理解决。

砌筑工所遇到的疑难问题大致有以下几个方面：

1. 一般不常见的异形砌体

随着目前设计新思维的出现，各种外部造型复杂、带曲线的建筑增多，随之异形砌体也相继出现。对没有接触过该类砌体的操作者来说，如何砌好这类砌体可以说是疑难问题。

2. 双曲的砖拱或壳体

随着钢筋混凝土结构的发展，这类建筑形式逐渐被取代。但有些地区因材料原因，还设计一些该类形式的建筑，那么对没有接触过的操作者来说可以说是疑难问题。

3. 古式建筑的工艺

近年来在设计上采用地方风格和民族形式，好多建筑的屋顶或假屋顶做成古式建筑的形式，这就会碰到处理古式建筑屋面的铺瓦、筑脊、出戗角等施工工艺，对初、中级工来说就是疑难问题。还有如砖雕、镂窗工艺即使是对高级工来说也属于疑难问题。

二、怎样解决砌筑工艺中的疑难问题

任何疑难问题都是可以解决的，大致采用以下几种办法：

1. 领会和看懂设计图样，并进行复核、计算

认为按图样绘制的形状是可以施工的，那么就具备了操作前提和基础，留下的只是方法问题了。如异形砌体、双曲拱、古式建筑瓦屋面等，除图上标示外，还要经过自行计算复核、放样，才能心中有数。

2. 组织讨论

对疑难问题可以由高级工组织中、初级工，有时还可以请技术人员一起进行讨论，研究着手解决的步骤、采用一些特殊材料等，确定实施办法。

3. 进行试验或外出学习

有时讨论出的办法也不一定能直接操作，那么可以按图样及讨

论办法先进行小型试验。如古式建筑的出戗角，有时就要在工地上按比例先做一个试样，经鉴定后可行，才可到工程上实施。如需外出学习，则必须确定地点，带好记录本，选择比较精干的人员去取经学习，甚至拜师实践。

4. 总结经验

形成文字资料作为今后解决技术难题的技术档案。做好技术总结工作，是为今后解决技术难题积累宝贵资料的手段。技术的发展也是通过不断总结积累提高发展起来的，古代的《营造法式》为今人做古式建筑提供了依据，而一些能工巧匠的技艺失传，则是由于没有人进行总结，不能形成文字的原因，这是历史教训，一定要吸取。

复习思考题

1. 高级砌筑工应向中、初级砌筑工传授哪些基本技能？
2. 什么是砌筑工操作中的疑难问题？
3. 如何解决砌筑工艺中的疑难问题？

试　题　库

知识要求试题

一、判断题（对画✓，错画×）

1. 构造柱与圈梁连接成封闭环形，可以有效防止墙体拉裂，并可以约束墙面裂缝的开展。（　）
2. 中国古建筑以木构架为主要承重方式。（　）
3. 码台基下磉礅时标高可以通过调整灰缝的厚度来达到要求。（　）
4. 一些造型复杂的构筑物施工图是复杂施工图。（　）
5. 施工方案是在施工前编制的用来指导具体施工的详细文件。（　）
6. 一般情况下，工程都可以组织成流水施工的形式以提高效率。（　）
7. 流水施工的内容其实就是画一个横道图。（　）
8. 施工组织设计和施工方案在大多数情况下，内容并不是完全相同。（　）
9. 干摆墙一般用在比较重要的部位，而淌白做法则相对简单一些。（　）
10. 沉降缝将房屋从基础顶面到屋顶分开。（　）
11. 俗语中的“九脊殿”指的是歇山屋顶，“四阿殿”指的是庑

殿屋顶。（ ）

12. 古建筑的停泥砖用优质细泥烧制而成，规格比城砖稍小。（ ）

13. 大麻刀灰比麻刀灰中的麻刀用量多。（ ）

14. 檐墙面每隔一定间距在竖缝处弹墨线是为了控制游丁走缝。（ ）

15. 在南方多雨地区，做琉璃屋面时，为防止破坏瓦施工人员可穿拖鞋施工。（ ）

16. 建筑物轴线的引测只能用建筑红线法。（ ）

17. 在建筑施工中，质量管理只是质量小组的事情。（ ）

18. 古建筑的泼灰就是用生石灰反复均匀泼洒成粉状后过筛得到的。（ ）

19. 墙体由于开了门窗口截面被削弱，在洞口周边设钢筋混凝土边框是为了使这种削弱得到加强。（ ）

20. 砌体的剪切破坏，主要与砂浆强度和饱满度有直接关系。（ ）

21. 向坡屋面上瓦时，要前后两坡同时同方向进行。（ ）

22. 古建筑中的干摆墙中的砖要求比丝缝要严格一点。（ ）

23. 墙体或柱的高度越高，则稳定性和刚度越好。（ ）

24. 铺筑的筒瓦屋面要求瓦楞整齐，与屋檐、屋脊互相垂直，瓦片搭盖疏密一致，瓦片无翘角、破损、张口现象。（ ）

25. 编制施工方案实质就是选择施工方案和选择施工方法。（ ）

26. “五扒皮”就是指砖的6个面中加工5个。（ ）

27. 大城砖可用于大式地面。（ ）

28. 钢筋混凝土烟囱的施工图应算是复杂施工图。（ ）

29. 墙体的长高比越大则墙体的刚度越大。（ ）

30. 古建筑屋顶苫背时打拐粘麻是为了防止瓦片下滑。（ ）

31. 古建筑屋面上一般档次越高则苫背次数越多。（ ）

32. 古建筑屋面铺瓦前重要的一步就是分中号垄排瓦当。（ ）

33. 由于女儿墙处设置了圈梁，可以阻止在屋顶面处发生水平裂缝。（ ）

34. 古建筑墙体中象眼山花等处一般必须做十字缝排列。（ ）

35. 古建筑中的素灰主要是指灰内没麻刀。（ ）

36. 停泥砖可用在大式墙身的干摆、丝缝做法。（ ）

37. 古建筑中的锡苫背具有防水功能。（ ）

38. 古建筑中设于金柱和檐柱之间的短梁一般不承受荷载。（ ）

39. 墙在古建筑中起承重作用，现代建筑中只起分隔作用。（ ）

40. 能明显看出修补过的砖雕必须重雕。（ ）

41. 在施工时，强调丁砖的中线与下层砖的中线重合，可避免游丁走缝。（ ）

42. 遇 4 级以上强风不准进行高处作业。（ ）

43. 施工组织设计和施工方案是一个概念。（ ）

44. 高级工有向初、中级工传授技能的责任。（ ）

45. 台基的组砌必须符合要求，磉墩内可适当填放一些碎砖、乱砖。（ ）

46. 三角形杆件组成的刚架是稳定的。（ ）

47. 要求砌体同时砌筑不留槎是为了加强墙体的整体稳定性和刚度。（ ）

48. 古建筑墙体中的海棠池心一般用硬心做法，不能用软心做法。（ ）

49. 古建筑中的槛墙就是指在廊子部位的墙体。（ ）

50. 在金属容器内或者潮湿处所工作时，灯的电压不能超过 110V。（ ）

51. 檐墙中露出椽子的叫“露檐墙”或“老檐出”。（ ）

52. 房屋砌筑在软弱地基上且沉降量较大时，要严格控制墙体的长高比。（ ）

53. 古建筑墙体一般用混合砂浆砌筑。（ ）

54. 大式黑活硬山正脊中所有的瓦件总高，不应超过正吻唇高。（　）

55. 古建筑歇山琉璃屋脊做法是固定的，不能增高也不能降低。（　）

56. 常见施工用仪器的使用和维护是施工员的事，高级工不必要掌握。（　）

57. 石灰膏是水硬性胶凝材料。（　）

58. 两样档次的琉璃零件尺寸最大，九样档次的尺寸最小。（　）

59. 铺瓦时，根据瓦的具体尺寸，两边凑着把底瓦和盖瓦放中，按线走，就不会出现沟垄不直的现象。（　）

60. 基础不均匀下沉、建筑物倾斜、结构开裂或主体结构强度严重不足的质量事故是重大质量事故。（　）

61. 砂浆存放时间过长，在使用前要重放水泥经搅拌后才能使用。（　）

62. 建筑施工所涉及的安全技术问题主要有土方塌陷、倒塌、高处坠落、物体打击和触电。（　）

63. 在架经纬仪时先瞄准目标后再进行粗平和精平。（　）

64. 有抗震要求的房屋，不能有女儿墙。（　）

65. 提高砂浆强度是一项有效的抗震措施。（　）

66. 拆除拱顶的拱架，必须在锁砖全部打紧、凹沟砌筑完毕、骨架拉杆的螺母拧紧之后进行。（　）

67. 护板灰上铺的一层铝箔具有防水作用，铝箔之间要用焊接方法连接，并用钉子钉在望板上。（　）

68. 以木构架组成的古建筑中墙体起承重、分隔作用。（　）

69. 施工流水节拍值与班组投入人数成正比。（　）

70. 施工段就是将要施工的房屋分成几道工序来进行。（　）

71. 古建筑中琉璃瓦不包含筒瓦。（　）

72. 双坡硬悬山屋面不属于古建筑的屋面，歇山庑殿才是古建屋面。（　）

73. 古建筑施工是没有图样的，一般就按传统做法进行就可

以了。 ( )

74. 砖墙与构造柱结合处做成大马牙槎，并要求先退后进，是为了保证各层柱端有较大的断面。 ( )

75. 施工中，施工人员要保质保量完成生产任务，至于安全问题是管理人员的事。 ( )

76. 工序完成后，有质量检查员检查质量，工人不用自检。 ( )

77. 古建筑中的梁和屋架一般压在山墙或前后檐墙上。 ( )

78. 复杂施工图是指线条和尺寸比较多，所反映的建筑物造型不规则或要求进行特殊处理的施工图。 ( )

79. 古建筑细墁地面只要将砖砍制好铺接整齐，就不再做任何处理。 ( )

80. 在室内墁地时，一般要将中间一趟砖安排在室内的正中。 ( )

81. 伸缩缝可以起到沉降缝的作用。 ( )

82. 安全是所有施工人员的事情。 ( )

83. 要组织流水施工，正常情况下至少要划出两个施工段。 ( )

84. 施工方案是施工组织设计的重点内容。 ( )

85. 流水施工就是画横道图，其他工作都是为画图服务的。 ( )

86. 墙体承载能力满足要求，但有明显的倾斜，这是由于墙体的高厚比过小。 ( )

87. 挑梁的上部钢筋是构造钢筋，下部钢筋是受力钢筋。 ( )

88. 在古建筑中装修是指抹灰、喷涂油漆等工作。 ( )

89. 一次事故中死亡3人以上的是重大死亡事故。 ( )

90. 电气设备必须进行接零和接地保护。 ( )

91. 我国古建筑最大的特点之一是用砖石做构架传力。 ( )

92. 水准测量中，从水准尺上读出的毫米数是估读出来的。 ( )

93. 设计要求用混合砂浆，因现场没有石灰膏，可用同标号水泥砂浆代替。（ ）

94. 墙体砌筑时，超过地坪 1.5m，应搭设脚手架，脚手架必须与楼层结构拉牢固。（ ）

95. 烟囱、水塔底层四周必须搭设双层水平安全网，操作平台的安全网随工作台上升。（ ）

96. 在古建筑中规定，柱高 10 尺则吻高 4 尺。（ ）

97. 现在的尺寸单位不好用在古建筑砖上，会产生换算的误差。（ ）

98. 产品质量是检查出来的。（ ）

99. 干摆砖砌法也叫磨砖对缝砌法。（ ）

100. 节拍值与班组投入人数成反比。（ ）

101. 硬山式屋顶，只有前后坡，两端头是山墙封顶。（ ）

102. 螺旋形楼梯的施工图是复杂施工图。（ ）

103. 空斗墙的纵横墙交接处，实砌宽度距离中心线每边应不小于 240mm。（ ）

104. 重要的古建筑屋面苫背，为更好地防水一般都用锡背做法。（ ）

105. 安定性不合格的水泥，不能用于浇筑混凝土，可以用来拌制砂浆。（ ）

106. 沉降缝可以起到伸缩缝的作用。（ ）

107. 只有庑殿建筑才采用琉璃屋脊。（ ）

108. 古建筑琉璃瓦件的规格有 7 个。（ ）

109. 只承受自重的墙体是非承重墙。（ ）

110. 琉璃瓦件做的屋脊的高度和形式是固定的，不能增高也不能降低。（ ）

111. 黑活就是古建筑中的瓦屋面用的是不上釉的瓦。（ ）

112. 庑殿式屋顶是一种屋顶前后左右四面都有斜坡落水的建筑。（ ）

113. 麻刀灰的配合比是体积比。（ ）

114. 复杂施工图用节点详图就可以表示清楚。（ ）

115. 一般古建筑的影壁要做下碱（下肩）、上身、檐口和瓦顶。（ ）

116. 软弱地基上的房屋高差不宜过大。（ ）

117. 设置在房屋中间部位的圈梁抵抗不均匀沉降的作用最显著。（ ）

118. 古建筑中砖雕只能在一块砖上进行，不能用砖组合来雕刻图案。（ ）

119. 砖雕刻主要是靠雕刻人员的技术，对砖材料挑选无所谓。（ ）

120. 墁地时要钻生，适合居民的院落和园林走道。（ ）

121. 经纬仪是施工测量中用来抄平的仪器。（ ）

122. 古建筑铺瓦有大式和小式之分，瓦材大就是大式，瓦材小就是小式。（ ）

123. 一般来说凡是与正脊相交的脊都可统称为垂脊。（ ）

124. 古建筑中所用砖的外形尺寸是240mm×115mm×53mm。（ ）

二、选择题（将正确答案的序号填入括号内）

1. 对砌筑脚手架上的荷载要求是（ ）。

A. ≤80kg/m^2，高低于三码砖

B. ≤270kg/m^2，高低于三码砖

C. ≤80kg/m^2，高低于二码砖

D. ≤270kg/m^2，高低于二码砖

2. 目前流水施工安排在现场一般都用（ ）表示，明白易懂。

A. 网络图　　B. 施工现场平面图

C. 透视图　　D. 横道图

3. 脚手架与楼层拉结的要求是（ ）。

A. 水平距离不超过4m，垂直不超过6m

B. 水平距离不超过4m，垂直不超过4m

C. 水平距离不超过6m，垂直不超过4m

D. 水平距离不超过6m，垂直不超过6m

4. 现场发生因电引起的火灾时，应用（　　）灭火。

A. 干砂加高压水　　B. 干粉加高压水

C. 带水的泡沫剂　　D. 干砂或干粉

5. 丝缝墙的灰缝有一种做法是越细越好，此时灰缝不应超过（　）。

A. 5mm　　B. 4mm　　C. 3mm　　D. 2mm

6. 长方槽形琉璃瓦铺贴，瓦缝水平线不平、垄不直，主要原因是（　　）。

A. 砂浆稠度过大　　B. 准线拉得不直

C. 琉璃材质差　　D. 出檐不一致

7. 裙肩砌筑高度一般为檐柱高的1/3，墙厚为檐柱直径的（　　）。

A. 0.5倍　　B. 1.2倍　　C. 1.5倍　　D. 2.4倍

8. 流水施工的节拍值就是（　　）。

A. 把拟建工程划分为多少个段落

B. 就是把拟建的工程划分为多少个过程

C. 就是前后工序开始施工的时间间隔

D. 一个班组在一个工序上延续的时间

9. 在砖砍磨制作中用不到的工具是（　　）。

A. 刨子　　B. 磨头　　C. 矩尺　　D. 灰板

10. 砖细加工后的允许偏差是（　　）。

A. ±0.5mm　　B. ±1mm　　C. ±1.5mm　　D. ±3mm

11. 钢筋砖过梁的砌筑高度应该是跨度的（　　），并不少于7皮砖。

A. 1/3　　B. 1/4　　C. 1/5　　D. 1/6

12. 清水墙面游丁走缝的原因是（　　）。

A. 砖的尺寸不标准　　B. 砖太湿，出现游墙

C. 砂浆稠度过大　　D. 半砖用的过多

13. 瓦屋面滴水勾头的出檐要符合伸出要求，整个出檐瓦要拉通线检查，凸凹进出全长不得超过一滴水或勾头壁厚的（　　）。

A. 1/3　　B. 1 倍　　C. 2 倍　　D. 3 倍

14. 房屋的砌体在大梁下产生裂缝的原因是（　　）。

A. 砌体局部抗压能力不足　　B. 荷载过大

C. 温度升高墙体开裂　　D. 不均匀沉降

15. 磉墩是指在（　　）下的基础砌体。

A. 柱　　B. 前檐墙体　　C. 后檐墙体　　D. 山墙

16. 筒拱模板安装，任何点的竖向偏差不应超过该点拱高的（　　）。

A. 1/5　　B. 1/20　　C. 1/100　　D. 1/200

17. 下列关于砖雕说法正确的是（　　）。

A. 先钉接着耕后才是镳　　B. 先镳接着钉后才是耕

C. 先耕接着钉后才是镳　　D. 以上说的顺序都可以

18. 椽条的间距视青瓦的尺寸大小而定，一般为青瓦小头宽度的（　　）。

A. 1/2　　B. 2/3　　C. 3/4　　D. 4/5

19. 柱顶表面平整度应控制在（　　），以十字交叉线检查两个方向。

A. 3mm　　B. 5mm　　C. 8mm　　D. 10mm

20. 台明外皮至槛墙外皮不小于（　　）。

A. 100mm　　B. 200mm　　C. 300mm　　D. 400mm

21. 在古建筑的干摆和丝缝墙体中灌浆材料应选（　　）比较好。

A. 水泥砂浆　　B. 混合砂浆　　C. 生石灰浆　　D. 水泥浆

22. 砖墁地面的垫层应有向门口（　　）的泛水。

A. 4%　　B. 7%　　C. 2%　　D. 5%

23. 中国古代建筑的特点在结构上以（　　）为主体。

A. 琉璃瓦　　B. 砖石构架

C. 木构架　　D. 台基和台明

24. 在金属容器内或潮湿处所工作时，灯的电压不能超过（　　）。

A. 6V　　B. 12V　　C. 36V　　D. 110V

25. 用后视读数减去前视读数，如果相减的值为正数，则说明前视点比后视点（　　）。

A. 低　　B. 高　　C. 一样高　　D. 相差不多

26. 看懂复杂施工图的方法是（　　）。

A. 由外向里看，由粗向细看

B. 图样与说明结合着看

C. 相关联图样交叉看，建施与结施对着看

D. 由外向里看，由粗向细看，图样与说明结合看，相关联图样交叉看，建施与结施对着看

27. 古建筑中下碱（下肩）的高度一般为（　　）。

A. 高度整个檐墙的高　　B. 整个墙体高的1/2

C. 整个墙体高的1/5　　D. 整个墙体高的1/3

28. 在使用水泥时，主要是考虑强度，同时也应考虑（　　）。

A. 安定性　　B. 凝结时间

C. 细度　　D. 安定性、凝结时间、细度

29. 在古建筑砖料加工时"制子"的作用是（　　）。

A. 铲砖面　　B. 切割

C. 墁地用　　D. 度量尺寸和形状

30. 半圆券起拱高度一般是跨度的（　　）。

A. 3%　　B. 4%　　C. 5%　　D. 6%

31. 青砖影壁心一般做法是（　　）。

A. 以软心为主　　B. 以条砖心为主

C. 以方砖心为主　　D. 以琉璃瓦件装饰为主

32. 古建筑檐墙的宽度为檐柱直径的1～（　　）倍。

A. 2.5　　B. 1.75　　C. 1.5　　D. 1.2

33. 砖在经过15次冻融循环后，强度降低值不超过（　　）为合格。

A. 2%　　B. 10%　　C. 15%　　D. 25%

34. 用特制的模形砖砌清水弧形碹时，砖的大头朝上，小头朝下，此时灰缝要求是（　　）。

A. 上部15～20mm，下部5～8mm

B. 上部8～12mm，下部5～8mm

C. 上部15～20mm，下部7～13mm

D. 上下灰缝厚度一致

35. 空斗墙的壁柱和洞口的两侧（　　）范围内要砌成实心墙。

A. 180mm　B. 240mm　C. 360mm　D. 480mm

36. 混水墙出现通缝的主要原因是（　　）。

A. 不恰当地避免打七分头

B. 排砖不是好活

C. 砖尺寸不标准

D. 组砌方法不正确

37. 拦土的砌筑高度同磉墩一样高，宽度为檐柱直径的(　　)。

A. 0.5倍　B. 1倍　C. 2倍　D. 2.5倍

38. 基槽宽度小于1m时，应在砌筑站人一侧留有不小于(　　)的操作面。

A. 200mm　B. 250mm　C. 300mm　D. 400mm

39. 地面泛水过小或局部倒坡的主要原因是（　　）。

A. 找平层过厚　B. 地漏标高过高

C. 楼板上皮标高超高　D. 面层材料不合格

40. 下面手持电动工具需要接地或接零保护的是（　　）。

A. Ⅰ类工具　B. Ⅱ类工具　C. Ⅲ类工具　D. 大功率工具

41. 海墁指的是（　　）。

A. 用细砖墁　B. 用糙砖墁　C. 室内墁　D. 室外墁

42. 脚手架上堆放材料的重量一般不应超过（　　）。

A. $70kg/m^2$　B. $170kg/m^2$

C. $270kg/m^2$　D. $370kg/m^2$

43. 在宫殿建筑屋顶铺瓦时苫泥背，其月白灰背一般可达(　)以上。

A. 6层　B. 5层　C. 4层　D. 3层

44. 预留构造柱截面的误差不得超过（　　）。

A. ±5mm　B. ±10mm　C. ±15mm　D. ±20mm

45. 清水墙面组砌正确，竖缝通顺，刮缝深度适宜一致，楞角整齐，墙面清洁美观，质量应评为（　）。

A. 不合格　　B. 合格　　C. 优良　　D. 高优

46. 古建筑传统的平砖券起拱的高度为跨度的（　）。

A. 1%　　B. 2%　　C. 4%　　D. 5%

47. 砌块的搭砌长度不满足要求时，应在水平缝设置不小于（　）的钢筋拉结条，两端应越过该垂直缝300mm。

A. $2\phi4$　　B. $2\phi6$　　C. $3\phi4$　　D. $3\phi6$

48. 砖墁地面的油灰缝的宽度不得超过（　）。

A. 1.5mm　　B. 2mm　　C. 3.5mm　　D. 7mm

49. 工业炉拱顶砌筑时，上口灰缝偏大，下口灰缝偏小，原因是（　）。

A. 拱顶锁砖未在拱顶中心

B. 耐火泥的粒径大于灰缝厚度的50%

C. 砂浆搅拌不均

D. 受膨胀缝的影响

50. 砖细工程表面平整度的允许偏差是（　）。

A. 2mm　　B. 4mm　　C. 3mm　　D. 5mm

51. 空斗墙的纵横墙交接处，其实砌宽度距离中心线每边不小于（　）。

A. 240mm　　B. 370mm　　C. 490mm　　D. 120mm

52. 厚度为120mm的砖墙，大梁跨度为6m，在大梁的支承处应加设（　）。

A. 圈梁　　B. 支撑系统　　C. 构造柱　　D. 壁柱

53. 混凝土小型空心砌块房屋的纵横墙交接处，距墙中心线每边不小于300mm范围内的孔洞，用不低于砌块材料强度等级的混凝土灌实，灌实高度为（　）。

A. 120mm　　B. 120cm　　C. 一层层高　　D. 全部墙身高

54. 伸缩缝把房屋（　）。

A. 从基础到屋盖完全分开

B. 从基础顶面到屋盖完全分开

C. 从防潮层以上分开

D. 从 ±0.00 以上分开

55. 用机械搅拌砂浆应在投料后搅拌（　　）。

A. 0.5 ~ 1min　　B. 1 ~ 1.5min

C. 1.5 ~ 2min　　D. 2 ~ 3min

56. 磉墩拦土部位在（　）

A. 台明外　B. 台明下　C. 基础下　D. 磉墩间

57. 砌体结构材料的发展方向是（　　）。

A. 高强、轻质、节能

B. 大块、节能

C. 利废、经济、高强、轻质

D. 高强、轻质、大块、节能、利废、经济

58. 非承重粘土空心砖用做框架的填充墙时，砌体砌好（　　）后，与框架梁底的空隙，用普通粘土砖斜砌敲实。

A. 1d　B. 3d　C. 5d　D. 7d

59. 砌 6m 以上清水墙时，对基层检查发现第一皮砖灰缝过大，应用（　　）细石混凝土找到与皮数杆相吻合的位置。

A. C10　B. C15　C. C20　D. C25

60. 空斗砖墙水平灰缝不饱满，主要原因是（　　）。

A. 砂浆和易性差

B. 准线拉线不准

C. 皮数杆没立直

D. 没按“二三八一”操作法的操作

61. 平券和木梳背的砖券跨度一般不超过（　　）。

A. 1m　B. 1.5m　C. 1.8m　D. 2 m

62. 铺筑琉璃瓦中的滴水瓦和檐头勾滴水时，滴水瓦出檐一般在（　　）之间。

A. 10 ~ 20mm　　B. 30 ~ 40mm

C. 40 ~ 50mm　　D. 60 ~ 100mm

63. 挑梁截面上端钢筋是（　　）。

A. 受力钢筋　B. 构造钢筋　C. Ⅰ级钢筋　D. Ⅱ级钢筋

64. 磨砖对缝砌法砌的墙体，用 2m 托线板检查垂直平整度，偏

差不应大于（　　）。

A. 1mm　　B. 3mm　　C. 5mm　　D. 8mm

65. 碹砖发碹的“合龙砖”应是（　　）形状。

A. 宽窄一致　　B. 上宽下窄

C. 上窄下宽　　D. 用大城砖

66. 檐口瓦挑出檐口不应小于（　　），应挑选外形整齐、质量较好的小青瓦。

A. 20mm　　B. 50mm　　C. 70mm　　D. 100mm

67. 金刚墙是指古建筑中（　　）的墙。

A. 强度要求高　　B. 防止发生窜水

C. 被隐蔽　　D. 高厚

68. 在旧建筑物边挖土时，要根据挖土深度考虑（　　），采取安全措施。

A. 新旧建筑物高差　　B. 新旧建筑物结构形式

C. 新旧建筑物的距离　　D. 新旧建筑物基础的高差

69. 台明出檐柱的宽度，大式瓦作为上部屋顶出檐尺寸的（　　）。

A. 1/2　　B. 2/3　　C. 3/4　　D. 4/5

70. 钢筋混凝土过梁的支承长度不宜小于（　　）。

A. 80mm　　B. 120mm　　C. 240mm　　D. 360mm

71. 分布在房屋的墙面两端的内外纵墙和横墙的八字裂缝，产生的原因是（　　）。

A. 均匀沉降　　B. 不均匀沉降

C. 屋面板受热伸缩　　D. 荷载过重

72. 厚度为240mm的砌块墙，当大梁跨度大于或等于（　　）时，其支承处宜加设壁柱或采取其他加强措施。

A. 4.2m　　B. 3.9m　　C. 4.8m　　D. 6m

73. 强度等级高于M5的砂浆，砂的含泥量不应大于（　　）。

A. 3%　　B. 5%　　C. 10%　　D. 15%

74. 淌白墙中的拉面墙要求灰缝不超过（　　）。

A. 1～3mm　　B. 4～6mm

C. 7～9mm　　D. 10～12mm

75. 雨季施工时，每天的砌筑高度应加以控制，一般要求不超过（　）。

A. 1.2m　B. 1.5m　C. 2m　D. 4m

76. 空斗墙室内地面以下及地面以上高度为（　）的砌体，宜采用斗砖或眠砖实砌。

A. 120mm　B. 180mm　C. 240mm　D. 360mm

77. 小型空心砌块上下皮搭砌长度不得小于（　）。

A. 60mm　B. 90mm　C. 150mm　D. 180mm

78. 房屋可能发生微凹形沉降，（　）的圈梁作用较大。

A. 基础顶面　B. 中间部位

C. 檐口部位　D. 隔层设置

79. 从防潮层到屋盖完全分开的是（　）。

A. 沉降缝　B. 伸缩缝　C. 施工缝　D. 变形缝

80. （　）是复杂施工图。

A. 螺旋形楼梯的施工图　B. 基础剖面图

C. 总平面图　D. 办公楼的立面图

81. 多孔板用混凝土堵头是因为（　）。

A. 板头局部抗压强度较低　B. 美观

C. 防止异物进入　D. 保证空气层

82. 构造柱可不单独设置基础，但应伸入室外地面下（　）。

A. 300mm　B. 500mm　C. 1500mm　D. 到基础底

83. 按安全用电要求，Ⅱ类手持电动工具动作电流不大于（　）。

A. 15mA　B. 36mA　C. 50mA　D. 220mA

84. 女儿墙根部和平屋面交接处产生水平裂缝，原因是（　）。

A. 均匀沉降　B. 不均匀沉降

C. 屋面板受热变形　D. 局部受压过大

85. 台明露出地坪的高度，小式瓦作为檐柱高度的（　）。

A. 1/2　B. 1/3　C. 1/4、　D. 1/5

86. 清水脊属于（　）。

A. 大式琉璃做法　　B. 大式黑活做法

C. 小式黑活做法　　D. 皮条脊

87. 砌体工程量计算时，小于（　　）的窗孔洞不予扣除。

A. 0.5m² 　B. 0.4m² 　C. 0.3m² 　D. 0.2m²

88. C30以上混凝土中针状石子和片状石子含量不得大于（　　）。

A. 2%　B. 5%　C. 15%　D. 25%

89. 预应力多孔板搁置于内墙的长度不宜小于（　）。

A. 50mm　B. 80mm　C. 100mm　D. 120mm

90. 砖的浇水适当而气候干热时，砂浆稠度应采用（　　）。

A. 50~70mm　B. 40~50mm　C. 60~70mm　D. 80~100mm

91. 空斗墙的水平灰缝和竖向灰缝，一般为（　　）。

A. 不应小于7mm，也不应大于13mm

B. 不应小于8mm，也不应大于12mm

C. 不应小于6mm，也不应大于14mm

D. 不应小于5mm，也不应大于15mm

92. 挂琉璃瓦时，屋面出檐一般在（　　）之间。

A. 10~30mm　　B. 40~50mm

C. 60~100mm　　D. 110~150mm

93. 台基标高不一致，上平面的柱墩、基墙不在同一个水平面上，主要原因是（　）。

A. 基坑深浅不一致　　B. 对垫层复核不准

C. 砂浆和易性不好　　D. 砌块材料尺寸不一致

94. 冬期施工对砌筑砂浆材料的要求（　　）

A. 砂的温度不低于40℃　　B. 水温不低于80℃

C. 宜采用普通硅酸盐水泥　　D. 外加剂不得用盐

95. 按雨期施工时的要求，超过（　　）的基槽或井坑应设支撑。

A. 500mm　B. 1000mm　C. 1500mm　D. 2000mm

96. 烟囱每天的砌筑高度需要根据气候情况来确定，一般不宜超过（　　）。

A. 1.2～1.8m　　B. 1.8～2.4m
C. 2.4～3m　　D. 4m

97. 清水弧形碹的灰缝（　　）。
A. 上部为12～15mm，下部为5mm
B. 上部为15～20mm，下部为5～8mm
C. 上部为12mm，下部为8mm
D. 上部为10mm，下部为5mm

98. 清代建筑中，二城墙砖的现代尺寸大约是（　　）。
A. 470mm×240mm×120mm　　B. 454mm×221mm×101mm
C. 454mm×224mm×104mm　　D. 240mm×115mm×53mm

99. 下面需要使用安全电压的是（　　）。
A. 移动式照明　　B. 固定式机械
C. 手持电动工具　　D. 大功率电器

100. 规范规定砌筑烟囱水塔时，人员上下应搭设宽度不小于（　　）、坡度不大于1:3.5斜道。
A. 2.5m　B. 2m　C. 1.5m　D. 1m

101. 承重的独立砖柱，截面尺寸不应小于（　　）。
A. 120mm×240mm　　B. 240mm×240mm
C. 240mm×370mm　　D. 370mm×490mm

102. 铺琉璃瓦一般要保证每一块瓦与上一块瓦搭接（　　）。
A. 1/5　B. 2/5　C. 3/5　D. 4/5

103. 建筑物荷载指建筑物所承受的（　　）。
A. 风力和自重
B. 设备和自重
C. 人、设备的重量
D. 风力、人和设备重量及自重

104. 砌块砌体要分皮错缝搭接，中型砌块上下皮搭砌长度不得小于砌块高度的1/3，且不应小于（　　）。
A. 60mm　B. 120mm　C. 150mm　D. 180mm

105. 钢筋砖圈梁应采用不低于（　　）的砂浆砌筑。
A. M2.5　B. M5　C. M7.5　D. M10

106. 窗台墙上部产生上宽下窄裂缝，其原因是（　　）。
A. 窗洞口过大　　B. 砌体抗拉强度不足
C. 地基软弱　　D. 没设置圈梁

107. 节点详图上只标明了尺寸，没标单位，其单位应是（　　）。
A. mm　　B. cm　　C. m　　D. km

108. 目前承重墙体砂浆中的水泥常用的是（　　）。
A. 普通硅酸盐 42.5　　B. 硅酸盐 42.5
C. 粉煤灰 42.5　　D. 火山灰 42.5

109. 软弱地基（　　）的房屋，体形较复杂时，宜设沉降缝。
A. 一层　　B. 二层
C. 三层及三层以上　　D. 六层以上

110. 当垫层采用人工夯实时，每层虚铺厚度不应大（　　）。
A. 100mm　　B. 150mm　　C. 200mm　　D. 250mm

111. 常用的普通硅酸盐水泥强度等级有（　　）级。
A. 5　　B. 6　　C. 7　　D. 8

112. 构造柱混凝土强度等级不应低于（　　）。
A. C10　　B. C15　　C. C20　　D. C30

113. 台明露出地坪的高度，大式瓦作为地面至耍头下皮的高度的（　　）。
A. 1/2　　B. 1/3　　C. 1/4　　D. 1/5

114. 铺筒瓦前沾浆部分应占瓦长的（　　）。
A. 1/2　　B. 1/3　　C. 2/3　　D. 2/5

115. 烟囱外壁的灰缝要勾成（　　）。
A. 平缝　　B. 凹缝　　C. 斜缝　　D. 凸缝

116. 房屋使用时湿度大于60%的工程，如浴室等各期施工时不得采用（　　）。
A. 冻结法　　B. 掺盐砂浆法
C. 暖棚法　　D. “二三八一” 砌筑法

117. 砖拱砌筑时，拱座下砖墙砂浆强度应达到（　　）以上。
A. 25%　　B. 50%　　C. 70%　　D. 100%

118. 掺入微沫剂的砂浆，要用机械搅拌，拌和时间自投料算起为（ ）。

A. 1.5～2min　　B. 2～2.5min

C. 3～5min　　D. 6～7min

119. 基础墙身偏移过大的原因是（ ）。

A. 大放脚收台阶时两边收退不均匀

B. 砌大放脚时，准线绷的时紧时松

C. 砌块尺寸误差过大

D. 砂浆稠度过大造成墙体滑动

120. 厚度为240mm的砖墙，当梁跨度大于（ ）时，其支承处应加设壁柱，或采取其他加强措施。

A. 4.8m　　B. 6m　　C. 4.2m　　D. 8m

121. 截面半径为20mm的Ⅱ级钢筋，它的设计强度值是（ ）MPa。

A. 210　　B. 290　　C. 310　　D. 430

122. 琉璃瓦屋面出檐不一致，原因是（ ）。

A. 铺檐口瓦时没拉通线　　B. 琉璃瓦尺寸不标准

C. 铺底瓦时施工顺序不对　　D. 设计屋面坡度不合理

123. 砌块的搭砌长度，不满足要求时，应在水平灰缝设置不小于2根钢筋的拉结条，两端应超过该垂直缝，其长度不得小于（ ）。

A. 300mm　　B. 500mm　　C. 1000mm　　D. 1200mm

124. 细墁地砖要加工（ ）个面。

A. 2　　B. 3　　C. 5　　D. 4

125. 施工现场内跨越沟槽的运输通道一般不小于（ ）。

A. 1.0m　　B. 1.5m　　C. 2.0m　　D. 3.0m

三、计算题

1. 矩形钢筋混凝土简支梁，截面尺寸为200mm×400mm，净跨度为8m，承受均布荷载为1200kN/m²。计算最大弯矩及支座反力。

2. 用32.5号水泥、中砂配制M10的水泥砂浆，已知K=0.989，中砂密度按 1460kg/m³ 计算。试计算配合比。

3. 一砖柱截面尺寸为 490mm × 490mm，高度为 3m，已知 μ_3 = 1.85。试计算其高厚比。

4. 一围墙高 1.5m，厚 240mm，长 120m，每隔 5m 有一长 370mm、宽 120mm、高 1.5m 的附墙砖垛。已知每立方米砌体需用瓦工 0.552 工日，力工 0.52 工日，砂浆 0.26m³，砖 532 块。每立方米砂浆用 180kg 水泥，150kg 白灰膏，1460kg 砂子。试计算砌完该段围墙需用多少瓦工工日和力工工日？用多少砖、水泥、砂子和白灰膏？

5. 截面为 300mm × 500mm 的矩形钢筋混凝土梁，净跨度为 6m，承受均布荷载 500kN/m²，支承在 370mm 厚的砖墙上。按满压墙计算砖墙的局部受压应力。

6. 某栋房屋的首层层高 2.5m，墙厚 370mm，长 12.5m，宽 7.5m；有两个 1.5m × 1.4m 的窗洞，一个 1m × 2m 的门洞。已知每立方米砌体需瓦工 0.62 工日，力工 0.55 工日；砖 532 块，砂浆 0.26m³。每立方米砂浆需用水泥 200kg，石灰膏 150kg，砂 1500kg。计算砌筑该层房屋用多少瓦工工日和力工工日？用多少砖、水泥、石灰膏、砂？

7. 用 32.5 号水泥、白灰膏、中砂配制 M5 混合砂浆，已知 K = 0.842，中砂密度为 1600kg/m³。试计算其配合比。

8. 简支梁受均布荷载 W = 1800kN/m² 作用，跨度为 5m，截面尺寸为 400mm × 600mm。计算简支梁的最大弯矩和支座反力。

9. 一段砖墙厚 240mm，高 2.5m，已知 μ_3 = 1.05。试计算其高厚比。

四、简答题

1. 简述丝缝墙的概念和应用范围。
2. 简述古建筑墙面“五扒皮”的砍制程序。
3. 什么是砖雕？砖雕的质量要求是什么？
4. 古建筑房屋由哪些部分组成？
5. 古建筑墙体勾缝有哪几种形式？
6. 简述圈梁的作用？

7. 砖券的砌筑工艺是什么？
8. 什么是“三七”缝？
9. 什么是流水段？
10. 复杂施工图有哪些类型？
11. 古建筑的屋顶常见的有哪几种形式？
12. 如何指导初、中级砌筑工发碹？
13. 简述砌筑工应掌握的审图要点？
14. 建筑施工应预防哪些常见的安全事故？
15. 什么是台明？
16. 什么是冲趟？
17. 大式黑活尖山式硬山屋顶正脊施工分哪几步？
18. 高级砌筑工如何指导初、中级工盘角？
19. 简述中国古代建筑的特点。
20. 室内墁地的规矩主要有哪些？
21. 构造柱有什么作用？
22. 砖细是指什么？
23. 砖混结构主体工程的施工顺序一般是如何划分的？
24. 流水段划分的原则是什么？
25. 琉璃瓦件庑殿垂脊的注意点是什么？
26. 古建筑砖墙类型有哪些？
27. 古建筑中墙体的组砌形式有几种？
28. 什么叫流水节拍？
29. 如何解决砌筑工艺中的疑难问题？
30. 砖墁地的质量要求有哪些？

技能要求试题

一、指导初级工发清水弧形券

指导初级工发清水弧形券，其考核项目及评分标准见表1。

表1　指导初级工发清水弧形券的考核项目及评分标准

序号	考核项目	允许偏差	评分标准	满分	检测点					得分
					1	2	3	4	5	
1	指导要点		砖块为单数，熟练计算砖块数，掌握披灰厚度，每差一项扣5分，扣完15分为止	15						
2	砖		选砖不合格或砍砖不合格者扣10分	10						
3	排砖起拱		做法不符合要求者或立缝与拱模不垂直者扣10分	10						
4	平整度	5mm	超过5mm每处扣1分，3处以上及1处超过8mm者扣10分	10						
5	灰缝		灰缝上部应为15～20mm，下部应为5～8mm，不符合要求者酌情扣2～8分	10						
6	清水墙面		刮缝深度应为10～12mm，墙面应清洁美观，不符合要求者酌情扣2～8分	10						
7	弧度		不一致者扣5分	5						
8	操作方法		指导初级工按标准操作，不符合要求者扣10分	10						
9	安全文明施工		有事故者或工完场不清者扣10分	10						
10	工效		在定额时间内，完成工程量90%以下者扣10分，完成工程量在90%～100%之间者酌情扣分①	10						

① 定额时间由考评者根据具体项目确定。

二、砖雕阳体字

砖雕阳体字，其考核项目及评分标准见表2。

表2 砖雕阳体字的考核项目及评分标准

序号	考核项目	允许偏差	评分标准	满分	检测点					得分
					1	2	3	4	5	
1	选砖		选砖不符合要求酌情扣5~8分	10						
2	翻图样		翻图样不符合要求酌情扣5~8分	10						
3	修补		能明显看出修补的扣20分，不能明显看出修补的酌情扣1~5分	20						
4	过浆		过浆不均匀、磨光不周到者酌情扣分	10						
5	拼装		拼装有痕迹不太明显者，酌情扣分，拼装有明显痕迹者扣15分，手感不好者酌情扣分	15						
6	观感		观感自然逼真，线条清晰，层次分明，外表光滑清洁，不符合要求者酌情扣2~12分	15						
7	工具使用维护		施工前后检查两次，酌情扣分	5						
8	安全文明施工		有事故者或工完场不清者扣5分	5						
9	工效		在定额时间内，完成工程量90%以下者扣10分，完成工程量在90%~100%之间者酌情扣分①	10						

① 定额时间由考评者根据具体项目确定。

三、磨砖对缝砌清水方柱

磨砖对缝砌清水方柱，其考核项目及评分标准见表3。

表3　磨砖对缝砌清水方柱的考核项目及评分标准

序号	考核项目	允许偏差	评分标准	满分	检测点					得分
					1	2	3	4	5	
1	砖块加工	宽±2mm 长±2mm 厚±1mm	超过规定值扣10分	10						
2	排砖		排砖不符合要求、破活者扣15分	15						
3	墙面清洁		墙面不清洁、不整齐、不美观的扣15分	15						
4	平整方正度	±1mm	墙面垂直超过1mm每处扣1分，超过3处及1处超过1.5mm扣20分	20						
5	操作方法		不符合工艺操作标准扣15分	15						
6	安全施工		有事故者扣8分	8						
7	文明施工		工完场不清者扣7分	7						
8	工效		在定额时间内，完成工程量90%以下者扣10分，完成工程量在90%～100%之间者酌情扣分①	10						

① 定额时间由考评者根据具体项目确定。

四、砌清水平券

砌清水平券，要求立砖，不少于5个洞口，其考核项目及评分标准见表4。

表4　砌清水平券的考核项目及评分标准

序号	考核项目	允许偏差	评分标准	满分	检测点					得分
					1	2	3	4	5	
1	砖		性能指标及外观达不到要求的扣5分	5						
2	券		不符合要求的扣10分	10						

（续）

序号	考核项目	允许偏差	评分标准	满分	检测点					得分
					1	2	3	4	5	
3	排砖起拱		排砖不符合要求者或起拱不在1%～2%之间者扣15分	15						
4	灰缝		灰缝要饱满，上下口灰缝不得大于15mm，下口灰缝不得小于5mm，不符合要求者扣10分	10						
5	平整度	5mm	超过5mm每处扣1分，超过2处及1处超过8mm扣10分	10						
6	清水墙面		刮缝深度应为1～1.2mm，墙面整洁，不符合要求者扣10分	10						
7	安全生产		有事故者扣8分	8						
8	操作方法		不符合操作工艺标准者扣10分	10						
9	文明施工		工完场不清者扣7分	7						
10	工具使用及维护		施工前后检查两次，酌情扣分	5						
11	工效		在定额时间内，完成工程量90%以下者扣10分，完成工程量在90%～100%之间者酌情扣分①	10						

① 定额时间由考评者根据具体项目确定。

五、室内墁砖地面

淌白做法墁室内砖地面，其考核项目及评分标准见表5。

表5 室内墁砖地面的考核项目及评分标准

序号	考核项目	允许偏差	评分标准	满分	检测点					得分
					1	2	3	4	5	
1	地板砖		选砖及加工有些小缺陷的酌情扣2～8分	10						
2	排砖		趟数不是单数者、中间与房屋不对中者或破活排置在明显处者扣10分	10						
3	礅压密实		有空鼓、砖块活动不牢者扣10分	10						

（续）

序号	考核项目	允许偏差	评分标准	满分	检测点					得分
					1	2	3	4	5	
4	表面平整度	2mm	超过2mm每处扣1分，超过3处及1处超过5mm者扣15分	15						
5	缝格平直	3mm	超过3mm每处扣1分，超过3处及1处超过5mm者扣10分	10						
6	接缝高低差	0.5mm	超过0.5mm每处扣1分，超过3处及1处超过1.5mm者扣10分	10						
7	板块间的隙缝宽	2mm	超过2mm每处扣1分，3处以上及1处超过5mm者扣10分	10						
8	安全文明施工		有事故者或工完场不清者扣10分	10						
9	工具使用和维护		施工前后检查两次，酌情扣分	5						
10	工效		在定额时间内，完成工程量90%以下者扣10分，完成工程量在90%～100%之间者酌情扣分①	10						

① 定额时间由考评者根据具体项目确定。

模拟试卷样例

一、判断题（对画✓，错画×，画错倒扣分，每题1分，共20分）

1. 沉降缝将房屋从基础顶面到屋顶分开。（　）
2. 古建筑的停泥砖用优质细泥烧制而成，规格比城砖稍小。（　）
3. 大麻刀灰比麻刀灰中的麻刀用量多。（　）
4. 檐墙面每隔一定间距在竖缝处弹墨线是为了控制游丁走缝。（　）
5. 在南方多雨地区，做琉璃屋面时，为防止破坏瓦面施工人员可穿拖鞋施工。（　）
6. 建筑物轴线的引测只能用建筑红线法。（　）
7. 在建筑施工中，质量管理只是质量小组的事情。（　）
8. 古建筑的泼灰就是用生石灰反复均匀泼洒成粉状后过筛得到的。（　）
9. 墙体由于开了门窗口截面被削弱，在洞口周边设钢筋混凝土边框是为了使这种削弱得到加强。（　）
10. 古建筑屋面铺瓦前重要的一步就是分中号垄排瓦当。（　）
11. 向坡屋面上瓦时，要前后两坡同时同方向进行。（　）
12. 古建筑中的干摆墙中的砖要求比丝缝要严格一点。（　）
13. 建筑屋面上一般档次越高则苫背次数越多。（　）
14. 铺筑的筒瓦屋面要求瓦棱整齐，与屋檐、屋脊互相垂直，瓦片搭盖疏密一致，瓦片无翘角、破损、张口现象。（　）
15. 编制施工方案实质就是选择施工方案和选择施工方法。（　）
16. “五扒皮”就是指砖的6个面中加工5个。（　）

17. 大城砖可用于大式地面。 （ ）
18. 钢筋混凝土烟囱的施工图应算是复杂施工图。 （ ）
19. 墙体的长高比越大则墙体的刚度越大。 （ ）
20. 古建筑屋顶苫背打拐粘麻是为了防止瓦片下滑。 （ ）

二、选择题（将正确答案的序号填入括号内；每题1分，共30分）

1. 砖细加工后的单块尺寸允许偏差是（ ）。
A. ±0.5mm B. ±1mm C. ±1.5mm D. ±3mm
2. 钢筋砖过梁的砌筑高度应该是跨度的（ ），并不少于7皮砖。
A. 1/3 B. 1/4 C. 1/5 D. 1/6
3. 清水墙面游丁走缝的原因是（ ）。
A. 砖的尺寸不标准 B. 砖太湿，出现游墙
C. 砂浆稠度过大 D. 半砖用的过多
4. 瓦屋面滴水勾头的出檐要符合伸出要求，整个出檐瓦要拉通线检查，凸凹进出全长不得超过一滴水或勾头壁厚的（ ）。
A. 1/3 B. 1倍 C. 2倍 D. 3倍
5. 房屋的砌体在大梁下产生裂缝的原因是（ ）。
A. 砌体局部抗压能力不足
B. 荷载过大
C. 温度升高墙体开裂
D. 不均匀沉降
6. 磉墩是指在（ ）下的基础砌体。
A. 柱 B. 前檐墙体 C. 后檐墙体 D. 山墙
7. 筒拱横板安装，任何点的竖向偏差不应超过该点拱高的（ ）。
A. 1/5 B. 1/20 C. 1/100 D. 1/200
8. 脚手架上堆放材料的重量一般不应超过（ ）。
A. $70kg/m^2$ B. $170kg/m^2$
C. $270kg/m^2$ D. $370kg/m^2$

9. 椽条的间距视青瓦的尺寸大小而定，一般为青瓦小头宽度的（　　）。

A. 1/2　　B. 2/3　　C. 3/4　　D. 4/5

10. 柱顶表面平整度应控制在（　　），以十字交叉线检查两个方向。

A. 3mm　　B. 5mm　　C. 8mm　　D. 10mm

11. 台明外皮至槛墙外皮不小于（　　）。

A. 100mm　　B. 200mm　　C. 300mm　　D. 400mm

12. 在古建筑的干摆和丝缝墙体中灌浆材料应选（　　）比较好。

A. 水泥砂浆　　B. 混合砂浆　　C. 生石灰浆　　D. 水泥浆

13. 砖墁地面的垫层应有向门口（　　）的泛水。

A. 4%　　B. 7%　　C. 2%　　D. 5%

14. 中国古代建筑的特点在结构上以（　　）为主体。

A. 琉璃瓦　　B. 砖瓦结构　　C. 木构架　　D. 台基和台明

15. 在金属容器内或潮湿处所工作时，灯的电压不能超过（　　）。

A. 6V　　B. 12V　　C. 36V　　D. 110V

16. 用后视读数减去前视读数，如果相减的值为正数，则说明前视点比后视点（　　）。

A. 低　　B. 高　　C. 一样高　　D. 相差不多

17. 看懂复杂施工图的方法是（　　）。

A. 由外向里看，由粗到细看

B. 图样与说明结合着看

C. 相关联图纸交叉看，建施与结施对着看

D. 由外向里看，由粗到细看，图样与说明结合看，相关联图纸交叉看，建施与结施对着看

18. 空斗墙上的屋架、大梁等构件的垫块底面以下（　　）的砌体所用砂浆不应低于 M2.5。

A. 高度为 120mm，长度不小于 740mm

B. 高度为 240mm，长度不小于 1200mm

C. 高度为360mm，长度不小于1000mm

D. 高度为360mm，长度不小于740mm

19. 在使用水泥时，主要是考虑强度，同时也应考虑（　　）。

A. 安定性　　B. 凝结时间

C. 细度　　D. 安定性、凝结时间、细度

20. 在古建筑砖料加工时“制子”的作用是（　　）。

A. 铲砖面　　B. 切割

C. 墁地用　　D. 度量尺寸和形状

21. 用混凝土空心砌块砌筑的房屋外墙转角处和楼梯间四角的砌体孔洞内，应设置不少于$\phi12$的竖向钢筋并用（　　）细石混凝土灌实。

A. C10　　B. C15　　C. C20　　D. C30

22. 用石膏砌块砌墙，一般先在楼地面上浇筑（　　）高的座墙，再在座墙上砌砌块墙。

A. 50mm　　B. 120mm　　C. 150mm　　D. 240mm

23. 古建筑檐墙的宽度为檐柱直径的1～（　　）倍。

A. 2.5　　B. 1.75　　C. 1.5　　D. 1.2

24. 烟囱外壁的灰缝要勾成（　　）。

A. 平缝　　B. 凹缝　　C. 凸缝　　D. 斜缝

25. 用特制的模形砖砌清水弧形碹时，砖的大头朝上，小头朝下，此时灰缝要求是（　）。

A. 上部15～20mm，下部5～8mm

B. 上部8～12mm，下部5～8mm

C. 上部15～20mm，下部7～13mm

D. 上下灰缝厚度一致

26. 海墁指的是（　）。

A. 用细砖墁　　B. 用糙砖墁　　C. 室内墁　　D. 室外墁

27. 混水墙出现通缝的主要原因是（　　）。

A. 不恰当地避免打七分头　　B. 排砖不是好活

C. 砖尺寸不标准　　D. 组砌方法不正确

28. 拦土的砌筑高度同磉墩一样高，宽度为檐柱直径的（　　）。

A. 0.5 倍　B. 1 倍　C. 2 倍　D. 2.5 倍

29. 基槽宽度小于 1m 时，应在砌筑站人一侧留有不小于(　　)的操作面。

A. 200mm　B. 250mm　C. 300mm　D. 400mm

30. 地面泛水过小或局部倒坡的主要原因是（　　）。

A. 找平层过厚　B. 地漏标高过高

C. 楼板上皮标高超高　D. 面层材料不合格

三、计算题（每题 10 分，共 20 分）

1. 某栋房屋的首层层高 2.5m，墙厚 370mm，长 12.5m，宽 7.5m；有两个 1.5m×1.4m 的窗洞，1 个 1m×2m 的门洞。已知每立方米砌体需瓦工 0.62 工日，力工 0.55 工日；需用砖 532 块，砂浆 0.26m^3。每立方米砂浆需水泥 200kg，石灰膏 150kg，砂 1500kg。计算砌筑该层房屋需用多少瓦工和力工工日？需用多少砖、水泥、石灰膏、砂？

2. 简支梁受均布荷载 $W=1800kN/m^2$ 作用，简支梁跨度为 5m，截面尺寸为 400mm×600mm。计算简支梁的最大弯矩和支座反力。

四、简答题（每题 6 分，共 30 分）

1. 什么是砖雕？砖雕的质量要求是什么？
2. 古建筑房屋由哪些部分组成？
3. 古建筑墙体勾缝有哪几种形式？
4. 半圆券券胎如何放样？
5. 室内墁地的规矩主要有哪些？

答案部分

一、判断题

1. ✓	2. ✓	3. ×	4. ✓	5. ✓	6. ✓	7. ×	8. ✓
9. ✓	10. ×	11. ✓	12. ✓	13. ✓	14. ✓	15 . ×	16. ×
17. ×	18. ✓	19. ✓	20. ✓	21. ✓	22. ✓	23 . ×	24. ✓
25. ✓	26. ✓	27. ✓	28. ✓	29. ×	30. ✓	31. ✓	32. ✓
33. ×	34. ✓	35. ✓	36. ✓	37. ✓	38. ✓	39. ×	40. ✓
41. ✓	42. ×	43. ×	44. ✓	45. ×	46. ✓	47. ✓	48. ×
49. ×	50. ×	51. ✓	52. ✓	53. ×	54. ✓	55. ×	56. ×
57. ×	58. ✓	59. ✓	60. ✓	61. ✓	62. ✓	63. ×	64. ×
65. ✓	66. ✓	67. ×	68. ×	69. ×	70 . ×	71. ×	72. ×
73. ×	74. ✓	75. ×	76. ×	77. ×	78. ✓	79 . ×	80. ✓
81. ×	82. ✓	83. ✓	84. ✓	85. ×	86. ×	87. ×	88. ×
89. ✓	90. ✓	91. ×	92. ✓	93. ×	94. ✓	95. ✓	96. ✓
97. ✓	98. ×	99. ✓	100. ✓	101. ✓	102. ✓	103. ×	104. ✓
105. ×	106. ×	107. ×	108. ×	109. ✓	110. ×	111. ✓	112. ✓
113. ×	114. ×	115. ✓	116. ✓	117. ✓	118. ×	119. ×	120. ×
121. ×	122. ×	123. ✓	124. ×				

二、选择题

1. B	2. D	3. C	4. D	5. D	6. C	7. D	8. D
9. D	10. C	11. B	12. A	13. A	14. A	15. A	16. D
17. C	18. D	19. A	20. C	21. C	22. B	23. C	24. B
25. B	26. D	27. D	28. D	29. D	30. C	31. C	32. C

33. D	34. A	35. B	36. A	37. C	38. D	39. B	40. A
41. D	42. C	43. D	44. B	45. B	46. A	47. A	48. A
49. A	50. A	51. B	52. D	53. D	54. C	55. C	56. A
57. D	58. D	59. C	60. A	61. B	62. D	63. A	64. A
65. B	66. B	67. C	68. D	69. C	70. C	71. B	72. C
73. B	74. B	75. C	76. B	77. B	78. A	79. B	80. A
81. B	82. B	83. A	84. C	85. D	86. C	87. C	88. C
89. B	90. A	91. A	92. C	93. B	94. C	95. B	96. B
97. B	98. B	99. A	100. D	101. C	102. C	103. D	104. C
105. B	106. B	107. A	108. A	109. C	110. C	111. B	112. C
113. C	114. C	115. C	116. B	117. C	118. C	119. A	120. B
121. C	122. A	123. A	124. C	125. B			

三、计算题

1. 解　1）均布线荷载　$q = W \cdot B = 1200\text{kN/m}^2 \times 0.2\text{m} = 240\text{kN/m}$

2）计算跨度　$L = 1.05L_0 = 1.05 \times 8\text{m} = 8.4\text{m}$

3）最大弯矩　$M_{\max} = qL^2/8 = 240\text{kN/m} \times 8.4\text{m} \times 8.4\text{m}/8 = 2116.8\text{kN}\cdot\text{m}$

4）支座反力　$F_R = qL/2 = 240\text{kN/m} \times 8.4\text{m}/2 = 1008\text{kN}$

答　最大弯矩为2116.8kN·m，支座反力为1008kN。

2. 解　1）水泥用量　10/（0.989×32.5）×1000kg≈311kg

2）砂按每立方米砂浆用1m^3干砂计算

3）每立方米水泥砂浆中各种材料的用量比

水泥: 砂子 = 311: 1460≈1: 4.7

答　M10水泥砂浆的配合比为1: 4.7。

3. 解　1）砖柱计算高度　$H_0 = \mu_3 H = 1.85 \times 3\text{m} = 5.55\text{m}$

2）高厚比　$\beta = H_0/h = 5.55/0.49 \approx 11.327$

答　这一砖柱的高厚比是11.327。

4. 解　1）墙身工程量　$1.5\text{m} \times 0.24\text{m} \times 120\text{m} = 43.2\text{m}^3$

2）附墙垛工程量　$1.5\text{m} \times 0.12\text{m} \times 0.37\text{m} \times (120/5 + 1) =$

$1.665m^3$

3）总的砌砖量　$43.2m^3 + 1.665m^3 = 44.865m^3$

4）需用瓦工工日　44.865 ×0.552 工日≈24.77 工日

5）需用力工工日　44.865 ×0.52 工日≈23.33 工日

6）需用砖　44.865 ×532 块≈23869 块

7）需用砂浆　$44.865 \times 0.26m^3 \approx 11.665m^3$

8）需用水泥　11.665 ×180kg≈2100kg

9）需用白灰膏　11.665 ×150kg≈1750kg

10）需用砂子　11.665 ×1460kg≈17031kg

答　砌完该段围墙需用瓦工 24.77 工日，力工 23.33 工日；需用砖 23869 块，水泥 2100kg，白灰膏 1750kg，砂子 17031kg。

5. 解　1）均布线荷载　$q = W \cdot B = 500kN/m^2 \times 0.3m = 150kN/m$

2）计算跨度为　$L = 1.05L_0 = 1.05 \times 6m = 6.3m$

3）支座反力　$F_R = qL/2 = 150kN/m \times 6.3m/2 = 472.5kN = 472500N$

4）受压面积　$A = 0.3m \times 0.37m = 0.111m^2$

5）砖墙局部受压应力　$\sigma = 472500N/0.111m^2 = 4.257MPa$

答　砖墙的局部受压应力为 4.257MPa。

6. 解　1）计算工程量

$[(12.5m + 7.5m) \times 2 \times 2.5m - 1.5m \times 1.4m \times 2 - 1m \times 2m] \times 0.37m \approx 34.71m^3$

2）需用瓦工工日　34.71 ×0.62 工日≈21.52 工日

3）需用力工工日　34.71 ×0.55 工日≈19.09 工日

4）需用砖　34.71 ×532 块≈18466 块

5）需用砂浆　$34.71 \times 0.26m^3 \approx 9.03m^3$

6）需用水泥　9.03 ×200kg = 1806kg

7）需用石灰膏　9.03 ×150kg = 1354.5kg

8）需用砂子　9.03 ×1500kg = 13545kg

答　需用瓦工工日 20.835，力工 19.09 工日；需用砖 18466 块，水泥 1806kg，石灰膏 1354.5kg，砂子 13545kg。

7. 解　1）水泥用量　$(5/0.842\times32.5)\times1000\text{kg}\approx183\text{kg}$

2）白灰膏用量　$350\text{kg}-183\text{kg}=167\text{kg}$

3）砂按每立方米砂浆用 1m^3 干砂计算

4）每立方米砂浆中各种材料的用量比

水泥∶白灰膏∶砂子 $=183:167:1600=1:0.91:8.7$

答　M5 混合砂浆的配合比为 $1:0.91:8.7$。

8. 解　1）均布线荷载　$q=W\cdot B=1800\text{kN/m}^2\times0.4\text{m}=720\text{kN/m}$

2）最大弯矩　$M_{\max}=qL^2/8=720\text{kN/m}\times5\text{m}\times5\text{m}/8=2250\text{kN}\cdot\text{m}$

3）支座反力　$F_R=qL/2=720\text{kN/m}\times5\text{m}/2=1800\text{kN}$

答　最大弯矩为 2250kN·m，支座反力为 1800kN。

9. 解　1）计算高度　$H_0=\mu_3H=1.05\times2.5\text{m}=2.625\text{m}$

2）高厚比　$\beta=H_0/h=2.625/0.24\approx10.938$

答　这段砖墙的高厚比是 10.938。

四、简答题

1. 答　丝缝墙就是灰缝口很小（常不超过 2mm）的一种墙体，所以又叫做“细缝”、“撕缝”，俗称“缝子”。丝缝墙大多不用在墙体的下碱部分，而是作为上身部分与干摆下碱相组合，丝缝做法也常用于砖檐、梢子、影壁心、廊心等。

2. 答　五扒皮即砖的 6 个面中加工 5 个面，其砍制程序为：第一步，用刨子铲面并用磨头磨平，现多用大砂轮直接磨平；第二步，用平尺和钉子顺条的方向在面的一侧划出一条直线，即“打直”，然后用扁子和木敲手沿直线将多余的部分凿去，即“打扁”；第三步，在打扁的基础上用斧子进一步劈砍，即“过肋”，后口要留有“包灰”，城砖包灰不大于 5~7mm，停泥砖不大于 3~5mm。过完肋后用磨头磨肋，磨肋时宜磨出适当宽度的转头肋，这样可以保证在砌筑过程不致因为墁干活而露脏，转头肋宽度不小于 5mm；第四步，以砍磨过的肋为准，按“制子”用平尺、钉子在面的另一侧打直，然后打扁、过肋和磨肋，并在后口留出包灰；第五步，沿顺头的方向在面的一端用方尺和钉子划出直线，并用扁子和木敲手打去多余的部分，然后用斧子劈砍并用磨头磨平，即“截头”，头的后口也要砍留包灰。城砖包灰不超过5mm，停泥不超过3mm；第六步，以截好的这面头为准，用制子和方尺在另一头打直、打扁和截头，后口仍要留包灰。

3. 答　砖雕是在砖面上进行艺术雕刻，分为浮雕、浅雕、深雕三种。

砖雕的质量要求有六点：1）选砖必须符合要求，质地要均匀；2）翻样图必须经检查无误，复印准确；3）修补不得过多，能明显看出修补过的砖雕必须重雕；4）过浆要均匀，磨光要周到；5）拼装无痕迹，手感良好；6）观感自然逼真，线条清晰、层次分明，外表光滑、清洁。

4. 答　古建筑房屋主要由台基、木构件、屋盖、装修、彩色几部分组成。

5. 答　灰缝有平缝、凸缝和凹缝三种形式。凸缝又叫鼓缝，凹缝又叫洼缝。鼓缝又可分为带子条、荞麦棱、圆线，洼缝又分为平洼、圆洼、燕口缝（较深的平洼缝）、风雨缝（八字缝）。

6. 答　圈梁的作用有两方面，一是提高房屋的空间刚度，增加建筑物的整体性，防止因不均匀沉降、温差而造成砖墙裂缝；二是提高砖砌体的抗剪、抗拉强度，提高房屋的抗震能力。

7. 答　砖券的砌筑工艺为：准确工作→摆样做胎模板→砌筑→修理成活。

8. 答　在同一皮砖层中砌三块顺砖再砌一块丁砖的三顺一丁砌法，由于在相邻两皮的顺砖错缝时近乎3:7的比例，故称“三七”缝。

9. 答　流水段就是把拟建工程按工程特点和结构部位划分的若干个合理的施工段。

10. 答　复杂的施工图大致可分为三个类型：异形平立面建筑物的施工图、一些复杂造型的构筑物施工图和古建筑施工图。

11. 答　古建筑的屋顶由于木结构造型不同而有所区别，最普通的有四种形式：庑殿式屋顶、硬山式屋顶、悬山式屋顶和歇山式屋顶。

12. 答　指导时让他们懂得碹的砖数必须是单数，要先按跨度算好砖数，计算灰缝厚度，发碹时要掌握好披灰厚度，这样才能发出缝匀美观的碹。

13. 答　1）审图过程为基础→墙身→屋面→构造→细部；2）先看图纸说明是否齐全，轴线、标高各部尺寸是否清楚及吻合；3）节点大样是否齐全、清楚；4）门窗洞口的位置、大小、标高有无出入，是否清楚；5）本岗位应预留的槽、洞及预埋件的位置、尺寸是否清楚正确；6）使用材料的规格、品种是否满足要求；7）有无特殊施工技术要求和新工艺，技术上有无困难，能否保证安全生产；8）本岗位与其他岗位，特别是水电安装之间是否有矛盾。

14. 答　建筑施工应预防的安全事故主要涉及土方塌陷、倒塌、高处坠落、物体打击和触电等方面。

15. 答　房屋建筑的基础露出自然地坪的部分称为台明。

16. 答　在做砖细墁地时，根据计算筹划的设想，按标高在房间长向和左右各先墁一趟砖称为冲趟。

17. 答　第一步是拴线捏当沟，第二步是砌瓦条，第三步是砌第一层圆混砖，第四步是砌陡板，第五步是砌第二层圆混砖，第六步是盖筒瓦托眉子。

18. 答　让初、中级工懂得使用皮数杆，砌盘角时能找方正，能用眼穿看角两侧的墙，砖要摆平，槎要甩直，不翘头不塌头，五皮一吊，十皮一靠，经常对照皮数杆检查大角。

19. 答　中国古代建筑物的特点体现在以下几个方面：1）结构上以木构架为主体；2）在建筑的平面布置和组群格局上有一定的规律性；3）艺术形象突出；4）随着建筑行业的发展形成了一套成熟的建筑经验。

20. 答　1）在室内正中拴两道互相垂直的十字线（冲趟后撤去），拴十字线的目的是为了使砖的走向与房屋轴线保持平行，并将中间一趟砖安排在室内正中；2）砖的趟数应为单数，如有“破活”必须打砖时，应安排到里面和两端，门口附近必须见整活；3）廊子的中间通缝必须顺中轴线方向。

21. 答　构造柱可以提高房屋抗垂直和水平地震力的能力，加强纵横墙的连接，也可以加强墙体的抗剪、抗弯能力，增加墙体的延性。由于构造柱与圈梁连接成封闭环形，可以有效地防止墙体拉裂，并可以约束墙面裂缝的开展，还可以有效地约束因温差而造成的水平裂缝的发生。

22. 答　所谓砖细就是将砖（主要是方砖）经过刨、锯、磨的精工细作后，用它来作为墙面、门口、勒脚等处的装饰，如同现代的大理石、磨光花岗石装饰面一样。

23. 答　一般砖混民用建筑工程的施工顺序是：支脚手架→砌砖→现浇楼板（安装楼板）→砌墙→现浇楼板（安装楼板）→砌墙→…→现浇屋面板（安装屋面板）。

24. 答　流水段划分原则有两个：一是要考虑一个流水段的工作面大小是否符合最小工作面的要求，以及质量保证和安全操作的要求；二是利用房屋结构的自然段来划分。

25. 答　1）庑殿垂脊应两面用斜当沟，无平口条，里侧斜当沟与正脊正当沟交圈，外侧斜当沟与吻下当沟交圈；2）垂兽位置在角梁上，具体位置根据仙人、小跑所占的长度确定；3）咧角撺、镗头改用撺、镗头，撺、镗头及仙人等与垂脊在同一条线上；4）庑殿歇山小兽（又叫“小跑”或“小牲口”）以5跑为最低数目（门楼、影壁、墙帽等除外）。

26. 答　古建筑砖墙有干摆、丝缝、淌白、糙砖墙和碎砖墙五类。

27. 答　古建筑中墙体的组砌方法一般有三种：满丁满条十字缝砌法、一顺一丁砌法和三顺一丁砌法。

28. 答　流水节拍是施工班组为完成某一工序在一个施工段上的延续工作时间。

29. 答　解决砌筑工艺中的疑难问题大致有以下几种方法：1）领会看懂设计图样，并进行复核、计算，制定施工方法；2）组织初、中级工一起进行讨论，也可请技术人员参加，研究解决问题的方法；3）进行试验或外出学习；4）总结经验，形成文字资料，为今后解决技术难题积累经验。

30. 答　1）砖不得有裂缝、缺棱掉角等缺陷，需砍制的砖砍制应符合古建筑的规定；2）砖铺垫稳固、密实，缝道清晰平直，砖与砖之间无错缝、翘曲等现象，砖墁的排列形式要符合古建筑地面传统的要求；3）油灰缝嵌塞密实，表面干净，宽度不得超过 1.5mm；4）表面平整度用 2m 托线板检查不得大于 2mm；5）墁地的砖料和形式应与古建筑等级相适应。

附录

砌筑工国家职业技能鉴定说明

一、职业技能鉴定

职业技能鉴定是一项基于职业技能水平的考核活动，属于标准参照型考试。它是由考试考核机构对劳动者从事某种职业所应掌握的技术理论知识和实际操作能力做出客观的测量和评价。职业技能鉴定是国家职业资格证书制度的重要组成部分。

二、申报职业技能鉴定的要求

参加不同级别鉴定的人员，其申报条件不尽相同，参加初级鉴定的人员必须是学徒期满的在职职工或职业学校的毕业生；参加中级鉴定的人员必须是取得初级技能证书并连续工作5年以上、或是经劳动行政部门审定的以中级技能为培养目标的技工学校以及其他学校毕业生；参加高级鉴定人员必须是取得中级技能证书5年以上、连续从事本职业（工种）生产作业不少于10年、或是经过正规的高级技工培训并取得了结业证书的人员；参加技师鉴定的人员必须是取得高级技能证书，具有丰富的生产实践经验和操作技能特长、能解决本工种关键操作技术和生产工艺难题，具有传授技艺能力和培养中级技能人员能力的人员；参加高级技师鉴定的人员必须是任技师3年以上，具有高超精湛技艺和综合操作技能，能解决本工种专业高难度生产工艺问题，在技术改造、技术革新以及排除事故隐患等方面有显著成绩，而且具有培养高级工和组织带领技师进行技术革新和技术攻关能力的人员。

三、职业技能鉴定的主要内容

国家实施职业技能鉴定的主要内容包括职业知识、操作技能和职业道德三个方面。这些内容是依据国家职业（技能）标准、职业技能鉴定规范（即考试大纲）和相应教材来确定的，并通过编制试卷来进行鉴定考核。

四、职业技能鉴定方式

职业技能鉴定分为知识要求考试和操作技能考核两部分。知识要求考试一般采用笔试，试题分为判断题、选择题、计算题和简答题。技能要求考核一般采用现场操作加工典型工件、生产作业项目、模拟操作等方式进行。计分一般采用百分制，两部分成绩都在 60 分以上为合格，80 分以上为良好，95 分以上为优秀。

参考文献

1　潘谷西主编．中国建筑史．第4版．北京：中国建筑工业出版社，2001

2　田永复编著．中国园林建筑施工技术．第2版．北京：中国建筑工业出版社，2003

3　刘大可编著．中国古建筑瓦石营法．北京：中国建筑工业出版社，1993

4　潘全祥主编．建筑施工项目管理丛书：怎样当好质量员．北京：中国建筑工业出版社，2002